资源循环科学与工程专业实验

于建国　刘程琳　主编
路贵民　龙亿涛　主审

科学出版社
北京

内 容 简 介

本书共8章，首先介绍资源循环科学与工程专业建设背景与培养目标，然后详细阐述该专业学生必须掌握的实验设计与数据处理、实验方法与操作技能，以及与资源循环利用科研、生产密切相关的现代分析仪器与测试技术等内容。全书共设计3个实验模块，包括23个专业实验，内容涵盖物质基本性质测定原理与方法、复杂体系物质传递与分离过程、资源循环综合利用技术等，力求理论与实验相结合。同时，为培养学生职业生涯中的社会责任与安全意识，引入责任关怀与实验室安全风险控制教育内容。

本书可作为高等学校资源循环科学与工程专业本科实验教学用书，也可供化学工程与工艺、环境工程、矿物加工工程、冶金工程等相关专业选用，还可供相应专业研究生、科研人员与工程技术人员参考。

图书在版编目（CIP）数据

资源循环科学与工程专业实验 / 于建国，刘程琳主编．—北京：科学出版社，2020.8

ISBN 978-7-03-065670-4

Ⅰ．①资…　Ⅱ．①于…　②刘…　Ⅲ．①资源利用-循环使用-实验-高等学校-教材　Ⅳ．①X37

中国版本图书馆CIP数据核字（2020）第126504号

责任编辑：陈雅娴 / 责任校对：何艳萍
责任印制：张　伟 / 封面设计：迷底书装

科学出版社 出版
北京东黄城根北街16号
邮政编码：100717
http://www.sciencep.com

北京九州迅驰传媒文化有限公司 印刷
科学出版社发行　各地新华书店经销

*

2020年8月第　一　版　开本：787×1092　1/16
2023年1月第四次印刷　印张：14 1/2
字数：366 000

定价：49.00元

（如有印装质量问题，我社负责调换）

序

改革开放以来，我国经济社会发展取得的成就举世瞩目，国际地位和国际影响力显著提升，但发展不平衡、不协调、不可持续的问题依然突出。我国石油、天然气、铁矿、钾肥等24种国家战略资源对外依存度很高，研发先进绿色资源循环再利用技术、促进相关产业发展、培养资源循环科学与工程领域高层次人才，对破解我国资源短缺约束、减少环境污染、加快生态文明建设等都将发挥积极作用。

循环经济是以资源高效循环利用为核心，以“减量化(reduce)、再利用(reuse)、再循环(recycle)”的3R理念为原则，以低消耗、低排放、高效率为基本特征，不断提高资源利用效率的一种新型经济增长模式。通过“资源利用—产品—资源再生”的封闭循环和“低开采、高利用、低排放”的发展方式，实现经济社会可持续发展。

为满足国家战略性新兴产业对高素质人才的需求，2010年8月教育部组织了战略性新兴产业相关专业的申报和审批工作，全国10所大学成为首批试点承办“资源循环科学与工程”特色专业的高校。为了办好这样一个多学科交叉的新工科专业，2011年3月24日，中国工程院工程教育委员会、中国生态经济学会工业生态经济与技术专业委员会、中国生态经济学会循环经济专业委员会在北京西郊宾馆召开了“循环经济(资源循环科学与工程)教育”主题研讨会。会议针对“资源循环科学与工程”特色专业的设置意义、办学理念、培养目标、实施方案，以及本科专业与业余(继续)教育和研究生教育的分工、衔接、配套等开展了专题报告和认真讨论。

国家发展和改革委员会原副主任解振华、中国生态经济学学会原理事长滕藤、国务院原参事冯之浚、东北大学原校长陆钟武院士、中国科学院费维扬院士、中国工程院陈丙珍院士等循环经济界的知名专家学者，以及获批“资源循环科学与工程”的部分专业建设负责人等60余名专家学者参加了本次教育研讨会。

我在会上做了“资源循环科学与工程专业本科生培养方案思考”发言。资源循环科学与工程专业具有文理工交叉的特点，涉及化学、生物、物理、数学等基础学科，同时又涉及化工、冶金、材料、环境、再制造技术等工科基础，还与经济、政策、法律等密切相关。它的办学指导思想应该坚持：①高素质、高层次、多样化、创造性、拔尖目标；②厚基础、重实践、求创新的特色；③培养德才兼备的治学、冶业、治国的英才。资源循环科学与工程专业是建立在物质的传递和转化、能量的传递和转化、信息的传递和转化基础上。它涉及自然界最为基本的物质、能量和信息，进行“三传三转”过程，有深邃的科学内涵和广阔的工程应用前景。

我认为办高等教育，任何专业必须有学科依托及深邃的基础科学积淀，才能常做常新。专业设置如果只有学科交叉，则是建筑在沙滩中的宫殿；如果客观需求变化，毕业生可能无所适从；专业教育不可流浪于各基础科学之间。作为举办学校，制订培养方案时，要特别注意资源循环科学与工程专业核心的学科基础，正确处理学科交叉与业有专精的关系。由于资源循环科学与工程建立在泛化学工艺学(炼油、冶金、能源、材料、生物化工等)之上，各高校可以有不同重点侧重。

华东理工大学于建国教授领导的教学与专业建设团队，融合化学工程、矿物加工工程、冶金工程、环境工程、生物工程等多个学科，结合二十余年的科技成果，形成了具有“物质分离与转化”特色的资源循环利用高级人才培养体系，并不断探索该专业的建设发展方向。特别是经过八年多的实践探索，优化完善了专业实验教学体系，形成了今天的《资源循环科学与工程专业实验》教材。

鉴于我是该专业的倡导者和发起者之一，于建国教授邀我为教材作序，我通读全稿，觉得该书具有如下特色：

(1) 重视基础能力训练。资源循环专业处理对象是复杂的物质体系，该书力求通过实验训练使学生将所学理论知识与实践相结合，对其原理与测试方法融会贯通，包括热化学与相平衡数据、流场测试与冷模试验、矿物与晶体偏光显微分析，不仅涉及水溶液，还涉及熔盐研究，满足了不同专业特点的学生需求。

(2) 突出专业核心内涵。将传递与分离过程作为最核心的内容加以安排，目的在于让学生熟练掌握资源循环利用过程中涉及的传递与分离基本理论、参数测试方法及其应用，提高学生独立分析与解决复杂工程问题的专业技能。

(3) 注重目标能力达成。在传承先进单元分离技术的基础上，将最新科技成果融入其中并转化成实验教学工艺案例，突出浸取、萃取、热解、吸附、结晶、生物氧化、膜分离等先进分离技术及其相互耦合，使学生全面系统地掌握解决资源循环利用命题的重要方法与工具，并具有工艺集成能力。

(4) 倡导责任关怀。该书包含工艺安全、实验室安全、工业生态学等内容，将可持续发展理念融入实验教材与教学，对持续提高学生的健康、安全和环保意识有益，突显了资源专业学科交叉特色，值得肯定与推广。

该书构建的资源循环科学与工程专业实验体系，着眼于树立科学的发展观，培养学生动手能力、分析和解决问题能力。

希望这本实验教科书的问世，能对全国资源循环科学与工程专业的实验教学给予积极支撑，对我国循环经济的发展和人才的培养质量提升起到促进作用。

金涌

2020年3月于清华园

前　言

为适应国家战略性新兴产业发展对高素质人才的需求，经教育部批准，国内首批资源循环科学与工程专业于2010年设立并于次年开始招生。经过近十年的探索、实践与交流，专业建设展现出良好发展势头与广阔的发展空间，毕业生得到社会与业界广泛认可与好评。截至目前全国已有30余所高等学校开设了本专业，各高等学校结合自身的专业布局与行业特点，形成了各具特色、百花齐放的培养体系。为了促进专业建设与良性发展，教材体系建设尤为重要。依据教育部颁布的《普通高等学校本科专业类教学质量国家标准》，在高等学校化工类专业教学指导委员会支持下，华东理工大学启动了资源循环科学与工程专业教材的系统策划与编撰工作，《资源循环科学与工程专业实验》即为其中之一。本书尊重学科但不恪守学科，从应用需要出发，以应用能力培养为主线组织教学内容，强调在培养学生专业实验技能与动手能力的同时，注重基础能力训练、突出专业核心内涵、拓展大型科学仪器应用、聚焦学生目标的能力达成与职业生涯的社会责任感，力求理论原理与实验实践相结合。同时，为配合信息化教学，录制了部分实验教学视频，读者可通过扫描书中的二维码观看。

本书由华东理工大学于建国、刘程琳主编，路贵民、宋兴福、武斌、束忠明、朱明龙、张琪、徐晶、孙玉柱、陈杭、杨颖、林森、罗孟杰、孙淑英、许妍霞、孙泽等参与编写，于建国统稿全书。华东理工大学路贵民、南京大学龙亿涛担任主审。

在本书编写过程中，得到了以资源循环科学与工程专业倡导与发起者之一的清华大学金涌院士为代表的专业领域著名科学家与教育家的指导与建议，金涌先生对本书进行了批阅并欣然作序，在此向金涌先生的大力支持与鼓励深表谢意。

上海绿然环境信息技术有限公司杨丹丹女士、乘乘(上海)企业管理咨询有限公司雷平妹女士、上海力晶科学仪器有限公司韩春先生、濮阳班德路化学有限公司郝大卫先生等众多专家学者为本书提供了文献资料及大力帮助，在此一并表示诚挚的感谢。

同时感谢华东理工大学国家盐湖资源综合利用工程技术研究中心叶俊翔、曲冬蕾、裘晟波、杨烨等博士研究生在文献检索、资料整理及后续编辑工作中付出的辛苦与贡献。

本书在华东理工大学资源循环科学与工程专业实验讲义近十年的不断总结与修订基础上，广泛吸纳各兄弟院校及华东理工大学化学工程与工艺专业的优秀教案编写而成。对各院校、各专业的支持及书后参考文献作者表示感谢。

同时感谢科学出版社的大力支持。

因本专业是时代发展的产物，刚刚起步，学科交叉性强，国内外无完整系统书籍可供参照。从立项规划到成稿付诸出版，前后行将三年，普查文献，甄选素材，集思广益，遂成此书，但仍难免有所疏漏。同时，不同高等学校学科交叉多样，专业建设思路各有所长、各有侧重，涉及专业面宽，本书不能完全满足所需，篇幅所限，必然有所割舍。敬请兄弟院校在使用过程中提出宝贵建议，以便今后不断补充完善和提高，以满足专业发展及时代发展要求。

于建国

2020年3月于上海梅陇

目　录

第0章

绪　论

0.1 资源循环科学与工程专业简介

改革开放以来，我国经济社会发展取得了举世瞩目的成就，但发展不平衡、不协调、不可持续的问题依然突出。特别是资源环境约束日益强化，石油、天然气、铁矿石及钾、锂、硼等涉及国计民生与新能源发展的战略资源对外依存度不断升高，耕地面积逼近 18 亿亩(1 亩≈ $666.7m^2$)红线，三分之二的城市水资源短缺，超负荷的资源开发造成许多荒山秃岭、地面沉陷、生态系统退化和自然灾害频发。随着人们生活质量的提高，人们对生存环境日益关注，环境问题引发的群体事件时有发生，成为影响和谐社会建设的重要问题。

基于我国国情特点，调整能源与产业结构，强力推进节能减排，加快发展循环经济，加大环境保护力度，促进生态保护和修复，广泛开展全民行动刻不容缓。党的十八大报告明确提出“建设生态文明，是关系人民福祉、关乎民族未来的长远大计。面对资源约束趋紧、环境污染严重、生态系统退化的严峻形势，必须树立尊重自然、顺应自然、保护自然的生态文明理念，把生态文明建设放在突出地位，融入经济建设、政治建设、文化建设、社会建设各方面和全过程”，而建设资源节约型和环境友好型社会，走循环经济发展之路是落实科学发展观的必然选择。

在政策确定以后，人才培养成为实现这一目标最重要的任务之一。为满足国家战略性新兴产业对高素质人才的需求，2010 年 8 月教育部组织了战略性新兴产业相关专业的申报和审批工作。其中“资源循环科学与工程”(resource recycling science and engineering)本科专业成为我国高等教育首批 140 个战略性新兴专业之一，专业代码 081303T，属工学门类，学制四年。

资源循环科学与工程专业面对的是烦琐复杂、多姿多彩的实际命题，不是传统学科分类体系下某一个学科能单独解决的，具有文理工交叉的特点，涉及化学、物理、生物、数学、地学等基础学科，同时又涉及化工、冶金、材料、环境、再制造等工程学科，还与经济、管理、法律等人文学科密切相关，属于化学(物质转化与物质形态等)、化学工程与技术(热力学、动力学、工艺学等)、物理学(物质与能量的传输和混合)、工业生态学、环境科学、系统工程学、社会经济学、管理学相交叉的新学科。因此，资源循环工程教育必须超越单一学科的知识范畴，使学生具有全方位思考问题的能力，掌握处理诸学科多重交叉系统问题的技能。

资源循环科学与工程专业的学科根基在于以下三个方面：

(1) 物质的传递(分子扩散、湍流扩散、混合等)和转化(反应动力学和反应工程学)。

(2) 能量的传递(动量、热量、静压力等)和转化(化学能、热能、机械能等之间)。

(3) 信息的传递(过程中各参数的获取、显示等)和转化(系统集成、优化控制等)。

它涉及自然界最为基本的物质、能量和信息的“三传三转”过程，有深邃的科学内涵和广阔的工程应用前景。

资源循环科学与工程专业涵盖的技术领域见表 0-1。

表 0-1　资源循环科学与工程专业涵盖的技术领域

技术领域	处理资源对象	工业经济部门
矿石、化石炼制 (ore/fossil refining)	铜矿石、铁矿石、磷矿石、原油、天然气、煤、矿渣、尾矿等	建材、炼钢、炼铜、炼油、炼焦、石油化工等行业
垃圾炼制 (refuse refining)	废塑料、废轮胎、废纸、废水、废金属等	可再生资源循环利用、再制造、再冶炼、再分解转化等行业
生物炼制 (biorefinery)	秸秆、林业废弃物、能源植物、常规及非常规作物等	食品、燃料、塑料、饲料、有机肥料等行业
逆炼制 (reverse refining)	CO_2、H_2O 等低化学势物质通过能量注入实现逆变换等	塑料、橡胶、纤维、化学品及燃料等行业

综上所述：

(1) 资源循环科学与工程专业是建立在泛化学工艺学(炼油、冶金、能源、材料、生物化工等)之上的学科，各学校根据自身的学科优势可以有不同教学侧重。

(2) 本学科作为节约资源和保护生态环境源头的直接支撑，是环境科学与工程的重要组成部分。

(3) 本学科与哲学、经济学、生态学、管理学等密切相关，学生需要接受相关的社会学科知识培训。

(4) 应通过多种教学活动，培养本专业学生具有健全的人格、优秀的人文精神、良好的社科背景、国际化视野和创新意识。

(5) 培养学生具有提出和解决带有挑战性的宏观决策、重大工程研发和单元操作设计能力，基本掌握本学科涉及的理论知识和实验、实践技能，使之发展成为国民经济政府管理层面、企业决策和运营层面、技术开发推广层面的高级专门人才。

0.2　资源循环科学与工程专业教学要求

资源循环科学与工程专业是以资源高效循环利用和低碳环保为宗旨，针对国家战略性新兴产业和区域经济发展对高素质人才的需求所设置的新兴专业。该专业紧密结合国民经济发展中的战略性新兴产业发展方向，满足国家从单向经济增长模式到循环经济增长模式转变的人才需求，强化化学工程与技术、环境科学与工程、生物化学与工程、机械工程及循环经济等学科的交叉与融合，形成以多相复杂物质体系分离与转化基本原理、方法与技术为核心的教学目标，建立废弃物无害化、减量化、资源化的资源高效绿色循环利用的高质量人才培养体系。学科教育体现循环经济的基本特征，坚持基础教育与工程实践并重，注重知识的基础性、系统性、综合性与先进性，构筑以学生为主体的理论教学、实验教学与工程实践教学三位一体的教学体系。强调理论联系实际，倡导案例教学，夯实实验实践环节，推行国际教育资源交流与共享，培养具有良好的人文素养、创新精神和国际化视野的高素质复合型人才。

1. 资源循环科学与工程专业教学质量国家标准

为建立健全教育质量保障体系，提高高校人才培养能力，实现高等教育内涵式发展，教育部高等教育司依据《普通高等学校本科专业目录(2012年)》组织高等学校教学指导委员会研究制定了《普通高等学校本科专业类教学质量国家标准》(以下简称《标准》)，并于2018年批准颁布实施。该标准按专业分类研制，明确了适用专业、培养目标、培养规格、课程体系、师资队伍、教学条件、质量保障等各方面要求，是各专业类所有专业应该达到的质量标准，是设置本科专业、指导专业建设、评价专业教学质量的基本依据。

《标准》颁布后，学校新增本科专业必须具备所有的硬性条件，尤其是对实验教学环节中的实验室、实验教学仪器设备以及教材等均有量化要求。《标准》要求突出以学生为中心，注重激发学生的学习兴趣和潜能，创新形式、改革教法、强化实践，推动本科教学从“教得好”向“学得好”转变；要求突出产出导向，主动对接经济社会发展需求，科学合理设定人才培养目标，完善人才培养方案，优化课程设置，更新教学内容，切实提高人才培养的目标达成度、社会适应度、条件保障度、质保有效度和结果满意度；要求突出持续改进，建立学校质量保障体系，把常态监测与定期评估有机结合，及时评价、反馈、持续改进，推动教育质量不断提升。

2. 资源循环科学与工程专业培养目标与要求

资源循环科学与工程专业旨在培养具有高度社会责任感和良好的职业道德、良好的人文和科学素养以及健康的身心素质，具备化学、生物、环境、化学工程与技术及相关学科的基础知识、基本理论和基本技能，具有创新意识和较强的实践能力，能够在资源、能源、化工、冶金、材料以及生物、医药、食品等相关领域从事洁净生产工艺或末端治理研究与技术管理、工程设计、技术开发等工作的高级应用型人才。根据国际工程联盟(International Engineering Alliance)《华盛顿协议》(*Washington Accord*)对工程类本科毕业生提出的12条素质要求以及我国制定的《工程教育认证通用标准(2018版)》，对本专业毕业生提出12条毕业要求：

(1) 工程知识：掌握数学、自然科学、工程基础和资源循环专业知识，能够运用其原理和方法解决资源循环综合利用和加工过程中的复杂工程问题。

(2) 问题分析：能够运用数学、自然科学、资源循环科学理论与技术方法，开展资源高效利用与二次资源再利用等工程实践，并通过文献调研对具体问题进行分析和处理。

(3) 设计/开发解决方案：在考虑环境与安全、法律法规与相关标准，以及经济、文化、社会等制约因素的前提下，具有贫杂资源加工、资源循环利用流程的设计能力，能够设计满足特定需求的系统、单元(部件)或工艺流程，并在设计环节中体现创新意识。

(4) 研究：能够基于科学原理并采用科学方法对资源高效利用和废弃物的无害化、减量化、资源化，以及可再生资源技术开发等复杂工程问题进行研究，包括设计实验、分析与解释数据，并通过综合分析相关信息得到合理有效的结论。

(5) 使用现代工具：能够针对资源循环专业领域复杂工程问题，选择、使用或开发合适的仪器、工具、软件资源进行检验、预测或模拟，并能理解其局限性。

(6) 工程与社会：掌握资源循环科学与工程专业领域相关的技术标准、知识产权、产业政策和法律法规，了解企业环境健康安全安保(EHSS)管理体系，能识别、量化分析和客观评价新工艺与技术的开发和应用对社会、健康、安全、法律以及文化的潜在影响，理解应承担的社会责任。

(7) 环境和可持续发展：深刻了解与掌握本专业相关的职业和行业的生产、设计、研究与开发、环境保护和可持续发展等方面的方针政策和法律法规，能正确认识并评价工程实践对客观世界的影响。

(8) 职业规范：具有人文社会科学素养、社会责任感，具备科学的世界观、人生观和价值观，在资源循环专业领域工程实践中理解并遵守工程职业道德和规范，履行责任。

(9) 个人和团队：能够在多学科背景下的团队中承担个体、团队成员以及负责人的角色，善于与组员沟通，并能够顺利完成角色互换，用人单位和社会评价好。

(10) 沟通：能够就资源循环专业领域复杂工程问题与业界同行及社会公众进行有效沟通和交流，能够撰写工程报告、设计方案、陈述发言、清晰表达自己的见解或回应指令。至少掌握一门外语，对资源循环科学与工程专业及其相关领域的国际状况有基本了解，能够在跨文化背景下进行沟通和交流。

(11) 项目管理：理解并掌握资源循环领域工程建设管理与经济决策方法，并能在多学科环境中应用。

(12) 终身学习：具有自主学习和终身学习的意识，有不断学习和适应发展的能力。

四年制资源循环科学与工程本科专业的总学分为140～180学分，包括通识教育(公共必修课程、通识教育课程)、学科基础教育(数理与化学基础课程、工程基础课程)、专业教育(专业必修课程、专业选修课程)、实践教学(实践教学环节、创新实践)及个性化任选课程等理论教学和实践教学环节，各高等学校可根据具体情况做适当调整，但学分及其分布需完全达到或超过中国工程教育专业认证标准。

资源循环科学与工程专业实验是让学生了解、学习和掌握资源循环科学与工程专业内涵的一个重要实践性教学环节。建议设置64学时，在第六学期或第七学期开设。专业实验不同于基础实验，其目的不仅是验证一个原理、观察一种现象或寻求一个普遍规律，还包括有针对性地解决一个具有明确工业背景的资源循环利用工程技术问题。因此，在实验的设计、组织和实施等方面与科学研究一样，需要在查阅文献资料并掌握与实验项目有关的研究方法、分析手段和基础数据的基础上，优选技术路线，设计实验方案，选配实验设备，组织与实施实验流程，并通过对实验结果的分析与评价获取最有价值的结论。

资源循环科学与工程专业实验的组织与实施原则上可分为实验方案的设计、实验方案的实施和实验结果的处理与评价。

按照《标准》要求，专业教学实验设备除常用的元器件、玻璃仪器、小型辅助仪器外，还应有必备的测量仪器、分析仪器和较大型的实验设备。实验设备台(套)数应满足每组实验不超过4名学生的要求。

(1) 测量仪器：表面张力仪、熔点测定仪、比表面积测定仪、流量计、黏度计、密度计等，可根据专业特色配备。

(2) 分析仪器：分光光度计、气相色谱仪、荧光光谱仪、红外光谱仪、X射线衍射仪等，可根据专业特色配备。

(3) 大型实验设备：反应器类、气液固分离装置类、矿物加工机械类、燃料转化类、生化实验类及其他类分离装置，可根据专业特色配备。

思 考 题

0-1 简述循环经济的内涵与原理。

0-2 简述资源循环科学与工程专业的定位、内涵、学科特征和学科基础。

第1章

实验方案设计与数据处理

1.1 实验方案设计

实验方案是指导实验工作有序开展的纲要。实验方案的科学性、合理性、严密性与有效性直接决定实验工作的效率与成败。因此在开展实验前，应围绕实验目的，针对研究对象的特征对实验工作进行全面的规划和构想，拟定一个切实可行的实验方案，主要内容包括技术路线与方法选择、实验内容和实验设计方法等。

1.1.1 技术路线与方法选择

资源循环科学与工程专业聚焦于多相复杂物质体系分离与转化学科领域，主要涉及物质分离过程中界面科学与工程、复杂共伴生矿产资源高效利用、工业废物及城市矿山资源化等方面，由于专业实验研究对象的差异性大和工艺系统复杂程度高，为实现高起点、高效率地开展实验工作，必须优选实验技术路线与方法。

技术路线与方法的正确选择应建立在对实验项目进行系统周密调研的基础上，充分借鉴和总结国内外专家学者的研究成果，寻求最合理的技术路线、最有效的实验方法。选择和确定实验技术路线与方法应遵循四个原则：过程分解与系统简化相结合、工艺与工程相结合、技术与经济相结合、资源利用与环境保护相结合。

1. 过程分解与系统简化相结合

资源加工过程的研究对象和系统往往十分复杂，反应条件、设备结构和操作环境等因素交互影响，给实验方案设计造成困难。对这种错综复杂的过程，要认识内在的本质和规律，必须采用过程分解与系统简化相结合的实验研究方法，即将研究对象分解为不同层次，然后在不同层次上对实验系统进行合理简化，并借助科学的实验手段逐一开展研究。在这种实验研究方法中，过程的分解是否合理，过程的内在关系是否清晰，是研究工作成败的关键。过程的分解不能仅凭经验和感觉，必须遵循理论的正确指导。过程分解与系统简化相结合是工艺过程开发一种行之有效的实验研究方法。

2. 工艺与工程相结合

工艺与工程相结合的开发思想极大地推进了现代流程工业的发展。反应与结晶耦合技术、反应与萃取耦合技术、多级膜耦合技术等，都是为将反应过程的化学工艺学特性与分离工程相结合，改变反应体系的化学平衡，增加化学反应的推动力而形成的新技术。另外，工艺与工程的早期结合对设备选型与放大具有事半功倍的效果。

3. 技术与经济相结合

由于技术的进步与积累，专业实验设计针对一个问题往往会有多种可供选择的研究方案，研究者必须根据研究对象的特征与研究目标，通过概念设计，统筹考虑技术和经济的可行性，对研究方案加以筛选和评价，以确定实验研究工作的最佳切入点。

4. 资源利用与环境保护相结合

从事资源循环利用与开发的本质是促进人类社会可持续发展。无论是源头减排，还是工艺过程系统优化与控制，或是不可回避的末端治理，所有的技术解决方案，包括原材料选择、设备选型、外加能源方式筛选、副产物或排弃物处置都需满足国家的环保要求。避免高污染、高毒性化学品的使用，设备需要安全可靠，优先推荐清洁绿色生产或近零排放工艺。

1.1.2　实验内容

技术路线与方法确定后需要考虑具体实验内容。实验内容不能盲目追求面面俱到，而是应该抓住主要矛盾。例如，在反应萃取系统中：对于快反应一般关注比表面积，可以选用筛板塔等装备，重点研究体系的分散问题；对于慢反应一般关注持液量，可以选用鼓泡塔等装备，重点研究流体返混和阻力问题。因此，在确定实验内容前，要对研究对象进行认真分析。

1. 确定实验指标

实验指标的作用是反映实验目的的达成情况，通常是一些表征实验研究对象特性的参数，如某元素在浸取反应后的浸取率和产品收率等。实验指标必须紧紧围绕实验目的确定，不同的实验目的需要确定不同的实验指标。例如 CO_2 吸附过程研究，实验目的可以是利用吸附过程脱除气体中的 CO_2 杂质，也可以是利用吸附过程分离富集 CO_2 产品。前者目的是气体精制除杂，实验指标应为 CO_2 平衡吸附量、穿透时间等；后者目的是富集浓缩 CO_2，实验指标应为 CO_2 的分离因子、产品收率和纯度等。

2. 确定实验因素

实验因素是指可能对实验指标产生影响，且必须在实验中直接参考和测定的工艺参数或操作条件，也称为自变量，如反应温度、压力、原料粒度、搅拌强度等。实验因素必须具有可检测性，并具备足够的实验精度。同时，实验因素与实验指标应具有明确的相关性。

3. 确定因素水平

因素水平是指各实验因素在实验中所取的具体状态，一个状态代表一个水平。例如，反应温度分为 353K、373K 和 393K，则称温度有 3 水平。选取变量水平时，应注意变量水平变化的可行域。可行域是指因素水平的变化在工艺、工程及实验技术上所受到的限制。例如，在产品制备的工艺实验中，原料浓度水平的确定应考虑原料的来源及生产前后工序的限制。操作压力的水平则受工艺要求、生产安全、设备材质强度等限制。从系统优化的角度，压力水平还应尽可能与前后工段压力保持一致，以减少不必要的能耗。因此，在专业实验中确定各变量水平前，应充分考虑实验项目的工业背景及实验本身的技术要求，合理地确定其可行域。

1.1.3 实验设计方法

根据已确定的实验内容，拟定具体的实验计划表以指导实验的进程，这项工作称为实验设计。资源循环科学与工程专业实验通常涉及多变量、多水平的实验设计，由于不同变量、不同水平所构成的实验点在操作可行域中的位置不同，对实验结果的影响程度也不同，因此合理安排和设计实验，用最少的实验量获取最有价值的数据是实验设计的核心内容。伴随着科学研究和实验技术的发展，实验设计方法也经历了由经验向科学的发展过程。其中有代表性的是析因设计法、正交试验设计法和响应曲面法。

1. 析因设计法

析因设计法又称网格法，其特点是以各因素、各水平的全面搭配来组织实验，逐一考察各因素的影响规律。通常采用的实验方法是单因素变更法，即每次实验只改变一个因素的水平，以考察该因素的影响。

要完成所有因素的考察，实验次数n、因素数N和因素水平数K之间的关系为$n=K^N$。例如，在固液浸取反应实验中，通常需要考察反应物配比、反应温度、搅拌强度等因素的影响($N=3$)，并且每个因素有4种状态($K=4$)，对于该3因素4水平实验，实验次数为$4^3=64$。

由此可见，析因设计法实验量非常大，一般在探索实验的早期采用此方法。在对多因素、多水平的系统进行工艺条件优化或动力学测试的实验中，不建议使用此方法。

2. 正交试验设计法

当面对单因素或双因素进行实验时，采用析因设计法进行实验的设计、实施和分析都会比较简单。但对于工艺开发实验，往往要面对3个或3个以上因素。如果采用析因设计法将会消耗巨大的人力、物力和时间，甚至错过最佳的市场竞争机会。为了准确、合理地减少不必要的实验，可以采用正交试验设计法。

正交试验设计是研究多因素、多水平的一种设计方法，其根据正交性从全面实验中挑选出部分具备“分布均匀，齐整可比”特点的实验。正交试验设计是一种高效、快速、经济的实验设计方法。

正交试验设计所采取的方法是制订一系列规格化的实验安排表供实验者选用，这种表称为正交表。正交表的任一列中，任一因素的水平出现的次数相同(分布均匀)；在任意两列中，任意一个水平组合出现的次数相同(齐整可比)。正交表的表示方法为$L_n(K^N)$规则的设计表格，L为正交表的代号，n为实验的次数，K为水平数，N为列数，即可能安排最多的因素数。例如，一个3因素4水平的实验，采用析因设计法需进行64种组合的实验，若按$L_{16}(4^3)$正交表只需安排16次实验，最多可观察3个因素，每个因素均为4水平，大大降低了实验量。

3. 响应曲面法

响应曲面法是结合数学与统计学而衍生出的新方法，最早于1951年由Box和Ewilson提出。响应曲面法一般假设问题为限制性的最佳化问题，目标函数的确切形式可以由独立因素$X_1,X_2,\cdots,X_k$表示为

$$Y=f(X_1,X_2,\cdots,X_k)+\varepsilon \tag{1-1}$$

式中，$f(X_1,X_2,\cdots,X_k)$为响应函数；ε为Y的随机误差，表示由不可控因素带来的干扰项，

通常假定 ε 在不同实验中是相互独立的，且均值为 0。

目标函数 Y 和 $X_1, X_2, \cdots, X_k$ 之间的关系可以用图形的方式描述为 $X_1, X_2, \cdots, X_k$ 区域上的一个曲面，如果记期望响应为 $E(Y) = f(X_1, X_2, \cdots, X_k) = \eta$，则由 $\eta = f(X_1, X_2, \cdots, X_k)$ 表示的曲面称为响应曲面，Y 和 $X_1, X_2, \cdots, X_k$ 之间关系的研究称为响应曲面研究。如果存在 k 个因素，则存在一个 $(k+1)$ 维的响应曲面。图 1-1 为 $\eta = f(X_1, X_2)$ 表示的响应曲面图和其响应曲面等高线图。在等高线图中，常数值的响应线绘制在 X_1 - X_2 平面上，每条等高线对应于响应曲面的一个特定高度，这样的图形有助于研究导致响应曲面的形状或高度改变的 X_1 和 X_2 的水平。

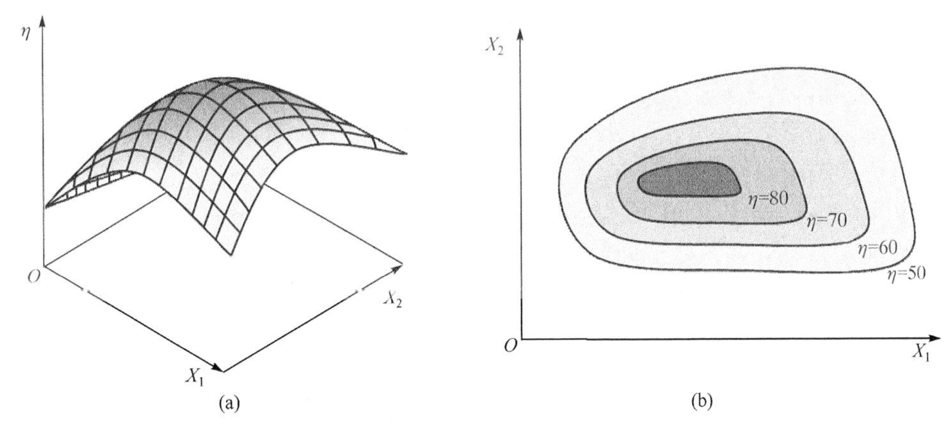

图 1-1 $\eta = f(X_1, X_2)$ 的响应曲面图(a)和响应曲面等高线图(b)

响应曲面法一般在前提假设与应用系统的限制下，有效地求得最佳实验数值。但在大多数响应曲面法的问题中，响应值和独立因素之间的关系是未知的，为探讨独立因素与响应值之间的数学模型关系，首先需对响应函数进行一定的近似。当实验区域远离曲面的最优区域时，通常利用独立因素在一定范围内的低阶多项式近似，即一阶回归模型：

$$y = \beta_0 + \sum_{i=1}^{k} \beta_i X_i + \varepsilon \tag{1-2}$$

式中，β_i 表示因素 X_i 的斜率或线性效应。

当实验区域接近或进入最优区域时，系统出现曲率，则必须利用较高阶的多项式，如二阶回归模型，即

$$y = \beta_0 + \sum_{i=1}^{k} \beta_i X_i + \sum_{i<j}^{k} \beta_{ij} X_i X_j + \sum_{i=1}^{k} \beta_{ii} X_i^2 + \varepsilon \tag{1-3}$$

式中，β_i 表示因素 X_i 的斜率或线性效应；β_{ij} 表示因素 X_i 与因素 X_j 之间的交互作用；β_{ii} 表示因素 X_i 的二次效应。

1) 一阶响应曲面设计

一阶响应曲面设计基本步骤一般为：

(1) 确定每个因素的变化范围并进行编码变换。编码变换是将所有自变量作线性变换，使自变量在某一区间内。设第 i 个自变量 Z_i 的实际变化范围是 $\left[Z_{1i}, Z_{2i}\right]$ $(i=1,2,\cdots,n)$。记区间中点为 $Z_{0i} = \dfrac{Z_{1i} + Z_{2i}}{2}$，区间的半径为 $\Delta_i = \dfrac{Z_{2i} - Z_{1i}}{2}$。作如下 n 个线性变换，即 $X_i = \dfrac{Z_i - Z_{0i}}{\Delta_i}$。将变换后的因素及水平列表，如表 1-1 所示。

表 1-1 响应曲面设计因素及水平

因素	水平						
	$-n$	…	-1	0	1	…	n
X_1							
X_2							
X_3							
⋮							
X_k							

(2) 选择合适的正交表设计实验。

(3) 根据实验结果，采用回归分析方法估计回归系数，对回归方程及回归系数进行显著性检验，最后得到响应曲面。

当实验区域逼近响应曲面的最优点时，响应曲面的曲度效应与非线性效应明显，此时一阶回归模型通常是无效的。检测曲度效应的简单方法是在一阶实验中心添加中心点实验。假设一阶实验基于一个 n_{f} 次实验的二水平正交设计，且添加了 n_{c} 个中心实验，则可用 t 检验来检测整体曲度在 α 水平下的显著性，即

$$\frac{\left|\bar{y}_{\mathrm{f}}-\bar{y}_{\mathrm{c}}\right|}{\sqrt{s^2\left(\dfrac{1}{n_{\mathrm{f}}}+\dfrac{1}{n_{\mathrm{c}}}\right)}}>t_{n_{\mathrm{c}}-1,\alpha/2} \tag{1-4}$$

式中，$\bar{y}_{\mathrm{f}}$ 表示全因素实验点处的平均响应；$\bar{y}_{\mathrm{c}}$ 表示设计的中心点处的平均响应；s^2 表示 n_{c} 个中心点实验的样本方差。

若曲度效应检验不显著，则可用另一个一阶实验继续搜索，否则应转换到二阶实验。

2) 二阶响应曲面设计

选择二阶回归模型拟合实验资料时，一般进行中心复合设计(central composite design，CCD)或三水准因素设计(three-level factorial design)，在拟合及检定二阶回归模型完成后，进行响应曲面分析，即在目前实验区域中，以实际不同情况针对响应曲面系统作深入探讨。二阶回归模型中，若存在点$(X_1,X_2,\cdots,X_k)$，使得偏导数$\dfrac{\partial y}{\partial X_1}=\dfrac{\partial y}{\partial X_2}=\cdots=\dfrac{\partial y}{\partial X_k}$，则称其为稳定点。稳定点可以是响应的最大值点、响应的最小值点、鞍点。这三种可能的稳定点分布见图 1-2。

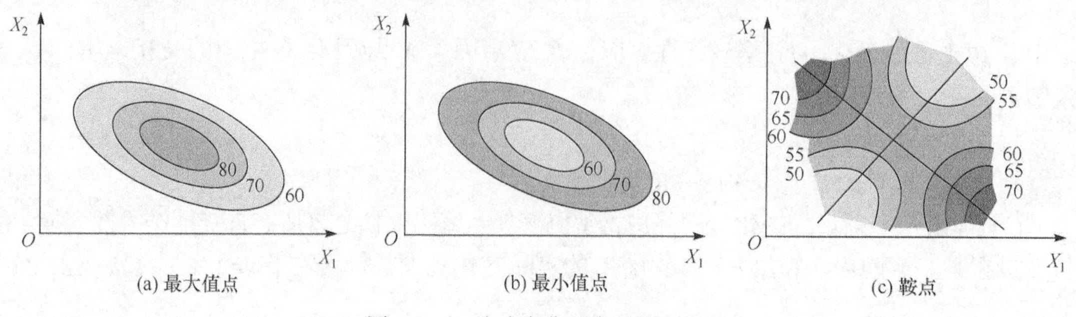

图 1-2 二阶响应曲面中的稳定点

此时可利用正规分析或脊线分析等技术进一步了解稳定点的数学特性。若发现为鞍点，则需进行更进一步的脊线分析，并依靠响应曲面图配合分析。若二阶模型配适时仍

存在缺适性的问题，则可求得局部最佳操作状态或再进行配适更高的回归模型，如三阶或四阶模型。

响应曲面法广泛应用于各个科学研究领域。以碳酸锂反应结晶工艺优化为例，其反应过程为氯化锂和碳酸钠反应生成碳酸锂沉淀。选取主要工艺参数温度、加料速度、碳酸钠浓度和锂离子浓度为考察因素，以碳酸锂收率作为响应值。依据 CCD 原理，采用 4 因素 5 水平的响应曲面法，−2、−1、0、1、2 分别代表变量的 5 个水平，对自变量进行编码，得到响应曲面法优化碳酸锂反应结晶工艺的实验设计表，如表 1-2 所示。

表 1-2　CCD 设计碳酸锂反应结晶实验表

水平	因素			
	温度/K	加料速度/(mL · min^{-1})	碳酸钠浓度/(g · L^{-1})	锂离子浓度/(g · L^{-1})
−2	343	10	220	20.0
−1	348	15	240	22.5
0	353	20	260	25.0
1	358	25	280	27.5
2	363	30	300	30.0

将各实验条件下的响应值进行多元二阶回归拟合，即可得响应值碳酸锂收率与温度、碳酸钠溶液加料速度、碳酸钠浓度和锂离子浓度之间的回归方程，并进行显著性检验。进一步基于回归的函数方程，绘制响应曲面图和响应曲面等高线图，如图 1-3 所示。这些图形可直观地反映各因素及其交互作用对响应值的影响，有助于找出最佳工艺参数，并辅以实验验证预测值。响应曲面的最高点和等高线中最小椭圆的中心点代表响应值在所考察因素范围内存在的极值；等高线图可反映两两因素之间交互作用的强弱，椭圆表示两两交互作用显著，正圆表示两两交互作用不显著。

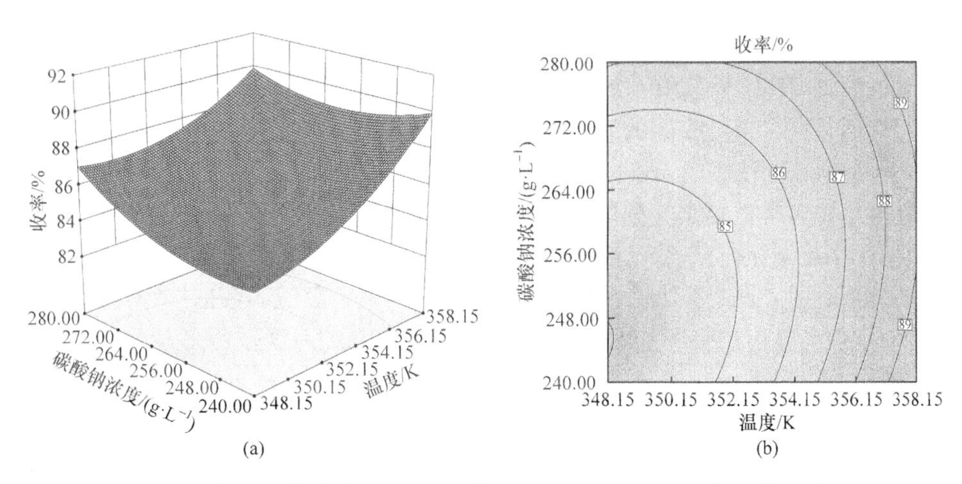

图 1-3　温度-碳酸钠浓度交互作用有限响应曲面图(a)及响应曲面等高线图(b)

响应曲面法囊括了实验设计、建模、检验模型的合理性、寻求最佳组合条件等实验和统计技术，通过对具有代表性的局部各点进行实验，回归拟合全局范围内因素与响应值间的函数关系，绘制响应曲面和等高线图，可方便求出相应于各因素水平的响应值，在此基础上寻找预测的响应最优值以及相应的实验条件，适用于解决非线性数据处理相关问题。相较于正交试验设计法，虽然该方法实验次数较多，但具有精度高、预测性良好的优点。

1.2　实验数据处理

实验的目的是通过实测数据获得可靠且有价值的结果或结论。实验结果的可靠性与准确性不能单凭经验和主观臆断，必须依托有理论依据的数学方法加以分析、归纳和评价。掌握和应用误差理论、统计理论和数据处理方法十分必要。

1.2.1　误差分析

1. 误差的分类

实验误差根据其性质和来源不同可分为三类：系统误差、随机误差和过失误差。

系统误差是由仪器误差、方法误差和环境误差构成，即仪器性能欠佳和环境条件变化引起的误差等。系统误差是实验中潜在的弊端，若已知其来源，应设法消除。若无法在实验中消除，则应事先测出其数值的大小和规律。

随机误差是实验中普遍存在的误差，具有有界性、对称性和抵偿性，即误差仅在一定范围内波动，不会发散。在同样条件下进行足够多实验时，正负误差将相互抵消，数据的算术平均值将趋于真值。

过失误差是由实验者的主观失误造成的显著误差，如读错刻度、加错试剂、计算错误等，这种误差通常会引起实验结果失真。在原因清楚的情况下，应及时消除，必要时需重复实验。若原因不明，则应根据统计学的准则进行判别和取舍。

2. 误差的表达

(1) 数据真值。数据真值是相对于绝对真值而言的。严格地讲，数据真值应是某量的客观实际值。但是通常情况下绝对真值是未知的，只能用相对真值来近似。在专业实验中，常采用三种相对真值，即标准器真值、统计真值和引用真值。

标准器真值是用高精度仪表的测量值作为低精度仪表测量值的真值。要求高精度仪表的测量精度必须是低精度仪表的 5 倍以上。

统计真值是用多次重复实验测量值的平均值作为真值。重复实验次数越多，统计真值越趋近实际真值，由于趋近速率是先快后慢，重复实验需综合考虑人力物力等因素。

引用真值是引用文献或手册上已被前人实验证实并得到公认的数据作为真值。

(2) 绝对误差与相对误差。在数据处理中，绝对误差与相对误差用来表示物理量的某次测量值与其真值之间的误差。

绝对误差和相对误差的表达式分别为

$$\Delta x = x_i - X \tag{1-5}$$

$$r_i = \frac{\Delta x}{X} \times 100\% = \frac{x_i - X}{X} \times 100\% \tag{1-6}$$

式中，x_i 为第 i 次测量值；X 为真值。

(3) 标准误差。标准误差在数据处理中用来表示一组测量值的平均误差，在化工、冶金、环境等专业实验中广泛采用。标准误差 σ 的表达式为

$$\sigma=\sqrt{\frac{\sum\left(x_i-X\right)^2}{n-1}} \tag{1-7}$$

3. 仪器仪表的测量精度与测量误差

通常在多挡和连续刻度仪器仪表中，可测量范围不是一个点，而是一个量程，若用式(1-7)计算很烦琐，而且在仪表标尺的不同部位其相对误差是不同的，所以为了方便计算和划分准确度等级，通常采用引用误差。

绝对误差 Δx 与仪器仪表满刻度量程 x_m 之比称为引用误差 γ_m。引用误差也是一种相对误差，没有单位，通常用百分数表示，即

$$\gamma_\mathrm{m}=\frac{\Delta x}{x_\mathrm{m}}\times 100\% \tag{1-8}$$

仪表的准确度等级是按仪表的最大引用误差 $\left|\gamma_\mathrm{m}\right|_\mathrm{max}$ 划分的。例如，根据国家标准 GB/T 7676.2—2017 规定，直读式的电流表、电压表等电工测量仪表的准确度分为 11 个等级：0.05、0.1、0.2、0.3、0.5、1、1.5、2、2.5、3、5，见表 1-3。

表 1-3　电工测量仪表准确度等级

准确度等级指标	引用误差	准确度等级指标	引用误差
0.05	±0.05%	1.5	±1.5%
0.1	±0.1%	2	±2%
0.2	±0.2%	2.5	±2.5%
0.3	±0.3%	3	±3%
0.5	±0.5%	5	±5%
1	±1%		

如果某仪表为 s 级，则说明该仪器的最大引用误差不超过 $s\%$，即 $\left|\gamma_\mathrm{m}\right|_\mathrm{max}\leqslant s\%$，但不能认为其在各刻度上的示值误差都具有 $s\%$ 的准确度。如果某电表为 s 级，满刻度值为 x_m，测量点为 x，则仪表在该测量点的最大相对误差 r 可表示为

$$r=\frac{x_\mathrm{m}}{x}\times s\% \tag{1-9}$$

因为 $x\leqslant x_\mathrm{m}$，所以当 x 越接近 x_m 时，其测量准确度越高。使用这类仪表测量时，应选择使指针尽可能接近于满刻度值的量程，一般至少在满刻度值 2/3 以上的区域。

4. 误差的传递

误差计算主要用于估计实验直接测定量的误差。但是在专业实验中，通常希望考察的是间接的响应量，而非直接测定量。例如，在反应动力学方程中，速率常数 $k=k_0\mathrm{e}^{-E/(RT)}$ 就是温度的间接响应量。由于响应值是直接测量值的函数，因此直接测量值的误差必然会传递给响应值。

1) 误差传递的基本关系式

设某响应值 y 是直接测量值 $x_1,x_2,\cdots,x_n$ 的函数，即

$$y=f\left(x_1,x_2,\cdots,x_n\right) \tag{1-10}$$

由于误差相对于测定量而言是较小的量，可将式(1-10)依泰勒级数展开，略去二阶导数以上的项，可得函数 y 的绝对误差 Δy 的表达式为

$$\Delta y=\frac{\partial f}{\partial x_1}\Delta x_1+\frac{\partial f}{\partial x_2}\Delta x_2+\cdots+\frac{\partial f}{\partial x_n}\Delta x_n \tag{1-11}$$

式中，$\Delta x_1,\Delta x_2,\cdots,\Delta x_n$ 表示直接测量值的绝对误差；$\partial f/\partial x_i$ 称为误差传递系数。

2) 函数误差的表达

函数 y 的绝对误差 Δy 不仅与各测量值的误差 Δx_i 相关，并且与相应的误差传递系数有关。由于实际测量中各测量值的分量误差可能会抵消，因此将各分量误差取绝对值，得到函数的最大绝对误差为

$$\Delta y=\sum_{i=1}^{n}\left|\frac{\partial f}{\partial x_i}\Delta x_i\right| \tag{1-12}$$

则函数的相对误差为

$$\frac{\Delta y}{y}=\sum_{i=1}^{n}\left|\frac{\partial f}{\partial x_i}\times\frac{\Delta x_i}{y}\right| \tag{1-13}$$

当各测定量对响应量的影响相互独立时，响应值的标准误差为

$$\sigma_y=\sqrt{\sum_{i=1}^{n}\left(\frac{\partial f}{\partial x_i}\right)^2\sigma_i^{\,2}} \tag{1-14}$$

式中，σ_i 为各直接测量值的标准误差；σ_y 为响应值的标准误差。

根据误差传递基本公式，可求取不同函数形式的实验响应值的误差及其精度，以便对实验结果做出正确的评价。

1.2.2　有效数字

专业实验记录测量的数据应当尽可能接近被测量参数的真实值，并包括能反映被测量参数实际大小的全部数字。但是在实验观测、读数、运算与最终结果中，哪些是能反映被测量实际大小的数字而应予以保留，哪些不应当保留，这就与有效数字及其运算法则有关。实验数据的记录及运算反映了近似值的大小，并且在某种程度上表明了误差。

1. 有效数字基本概念

有效数字是指在分析工作中实际能够测量到的数字。对于连续读数的仪器，能够测量到的数字包括可靠数字和欠准数字，分别是通过直读获得的仪器最小刻度的准确值和通过估读获得的仪器最小刻度的下一位估计值。例如，用最小分度值为 1℃的指针式温度计测量反应温度，读数为 73.6℃。其中，73 这两个数字是从温度计刻度上准确读出的，可以认为是准确的，称为可靠数字；末尾数字 6 是在温度计最小分度值的下一位上估计出来的，是不准确的，称为欠准数字。虽然是欠准可疑，但不是无中生有，而是有根据、有意义的。虽然有一位欠准数字，但使测量值更接近真实值，更能反映客观实际。因此，测量值保留到这一位是合理的，即使估计数是 0，也不能舍去。测量结果应当而且也只能保留一位欠准数字，故测量数据的有效数字的位数为可靠数字的位数加上一位欠准数字。例如，上述 73.6℃为三位有效数字。

有效数字的位数与十进制单位的变换无关，即与小数点的位置无关。根据有效数字的规定，凡是仪器上读出的数值，有效数字中间与末尾的 0 均应算作有效位数。例如，0.0702mL

是三位有效数字，70.2μL 和 0.0702mL 是等效的，只不过分别采用 μL 和 mL 作为体积单位。从有效数字也可以看出测量用具的最小刻度值，如 12.8mL 是用最小刻度为毫升的移液管测量所得，而 2.0850mL 是用最小刻度为微升的移液管测量所得。因此，正确掌握有效数字的概念对实验来说是十分必要的。

在记录直接测量的有效数字时，为了避免单位换算中位数很多时写一长串，或计数时出现错位，常采用科学计数法，通常在小数点前保留一位整数，如 0.0087mL 可以记作 8.7×10^{-3}mL。

2. 运算规则

在进行有效数字计算时，参与运算的分量可能很多。各分量数值的大小及有效数字的位数也不相同，而且在运算过程中要避免因计算而引进误差、影响结果，且计算应尽量简洁，不作徒劳的运算。

若干个数进行加法或减法运算，其“和”或者“差”的结果的欠准数字的位置与参与运算各个量中的欠准数字的位置最高者相同。由此得出结论：如果需要对若干个直接测量值进行加法或减法计算，则测量时选用精度相同的仪器最为合理。

$$588.\underline{2}+3.46\underline{2}=591.\underline{662}=591.\underline{7}$$

$$49.2\underline{7}-3.\underline{4}=45.\underline{87}=45.\underline{9}$$

若干个数进行乘法或除法运算时，“乘”或者“商”的结果的有效数字的位数与参与运算的各个量中有效数字的位数最少者相同。由此得出结论：如果需要对若干个直接测量值进行乘法或除法运算，则测量时按照有效数字位数相同的原则选择不同精度的仪器。

$$834.\underline{5}\times23.\underline{9}=19\underline{944}.\underline{55}=1.9\underline{9}\times10^{4}$$

$$2569.\underline{4}\div19.\underline{5}=13\underline{1}.\underline{7641\cdots}=132$$

乘方和开方运算的有效数字的位数与其底数的有效数字的位数相同。

$$\left(7.32\underline{5}\right)^{2}=53.6\underline{6}$$

$$\sqrt{32.\underline{8}}=5.7\underline{3}$$

对数运算：对数运算后，首数部分为 10 的幂数，不是有效数字，对数值的有效数字只由尾数部分的位数决定。例如，1234 是 4 位有效数字，其对数 lg1234=3.0913，尾数部分仍保留 4 位，首数“3”不是有效数字。不能记成 lg1234=3.091，因为只有 3 位有效数字，与原数 1234 的有效数字位数不一致。

自然数 1，2，3，4，… 不是测量而得，不存在欠准数字，因此可以视为无穷多位有效数字，书写时也不必写出后面的 0。例如 $D=2R$，D 的位数仅由测量值 R 的位数决定。

无理常数 π，$\sqrt{2}$，$\sqrt{3}$，… 也可以看成很多位有效数字。例如，$\omega=2\pi f$，若测量值 $f=50.1$Hz，π 应取 3.142，则

$$\omega=2\times3.142\times50.1=3.15\times10^{2}(\mathrm{rad\cdot s^{-1}})$$

根据有效数字的运算规则，为使计算简化，在不影响最后结果的前提下，可以在运算前后对数据进行修约，其修约原则是“四舍六入五留双”，视所取位数的后一位数字的情况决定舍去或进位(以保留两位小数为例)：

(1) 若要求保留位数的后一位≤4，则舍去。例如，5.214 保留两位小数为 5.21。

(2) 若要求保留位数的后一位≥6，则进位。例如，5.216 保留两位小数为 5.22。

(3) 若要求保留位数的后一位是 5，而且 5 后面仍有数，则进位。例如，5.2151 保留两位

小数为 5.22。

(4) 若要求保留位数的后一位是 5，而且 5 后面不再有数，要根据尾数 5 的前一位决定舍去还是进位：如果是奇数则进位，如果是偶数则舍去。例如，5.215 保留两位小数为 5.22，5.225 保留两位小数为 5.22。

1.2.3 数据处理

实验数据的处理是实验研究工作中的重要环节。大量实验数据必须经过正确分析、处理和关联，才能分析出各变量间的定量关系，并从中获得有价值的信息与规律。合适的实验数据处理方法会使实验结果清晰而准确。实验数据处理常用的方法有三种：列表法、图示法和回归分析法。

1. 列表法

列表法是将实验原始数据、运算数据和最终结果直接列举在各类数据表中，以展示实验成果的一种数据处理方法。根据记录内容差异，数据表可分为原始数据记录表和实验结果表。原始数据记录表记录未经任何运算处理的原始数据；实验结果表记录经过运算和整理得出的主要实验结果，该表应简明扼要，直接反映主要实验指标与操作参数之间的关系。

2. 图示法

图示法是以曲线的形式简单明了地表达实验结果的常用方法。图示法能直观地显示变量间存在的极值点、转折点、周期性及变化趋势，尤其在数学模型不明确或解析计算有困难的情况下，图示求解是数据处理的有效手段。

图示法的关键是坐标系的合理选择，包括类型、范围与刻度等。坐标系选择不当，会扭曲和掩盖曲线的本来面目，导致错误的结论。坐标系选择的一般原则是尽可能使函数的图形线性化。线性函数 $y=a+bx$，可选用直角坐标系；指数函数 $y=a^{bx}$，则选用半对数坐标系；幂函数 $y=ax^{b}$，则选用对数坐标系。坐标分度标值的确定应遵循如下原则：

(1) 坐标分度应与实验数据的精度相匹配，即坐标读数的有效数字应与实验数据的有效数字位数相同。换言之，坐标最小分度值的确定应该以实验数据中最小一位可靠数字为依据。

(2) 坐标比例应尽可能使曲线主要部分的切线与 x 轴和 y 轴的夹角成 45°。

(3) 坐标分度值的起点不必从零开始，可以取数据最小值的整数为坐标起点，以略高于数据最大值的某一整数为坐标终点，使所标绘的图线位置居中。

3. 回归分析法

回归分析法又称模型化法，是采用数学模型将离散的实验数据回归成某一特定的函数形式，用以表达变量之间的相互关系。

回归分析法是研究变量间相关关系的一种数学方法，是数理统计学的一个重要分支。用回归分析法处理实验数据的步骤是：①选择和确定回归方程的形式；②用实验数据确定回归方程中的模型参数；③检验回归方程的等效性(见 1.2.4 节)。

1) 选择和确定回归方程的形式

回归方程形式的选择和确定有以下三种方法：

(1) 根据理论知识、实践经验或前人的类似工作，选定回归方程的形式。

(2) 将实验数据绘成曲线，观察其接近于哪种常用函数的图形，据此选择回归方程的形式。

(3) 先根据理论和经验确定几种可能的方程形式，然后用实验数据分别拟合，并运用概率论、信息论的原理对模型进行筛选，以确定最佳模型。

2) 确定模型参数

回归方程的形式(数学模型)确定后，要使模型能够真实地表达实验结果，必须用实验数据对方程进行拟合，进而确定方程中的模型参数。例如线性方程 $y=a+bx$，其中 a 和 b 为待估参数。

由于实验中各种随机误差的存在，实验响应值 y_i 与数学模型的计算值 $\hat{y}$ 不可能完全吻合，但可以通过调整模型参数，使模型计算值尽可能逼近实验数据，使两者的残差 $(y_i-\hat{y})$ 趋于最小，从而达到最佳的拟合状态。

根据这个指导思想，同时考虑到不同实验点的正负残差可能相互抵消，影响拟合的精度，拟合过程采用最小二乘法进行参数估值，即选择残差平方和最小值为参数估值的目标函数，其表达式为

$$Q=\sum_{i=1}^{n}(y_i-\hat{y})^2 \to \min \tag{1-15}$$

最小二乘法可用于线性或非线性、单参数或多参数数学模型的参数估值，其求解的一般步骤如下：

(1) 将选定的回归方程线性化。对于复杂的非线性函数，应尽可能采取变量转换或分段线性化，使之转化为线性函数。

(2) 将线性化的回归方程代入目标函数 Q 并求极值，即将目标函数分别对待估参数求偏导数并令导数为零，得到一组与待估参数个数相等的方程组，称为正规方程。

(3) 由正规方程组联立求解出待估参数。

例如，用最小二乘法对一元线性函数 $y=a+bx$ 进行参数估值，其目标函数为

$$Q=\sum(y_i-\hat{y})^2=\sum\left[y_i-(a+bx)\right]^2 \tag{1-16}$$

对目标函数求极值可得正规方程

$$na+\left(\sum_{i=1}^{n}x_i\right)b=\sum_{i=1}^{n}y_i \tag{1-17}$$

$$\left(\sum_{i=1}^{n}x_i\right)a+\left(\sum_{i=1}^{n}x_i^{\,2}\right)b=\sum_{i=1}^{n}x_iy_i \tag{1-18}$$

令 $\overline{x}=\dfrac{1}{n}\sum\limits_{i=1}^{n}x_i$， $\overline{y}=\dfrac{1}{n}\sum\limits_{i=1}^{n}y_i$，由正规方程可解出模型参数

$$a=\overline{y}-b\overline{x} \tag{1-19}$$

$$b=\frac{\sum x_iy_i-n\overline{xy}}{\sum x_i^{\,2}-n\overline{x}^2}=\frac{\sum\left(x_i-\overline{x}\right)\left(y_i-\overline{y}\right)}{\sum\left(x_i-\overline{x}\right)^2} \tag{1-20}$$

1.2.4　统计检验

无论是采用离散数据列表法还是采用回归分析法表达实验结果，都必须对结果进行科学

的统计检验，以考察和评价实验结果的可靠程度，从中获得有价值的实验信息。

统计检验的目的是评价实验指标 y 与变量 x 之间，或模型计算值 $\hat{y}$ 与实验值 y 之间是否存在相关性，以及相关的密切程度如何。检验的方法是：首先建立一个能够表征实验指标 y 与变量 x 间相关密切程度的数量指标，称为统计量；假设 y 与 x 不相关的概率为 α ，根据假设的 α 从专门的统计检验表中查出临界统计量；将查出的临界统计量与由实验数据算出的统计量进行比较，便可判别 y 与 x 相关的显著性。判别标准见表 1-4。通常称 α 为显著性水平，$1-\alpha$ 为置信度。

表 1-4　显著性水平的判别标准

显著性水平 α	检验判据	相关性
0.01	计算统计量 > 临界统计量	高度显著
0.05	计算统计量 > 临界统计量	显著
0.10	计算统计量 < 临界统计量	不显著

常用的统计检验方法有方差分析法和相关系数法。

1. 方差分析法

方差分析法不仅可用于检验回归方程的线性相关性，而且可用于对离散的实验数据进行统计检验，判别各因素对实验结果的影响程度，分清因素的主次，优选工艺条件。方差分析构筑的检验统计量为 F ，用于模型检验时，其计算式为

$$F=\frac{\sum\left(\hat{y}_i-\overline{y}\right)^2/f_u}{\sum\left(y_i-\hat{y}\right)^2/f_Q}=\frac{u/f_u}{Q/f_Q} \tag{1-21}$$

式中，f_u 为回归平方和自由度，$f_u=N$ ；f_Q 为残差平方和自由度，$f_Q=n-N-1$ ，n 为实验点数，N 为自变量个数；u 为回归平方和，表示变量水平变化引起的偏差；Q 为残差平方和，表示实验误差引起的偏差。

检验时，首先计算统计量 F ，然后由指定的显著性水平 α 及自由度 f_u 和 f_Q ，从有关手册中查得临界统计量 F ，依据表 1-4 进行相关显著性检验。

2. 相关系数法

在实验结果的模型化表达方法中，通常利用线性回归将实验结果表示成线性函数。为了检验回归直线与离散的实验数据点之间的符合程度，或者考察实验指标 y 与自变量 x 之间线性相关的密切程度，提出了相关系数 r 这个检验统计量。

$$r=\frac{\sum\left(x_i-\overline{x}\right)\left(y_i-\overline{y}\right)}{\sqrt{\sum\left(x_i-\overline{x}\right)^2\sum\left(y_i-\overline{y}\right)^2}} \tag{1-22}$$

当 $r=1$ 时，y 与 x 完全正相关，实验点均落在回归直线 $\hat{y}=a+bx$ 上。当 $r=-1$ 时，y 与 x 完全负相关，实验点均落在回归直线 $\hat{y}=a-bx$ 上。当 $r=0$ 时，则表示 y 与 x 无线性关系。一般情况下，$0<|r|<1$。此时要判断 x 与 y 之间的线性相关程度，就必须进行显著性检验。检验

时一般取α为 0.01 或 0.05，由α和f_Q查得r_α后，将计算得到的$|r|$值与r_α进行比较，判别x与y的线性相关显著性。

思　考　题

1-1　对比正交试验设计法、响应曲面法的内涵与应用。
1-2　简述误差的分类与误差传递的基本公式。
1-3　简述回归分析法处理实验数据的步骤。

第2章

物质基本性质测定原理与方法

2.1 基础物性测定

了解物质的各类物性(物理、化学及物理化学)参数及性质是资源循环利用工艺技术研究和过程开发的基础，循环工艺的优化设计涉及输送、粉碎、分离、反应、换热等单元操作过程及系统组合优化。虽然大多常用物质的物性数据可以在相关手册中检索，但由于资源循环利用过程经常面对的是废弃复杂物质体系，并涉及极端工艺条件，一些基础数据测试乏人问津、积累不足，难以通过手册查证使用，常需要通过实验测定以获取相关信息。

2.1.1 粒度测定

颗粒是在一定尺寸范围内具有特定形状的几何体，冶金行业一般定义在毫米到纳米之间，其他行业未作严格定义。颗粒包括矿物碎屑、粉末等固体和雾滴、油珠等液体。描述单一颗粒大小的尺寸称为粒度。通常球体颗粒的粒度用直径表示，立方体颗粒的粒度用边长表示。对于不规则的颗粒，可将与其有相同行为的某一球体直径作为该颗粒的等效直径。粒度分布是采用一定方法反映出一系列不同粒径区间颗粒分别占试样总量的百分比。粒度测定的方法很多，常用的有筛分法、沉降法、图像法和激光法等。

1. 筛分法

筛分法是最传统的粒度测定方法。它借助人工或机械振动装置，将被测样品通过一系列不同筛孔尺寸的标准筛，分离成若干粒级。通过收集各级筛网的筛余量，称量求得被测试样以质量计的颗粒粒度分布。筛分法具有设备简单、成本低、操作简便、结果直观等优点，但是筛孔尺寸的均匀性、筛网的磨损程度、环境温湿度和操作手段都会影响测试结果。筛分法广泛用于测定 0.04～100mm 分散颗粒的粒度组成，更大粒度的物料可编制具有更大筛孔的筛网，但是对于更小粒度的物料，很难筛分充分。一般干筛的分级粒度最小至 0.1mm，0.04～0.1mm 粒度的物料则需采用湿筛。

2. 沉降法

沉降法是根据不同粒径颗粒在液体中沉降速度的差异进行粒度分布测定的方法。测试过程中先把样品放到某种液体中配制成一定浓度的悬浮液，悬浮液中的颗粒在重力或离心力作用下发生沉降。颗粒沉降速率与粒径的关系服从斯托克斯(Stokes)定律，即悬浮在介质中的粉体颗粒的沉降速率与颗粒的粒径和密度成正比，与介质的黏度成反比。

沉降法在测试过程中伴随着颗粒的分级过程，即大颗粒先沉降，小颗粒后沉降。沉降法测试结果的分辨率较高，特别适用于颗粒分布不规则或分布出现“多峰”的情况。沉降法适合分析粒度分布广的球形颗粒样品，不适用于分析颗粒粒度小于2μm的样品。

3. 图像法

图像法通过直接观察和测量颗粒的平面投影图像获得颗粒粒径，是一种最基本、最直观的测量方法。图像法在直接观察颗粒形状和大小的同时，可以判断颗粒的分散程度，常用作对其他测量方法的校验和标定。图像法常用的仪器有光学显微镜、扫描电子显微镜等。这些仪器价格昂贵，试样制备烦琐，测量时间长。若仅测试颗粒的粒径，一般不采用此方法。但若需要同时了解颗粒的粒度、形状、结构以及形貌等信息时，该方法则是最佳的测试方法。

4. 激光法

激光法是通过激光散射的方法测量悬浮液、乳液和粉末样品的颗粒分布，是现代实验室测量颗粒粒度分布最主要的方法。

如图2-1所示，激光法所采用的激光粒度仪是利用颗粒对激光的散射(衍射)现象测量颗粒粒度及其分布的，即激光在行进过程中遇到颗粒物时会有一部分光束偏离原来的传播方向，偏离的程度用散射(衍射)角θ表示。θ与颗粒物的粒径成反比，即颗粒粒径越小，偏离程度越大，θ越大；颗粒粒径越大，偏离程度越小，θ越小。散射光的强度随散射角的增加呈对数衰减，可用米氏散射理论进行描述。米氏散射理论是一个复杂的数学模型，给出了散射光的强度与单位体积粒子数N、单个粒子体积V、入射光波长λ、分散相(颗粒物)和分散介质的折射率、分散介质的吸收率及入射光的强度等参数之间的关系。通过测量和计算散射光强度就可获得颗粒粒径的分布情况，如图2-2为某颗粒样品的粒度分布图。

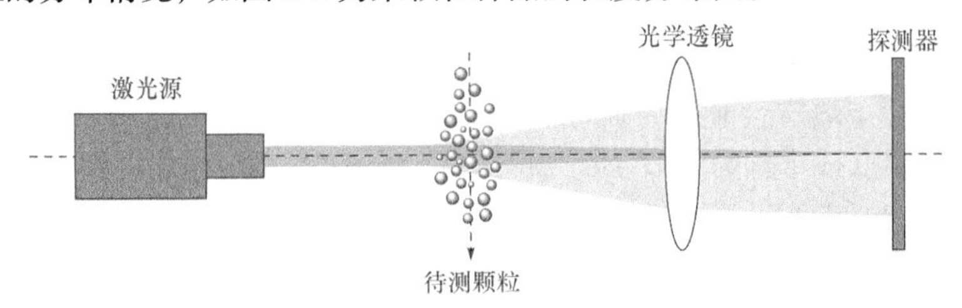

图2-1　激光粒度仪测试原理示意图

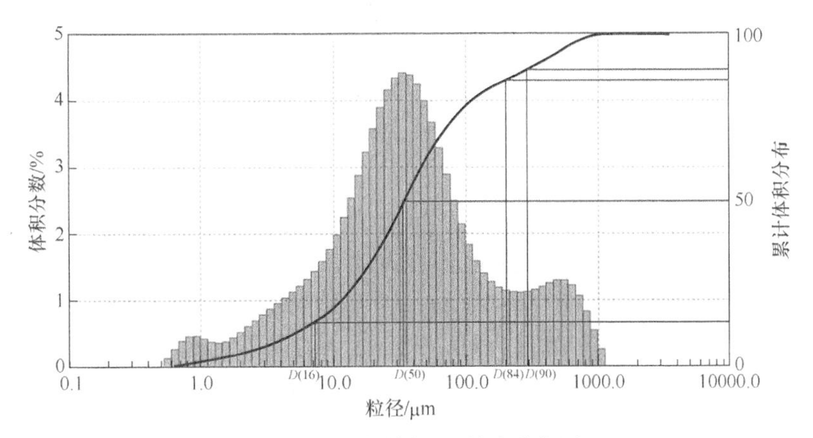

图2-2　某颗粒样品的粒度分布图

$D(50)$表示一个样品的累计粒度分布(累计粒度体积分布、累计粒度质量分布)达到 50% 时所对应的粒径。它的物理意义是粒径小于它的颗粒占 50%，因此也称中位径或中值粒径。$D(50)$常用来表示粉体的平均粒径。其他如 $D(16)$、$D(84)$、$D(90)$等参数的定义及物理意义与 $D(50)$相似。

粒度衡量判断的指标通常有体积平均粒径 $D[4,3]$和变异系数 CV。$D[4,3]$越小，表明颗粒粒径越小；CV 越小，表明颗粒离散程度越小，粒径越均一。$D[4,3]$和 CV 的计算公式分别为

$$D\left[4,3\right]=\frac{\sum_{i=1}^{k}n_iD_i^4}{\sum_{i=1}^{k}n_iD_i^3} \tag{2-1}$$

$$\text{CV}=\frac{D(84)-D(16)}{2\times D(50)} \tag{2-2}$$

式中，n_i 为直径为 D_i 的颗粒数量。

2.1.2　密度测定

密度是指单位体积物质的质量，它与构成物质粒子的大小、聚集状态、排列方式以及粒子间的相互作用力等有密切关系，其单位为 $\text{kg}\cdot\text{m}^{-3}$，常用希腊字母 ρ 表示。相对密度是指物质在一定温度下的密度与水在 4℃时的密度之比，通常用符号 d_4^t 表示相对密度，上标表示物质的温度，下标表示水的温度是 4℃。

测量物质密度的关键是测量物质的质量和体积。准确测量样品的质量比较简单，但是准确测量样品的体积比较困难。密度的测量方法包括直接测量法、比重计法、阿基米德法、比重容器法等。

(1) 直接测量法。通过直接测量一定体积的物质所具有的质量计算密度。

(2) 比重计法。该法是工业上常用的测量液体密度的方法。比重计有不同的精度和测量范围，单支型的比重计常分为轻表(测量密度在 $1.0\text{kg}\cdot\text{L}^{-1}$ 以下)及重表(测量密度在 1.0～$2.0\text{kg}\cdot\text{L}^{-1}$)；精密比重计常为若干支一套，每支测量范围较窄，可根据被测液体密度的大小进行选择。

(3) 阿基米德法。最常用的比重天平是韦氏天平，如图 2-3(a)所示，它有一个具有标准体积与质量的测锤。测量时先将测锤浸没于待测液体中，然后向天平横梁上的定位 V 形缺口处挂上相应质量的砝码，使天平梁保持平衡，从横梁上累加的读数即可读出液体的密度。

比重天平仪器简单、测量精度高，对于挥发性较大的液体也可得到较准确的结果。但测量时被测液体用量较大，且应用范围受测锤密度限制。近年来各种高精度、多用途的电子比重天平[图 2-3(b)]相继问世。

(4) 比重容器法。通常采用具有确定体积的玻璃烧瓶测定液体的密度。测定时，首先对空的比重瓶进行称量，然后装满要测定的液体再称量一次。前后两次的质量差除以比重瓶的体积等于样品的密度。比重容器法还可以用于测定粉末样品或颗粒物的堆积密度。

固体体积对环境温度变化不敏感，对应的密度变化也不明显。但是温度对液体体积的影响较大，每 1K 的温度变化会导致 0.0001～0.1 数量级的液体密度变化。使用辅助液体测定密度时，则必须考虑温度影响。

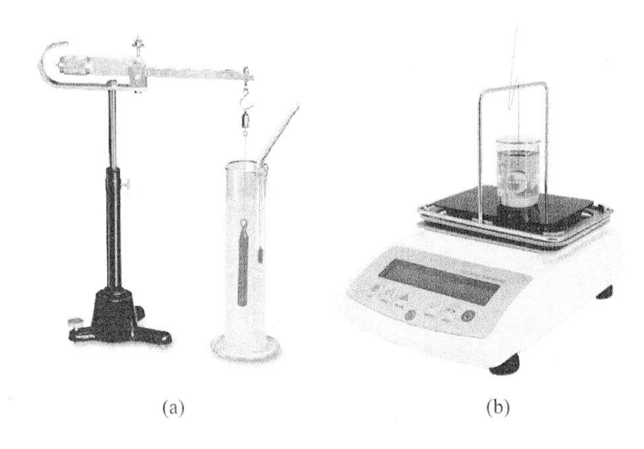

(a)　(b)

图 2-3　韦氏天平(a)和电子比重天平(b)

2.1.3　黏度测定

黏度是流体的一种重要特性，一般常指动力黏度，定义为单位面积切向力与法向速度梯度之比。动力黏度单位过去常以“泊”(poise)或“厘泊”(cP)表示，现在普遍采用SI制，表示为“帕斯卡 · 秒”(Pa · s)。运动黏度则是流体动力黏度与流体密度之比，单位为 $m^2 \cdot s^{-1}$。动力黏度反映流体的黏性，在一定的几何环境和运动环境下决定流场中的黏性力；运动黏度决定流场中惯性力和黏性力之间的关系，具有运动学的量纲，二者可以互相换算。如果两个具有相同几何环境和运动环境的流场中，流体的运动黏度相等(动力黏度不必相等)，则这两个流场的动力相似。只依据相同的动力黏度，则不能判断两种流体的动力相似。

1. 动力黏度测定

毛细管法是测定动力黏度的常用方法，根据哈根-泊肃叶(Hagen-Poiseuille)方程：

$$\Delta p = \frac{8\eta L u}{r^2} \tag{2-3}$$

其中流速：

$$u = \frac{V}{\pi r^2 t} \tag{2-4}$$

则哈根-泊肃叶方程可改写为

$$\eta = \frac{\Delta p \pi r^4 t}{8LV} \tag{2-5}$$

式中，η 为动力黏度(Pa · s)；Δp 为毛细管道压力差($N \cdot m^{-2}$)；r 为毛细管道半径(m)；t 为体积为 V 的液体流经毛细管的时间(s)；L 为液体流经管道的长度(m)。可见在 r、L 一定的条件下，只要测定 Δp 和 t 或 V 的关系，便可求出流体的动力黏度。

绝对法液体黏度测量装置如图 2-4 所示，测量前先将毛细管前后容器之间的液压差调至 15～18cm H_2O；然后测量时间 t 内流经毛细管的液体体积 V，以及毛细管两端压差 Δp；根据毛细管的 r 和 L，依照式(2-5)求得待测液体的动力黏度。

2. 运动黏度测定

液体运动黏度常用测量设备有奥氏黏度计和乌氏黏度计，如图 2-5 所示。奥氏黏度计和乌

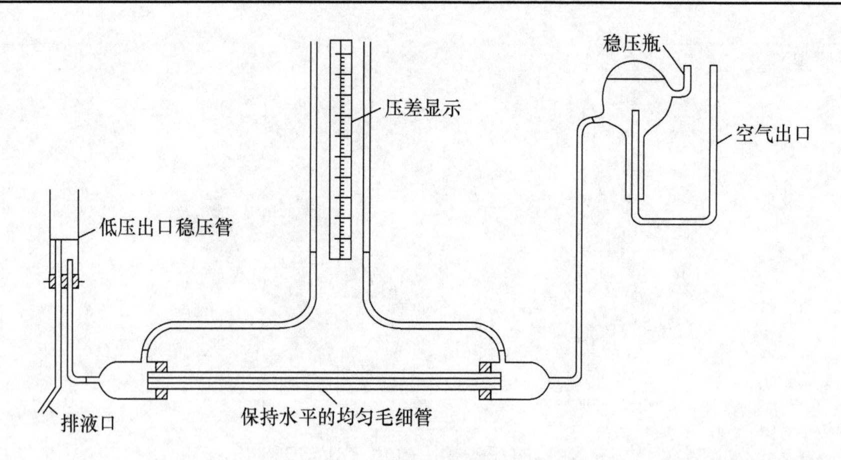

图 2-4　绝对法液体黏度测量装置

氏黏度计结构简单，使用方便，可根据待测体系黏度大小选用合适的型号。黏度计的毛细管长约为 30cm，流经毛细管的液体体积约为 10mL，毛细管直径因型号而异，一般以液体流过毛细管的时间为 1～2min 为原则选用黏度计型号。此外，选择参考液体时，要尽量使参考液体和待测液体的黏度相接近。由于温度对黏度的影响很大，用奥氏黏度计和乌氏黏度计测量黏度时，黏度计必须置于恒温槽中恒温。乌氏黏度计由奥氏黏度计改进而成，比奥氏黏度计在侧面多一根支管，测定时液体在毛细管下端出口处与储液球中的液体断开，形成气承悬液柱。根据哈根-泊肃叶方程，此时液体向下流动时所受压力差与管中液面高度无关，因此乌氏黏度计具有更高的精度，建议尽量使用乌氏黏度计。

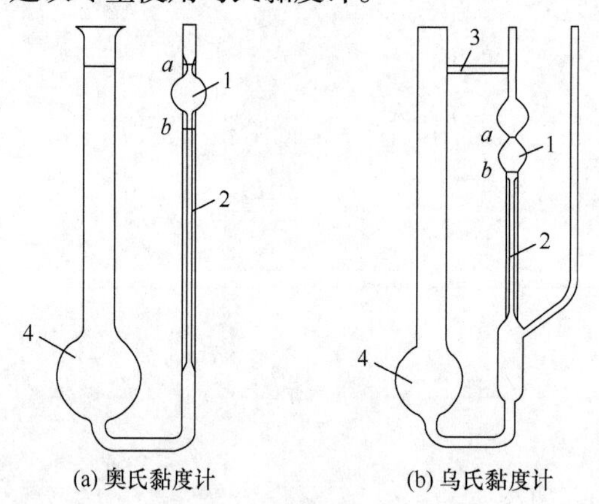

图 2-5　毛细管黏度计

1. 由刻度 a、b 确定的定容泡；2. 毛细管；3. 加固玻璃；4. 储液球

对于同一支黏度计(r 、L、V 一定，$\frac{g\pi}{8}$ 为常数)，若两种液体在黏度计中的流动只受重力影响，那么其动力黏度 η 与流经毛细管的时间 t 和密度 ρ 有如下关系：

$$\frac{\eta}{\eta_0}=\frac{\rho}{\rho_0}\times\frac{t}{t_0} \tag{2-6}$$

式中，下标 0 代表已知参考液体。

根据运动黏度定义 $\mu=\frac{\eta}{\rho}$，可得

$$\frac{\mu}{\mu_0}=\frac{t}{t_0} \tag{2-7}$$

利用水或其他已知运动黏度的液体作为参考液体，可根据相同条件下待测液体和参考液体流经毛细管的时间求出待测液体的运动黏度。

2.1.4　流变学特性测定

遵从牛顿黏性定律的液体称为牛顿流体，其黏度仅与温度有关，不随剪切速率变化；而遵从胡克定律的固体称为胡克弹性体。牛顿流体和胡克弹性体是两类被简化的理想物体，实际材料往往具有复杂的力学性质，如沥青、黏土、橡胶、石油、血浆等，它们既能流动又能变形，既有黏性又有弹性；流动时有弹性记忆，变形中会发生黏性损耗，黏弹性结合，流变性并存。流变学(rheology)就是研究物体流动与形变中复杂力学参数响应规律的学科，其主要研究范畴如图 2-6 所示。流变学知识对于资源循环利用技术开发与工程设计非常重要。

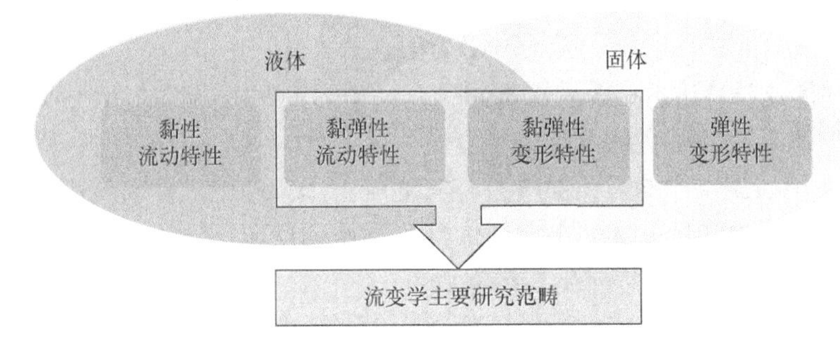

图 2-6　流变学主要研究范畴

流变学特性测试通常要求在层流剪切状态下进行，以免涡流等因素带来数据偏差。常见的流变场测试装置如图 2-7 所示，其中(b)中的流场属于毛细管流变测试范围。根据不同的样品测试需求，通常使用同轴圆筒、平锥板、平行板三种测量系统进行样品测试。

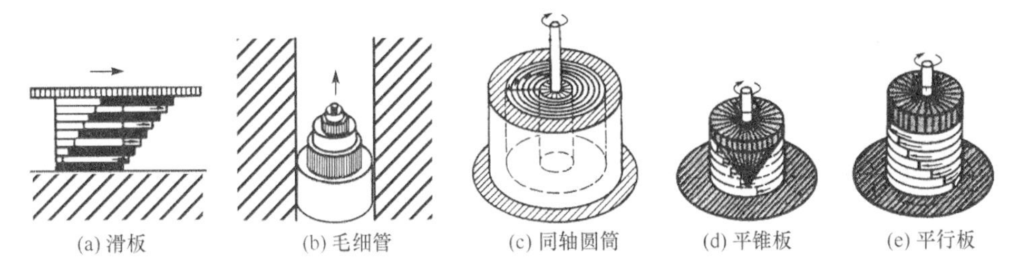

图 2-7　五种常见流变场测试装置

如图 2-8 所示，根据剪切层流场模型，在面积为 A 的作用面上施加力 F，作用面获得位移速度 v，该剪切层流场中的剪切应力 τ、应变 γ、剪切速率 $\dot{\gamma}$ 分别如下

$$\tau=\frac{F}{A} \tag{2-8}$$

$$\gamma=\frac{\Delta x}{\Delta y} \tag{2-9}$$

$$\dot{\gamma}=\frac{\mathrm{d}v}{\mathrm{d}y}=\frac{\mathrm{d}\gamma}{\mathrm{d}t} \tag{2-10}$$

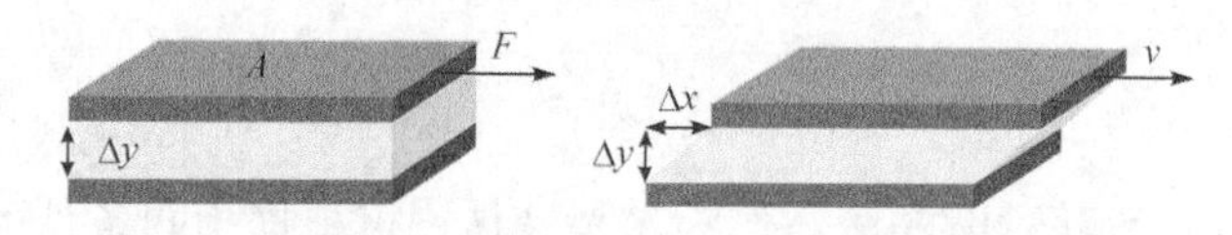

图 2-8　剪切层流场模型示意图

物体在外力作用下发生的应变与其应力之间的定量关系称为本构关系。流变学最基本的本构关系是胡克定律和牛顿黏性定律。

胡克定律：
$$G=\frac{\tau}{\gamma} \tag{2-11}$$

牛顿黏性定律：
$$\eta=\frac{\tau}{\dot{\gamma}} \tag{2-12}$$

式中，G 为模量，表征物质储存形变并回复原状的能力，是描述物质弹性的物理量；η 为动力黏度。动力黏度与 6 个独立参数有关，即

$$\eta=f\left(S,T,p,\dot{\gamma},t,E\right) \tag{2-13}$$

式中，S 表示物质的化学性质；T 表示物质的温度；p 表示物质受到的压力；t 表示物质受到力作用的时间；E 表示物质所在的电磁场环境。

理想弹性物质用胡克定律描述，即应力与应变成正比；理想黏性物质用牛顿黏性定律描述，即应力与剪切速率成正比。实际上，绝大部分物质都存在一定的弹性和黏性，不同类型的物质需要用不同的本构方程来表征物质的黏弹性。

在测试时通过对样品施加一定的外场，如剪切力、温度、压力、电磁场，由仪器传感器采集样品反馈的信号，获得应变、剪切速率等数据，进而得到样品 η 、G 和损耗因子 $\tan\delta$ 等流变学数据，从而了解和掌握样品的流变学特性。

1. 旋转流变仪

流变仪(rheometer)是研究流变学非常重要的实验仪器。流变仪分为旋转流变仪、毛细管流变仪、转矩流变仪、界面流变仪、微量流变仪、光学流变仪等。旋转流变仪是应用非常广泛的流变仪，可用于表征液体、膏体、半固体的流动特性与黏弹性。流变学特性是物质微观结构与宏观性能的桥梁之一，通过对物质流变学特性的表征，研究物质相转变、分子链支化与交联、分子量大小与分布等，为产品性能预测与加工工艺优化提供可靠的依据。流变学表征具有广阔的应用前景，越来越多地受到研究机构和企业的重视。

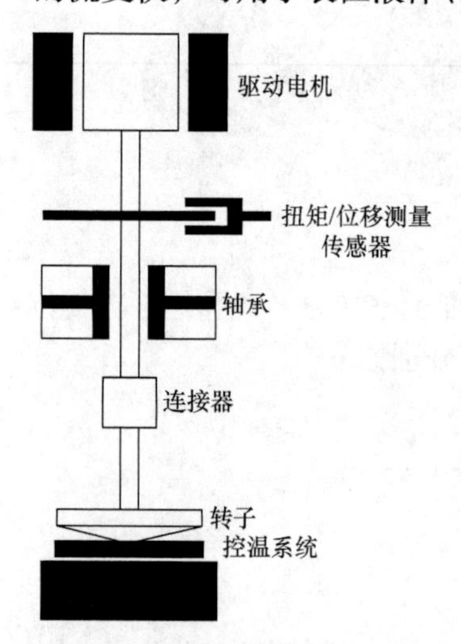

图 2-9　旋转流变仪结构示意图

旋转流变仪由测量头、转子、控温系统、数据采集和处理系统四个部分组成，如图 2-9 所示。

1) 测量头

测量头是旋转流变仪的核心部件，测量头包含驱动电机、扭矩测量传感器、位移测量传感器、轴承、连接器等。测量头的控制和测量精度直接决定仪器的技术性能。现代旋转流变仪一般搭载高精度的驱动电机，而且具有非常低的惯量，即使在非常高的转速下也具有很好的稳定性，目前一些流变仪驱动电机的惯量只有 $10^{-5}\text{kg}\cdot\text{m}^2$。

2) 转子

旋转流变仪的转子种类很多，常见的有同轴圆筒转子、平锥板转子和平行板转子。还有很多其他种类的转子以适应不同样品类型的要求，如适合具有固化特性样品的可抛型转子，适合超低黏度的双狭缝同轴圆筒转子，适合易打滑样品的防打滑转子，适合含有大颗粒不均匀体系的桨式转子等。

动力黏度和模量的计算与转子的形状和尺寸相关，动力黏度和模量分别通过以下公式计算：

$$\eta = \frac{\tau}{\dot{\gamma}} = \frac{K_\tau M}{K_\gamma \Omega} \tag{2-14}$$

$$G = \frac{\tau}{\gamma} = \frac{K_\tau M}{K_\gamma \varphi} \tag{2-15}$$

式中，K_τ 和 K_γ 分别为应力因子和应变因子，与转子几何形状及尺寸相关，M 为扭矩，Ω 为角速率，φ 为角位移，均通过实验测得。旋转流变仪常见的同轴圆筒转子、平锥板转子和平行板转子相应的应力因子 K_τ 和应变因子 K_γ 见表 2-1。

表 2-1　旋转流变仪常见转子的应力因子和应变因子

转子类型	转子外形	应力因子 K_τ	应变因子 K_γ
同轴圆筒	L；R_a；R_i	$\frac{1}{2\pi L R_i^2}$	$\frac{2R_a^2}{R_a^2 - R_i^2}$
平锥板	R；α	$\frac{3}{2\pi R^3}$	$\frac{1}{\alpha}$
平行板	R；h	$\frac{2}{\pi R^3}$	$\frac{R}{h}$

3) 控温系统

常用旋转流变仪的控温系统有以下几种：液体循环控温、帕尔贴控温、电加热控温、辐射对流炉。

液体循环控温方式需要外接一台液体循环器，液体循环器将冷媒输送到样品周边，以热传导的方式对样品进行控温。由于液体循环控温方式在冷媒输送的过程中存在热损失，控温精度较差，不适合做变温测试。

帕尔贴控温也称为半导体电子控温，具有很高的升降温速率和控温精度，在旋转流变仪中有很广泛的应用。帕尔贴控温的最高温度一般不超过 473K，最低温度与配套的恒温循环器设定的温度有关，如果配备较大制冷量的恒温循环器，帕尔贴控温装置的温度下限可达 213K。

常规电加热控温系统使用温度最高可以达到 673K，研究熔盐材料流变性的电加热控温系统使用温度能高于 1273K，满足大部分样品的测试要求。

辐射对流炉采用对流和辐射传热组合的方式进行温度控制，可达到 123～873K 的温度控制范围，并可实现极高的温度变化速率和非常均匀的温度分布。

4) 数据采集和处理系统

现代旋转流变仪的数据采集和处理系统功能越来越丰富，可以轻松进行方法设定和数据分析。

2. 黏弹性流动特性

1) 依赖于剪切速率的流动特性

非牛顿流体的黏度不仅与温度有关，还会随剪切速率而变化。非牛顿流体又可分为假塑性流体、胀塑性流体、黏塑性流体等。假塑性流体表现为剪切变稀现象，胀塑性流体表现为剪切增稠现象，黏塑性流体具有屈服应力。通过如图 2-10 所示的流体流动曲线，可以初步判断流体的类型。了解不同的流体类型及相应的流动特性可以为产品的可加工性、可泵送性、运输稳定性、储藏稳定性等提供理论依据。

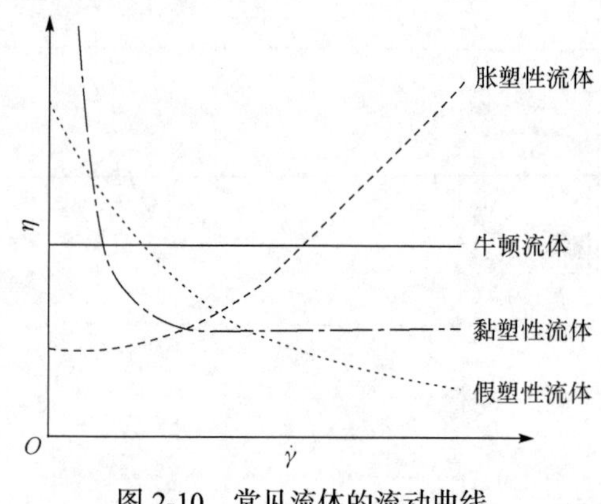

图 2-10　常见流体的流动曲线

奥斯特瓦尔德-德瓦勒(Ostwald-de Waele)幂律方程是描述流体黏度变化规律的模型方程：

$$\tau = K\dot{\gamma}^n \tag{2-16}$$

式中，K 为稠度系数；n 为流动幂律指数。当 n=1 时，流体为牛顿流体；当 n<1 时，流体为剪切稀释流体；当 n>1 时，流体为剪切增稠流体。描述流体黏度的模型方程还有很多，针对不同体系常用的流体模型方程还有

宾汉(Bingham)方程：
$$\tau = \eta_p\dot{\gamma} + \tau_0 \tag{2-17}$$

赫歇尔-巴尔克莱(Herschel-Bulkley)方程：
$$\tau = K\dot{\gamma}^n + \tau_0 \tag{2-18}$$

卡森(Casson)方程：
$$\tau^{1/2} = \eta_\infty^{1/2}\dot{\gamma}^{1/2} + \tau_0^{1/2} \tag{2-19}$$

式中，η_p 为黏塑性流体塑性黏度；τ_0 为屈服应力；η_∞ 为极限高剪切速率下的黏度，又称卡森黏度。

2) 依赖于时间的流动特性

流动特性的时间依赖性主要表现为流体的触变性和反触变性。触变性和反触变性是 1982 年由弗罗因德利希(Freundlich)发现的。触变性是指物质在等温条件下受到剪切时黏度变小，

停止剪切时黏度又增大的性质；反触变性又称为震凝性，是指物质在等温条件下受到剪切时黏度变大，停止剪切时黏度又变小的性质。触变性和反触变性表示流体黏度对时间的依赖性以及流体结构恢复的能力。触变现象普遍存在于牙膏、洗发液、油墨等日常用品和油漆、染料、胶黏剂等工业品中，触变性和反触变性的研究具有非常重要的现实意义。

采用流变仪可以通过触变环和结构恢复两种方式定量测量触变性的强弱，如图 2-11 所示。触变环实验中，线性增加至最高值，然后在此剪切速率下平衡一段时间，再线性减少。若是触变性流体，剪切应力-剪切速率曲线会形成触变环，依据触变环的相对面积大小可以判断触变流体的触变性强弱。触变环面积越大，则触变性越强，如图 2-11(a)所示，2# 样品触变性强于 1# 样品。触变环实验的主要缺点是既无法提供样品结构在受到高剪切作用后的恢复时间，也无法提供在一定时间内可以恢复的程度。这些信息则需要通过结构恢复实验获得，如图 2-11(b)所示，即观察样品在受到高剪切速率作用一段时间后，恢复到低剪切速率状态后动力黏度随时间的变化，图中竖线代表动力黏度恢复到原值 95%的时间。

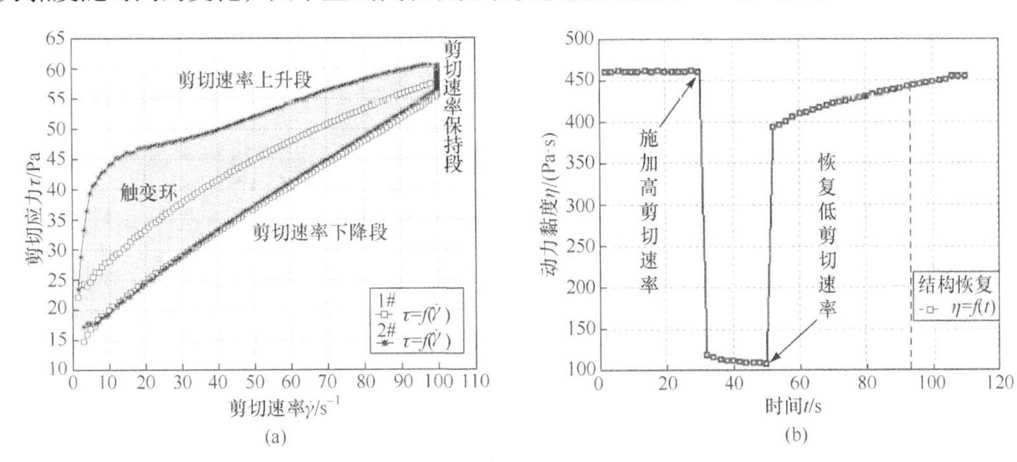

图 2-11　某防锈蜡的触变环测试(a)和某电子浆料的结构恢复测试(b)

3) 依赖于温度的流动特性

大部分材料的流动特性都对温度具有明显的依赖性，通过旋转流变仪可以测量黏度随温度的变化情况，并获得黏温曲线。黏温曲线最典型的应用是测定玻璃化转变温度，即物质由玻璃态转变为高弹态所对应的温度。如图 2-12 所示，通过对样品进行温度扫描，将损耗因子($\tan\delta$)对温度(T)作图，$\tan\delta$ 的极大值所对应的温度就是样品的玻璃化转变温度。损耗因子 $\tan\delta$ 是损耗模量 G'' 与储能模量 G' 之比。采用旋转流变仪测试样品的玻璃化转变温度简单方便，特别是对于结晶高分子材料、高交联度高分子材料，旋转流变测试比差示扫描量热法具有更高的灵敏度。

3. 黏弹性变形特性

1) 线性黏弹特性和非线性黏弹特性

线性黏弹区(linear viscoelastic region，LVR)是指对样品施加剪切应力或者应变时样品所反馈的应变和剪切应力呈线性关系，而模量保持为常数的区域。在线性黏弹区内样品呈现弹性形变的特性，见图 2-13。小振幅振荡剪切测试需要在线性黏弹区内，大振幅振荡剪切测试所施加的剪切应力或应变需要使样品达到非线性黏弹区。样品的线性黏弹区还与所施加的振荡

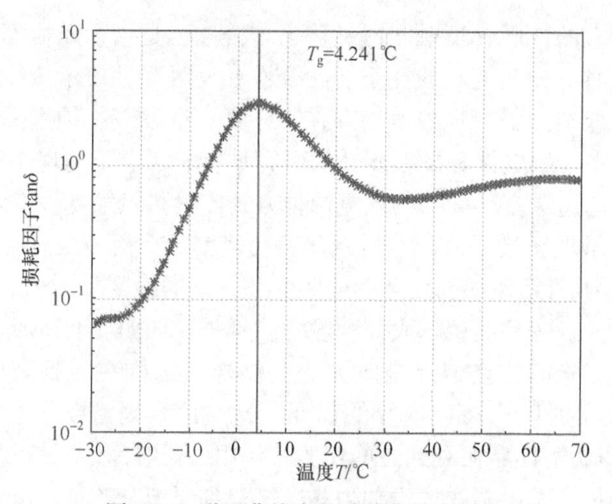

图 2-12　黏温曲线中的玻璃化转变温度

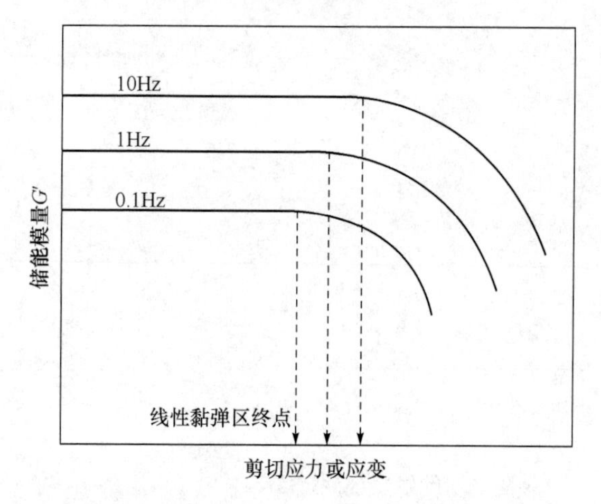

图 2-13　不同振荡频率下的线性黏弹区示意图

频率有关，频率越高，线性黏弹区越宽。线性黏弹区终点是材料的临界应变/应力特征值，对于选择材料加工工艺和确定最终产品性能十分重要。

2) 时温叠加原理

同一个力学松弛现象可以在高温下快速观察到，或低温下缓慢观察，所以升高温度与延长观察时间对分子运动是等效的，这就是时温叠加原理(time-temperature superposition，TTS)。利用 TTS，可以将频率扫描测试数据拓展到旋转流变仪无法达到的频率范围。如图 2-14 所示，基于样品在 40℃、60℃、80℃和 100℃下储能模量和损耗模量在 10^{-1}～10^{1}Hz 的数据，通过 TTS 可获得该样品在 10^{-1}～10^{5}Hz 频率下的储能模量和损耗模量的预测数据。

频率扫描测试实验的一个重要应用是可以对同一类别聚合物熔体进行重均分子量和分子量分布的定性比较。在频率扫描测试数据中获得储能模量和损耗模量交点，交点位置向频率减小方向平移，重均分子量升高；交点位置向模量减小方向平移，分子量分布变宽。该方法简单快速，不需要样品前处理，无需任何化学试剂。如图 2-15 结果显示，1# 样品的重均分子量比 2# 样品高，1# 样品的分子量分布比 2# 样品宽。

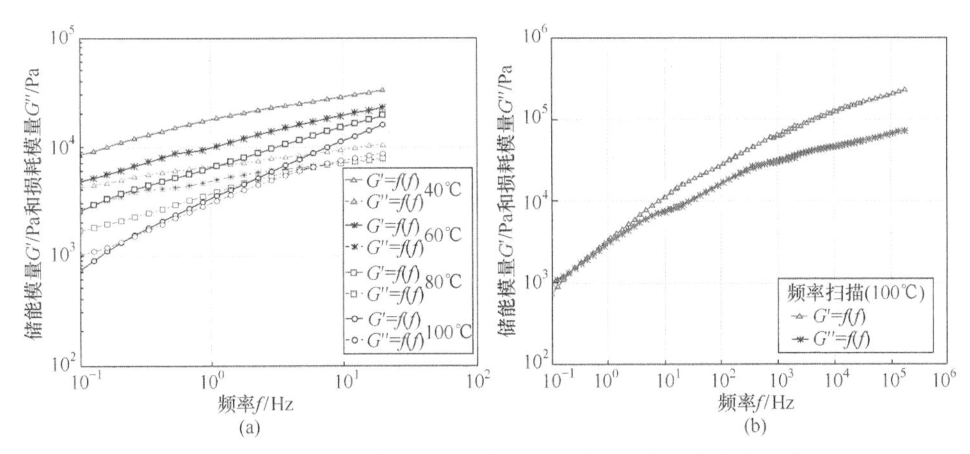

图 2-14　不同温度下频率扫描原始数据(a)和时温叠加转换后的主曲线(b)

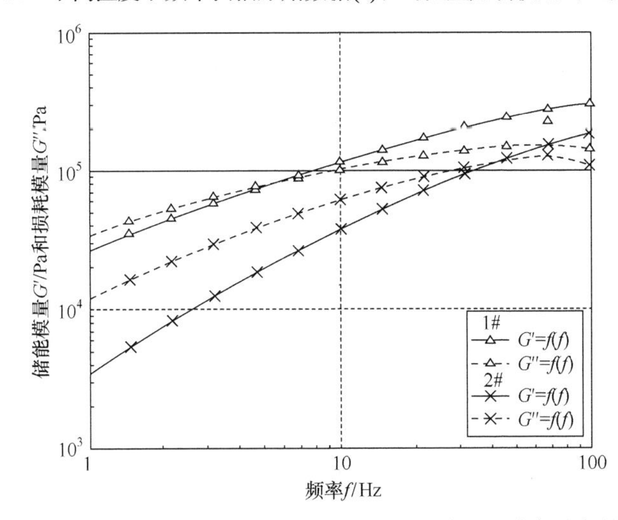

图 2-15　两个高聚物熔体样品的重均分子量和分子量分布的定性分析

3) 蠕变回复特性

蠕变回复是指对材料施加一定负荷使其产生蠕变以后，如将此负荷除去，在蠕变延伸的相反方向上材料的应变随时间而减小的现象，材料的蠕变恢复能力反映其内部结构抵抗滑移变形的能力。通过蠕变回复测试，得到如图 2-16 所示的蠕变回复曲线，可以获得样品的弹性形变、不可恢复形变、特征松弛时间、剪切柔量等流变学数据，并可进一步评估样品的零剪切黏度、屈服应力、流平性、悬挂性等。

2.1.5　表面张力测定

液体表面张力实际是指液气界面张力，是液体表面相邻两部分间单位长度内的互相牵制力，是分子或其他粒子之间作用力的一种表现。液体与气相接触时会形成一个表面层，在这个表面层内存在的相互吸引力就是表面张力，它能使液面自动收缩。表面张力是由液体分子间内聚力引起的。表面张力是表征物质吸附、黏附、润湿等界面特性的重要参数，物料的表面张力对流体分相、传质效率、流体阻力及设备操作的稳定性有显著影响。

1. 毛细管上升法

将毛细管插入液体中，若液体润湿毛细管，则液体沿毛细管上升，升到一定高度后，

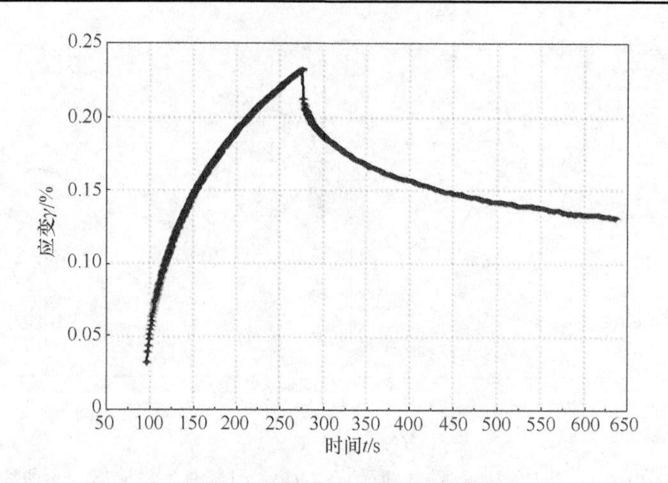

图 2-16　典型样品的蠕变回复曲线

毛细管内外液体处于平衡，此时毛细管内的曲面对液体所施加的向上的拉力与液体向下的重力相等，如图 2-17 所示。

通过力平衡分析得到：

$$2\pi r\sigma\cos\theta=\pi r^2h\left(\rho_1-\rho_g\right)g\pm V\left(\rho_1-\rho_g\right)g \tag{2-20}$$

式中，h 为毛细管内液体高度；r 为毛细管半径；σ 为液体表面张力；V 为弯月形部分液体的体积；ρ_1 和 ρ_g 分别为液相和气相的密度；θ 为两相接触角。对于清洁的毛细管玻璃内壁和许多液体，θ 近似为零。如果毛细管很细(内径约为 0.2mm)，则 V 很小，可以忽略不计。若气体密度也很小时，则式(2-20)可以简化为

$$\sigma=\frac{1}{2}rh\rho_1g \tag{2-21}$$

实验测量出液体在毛细管内上升的高度后，根据式 (2-21)即可求得液体表面张力，毛细管半径通常用已知表面张力的液体进行校正实验获得。毛细管上升法比较适用于常温下液体表面张力的测量，在满足测量条件情况下具有相当高的精度。

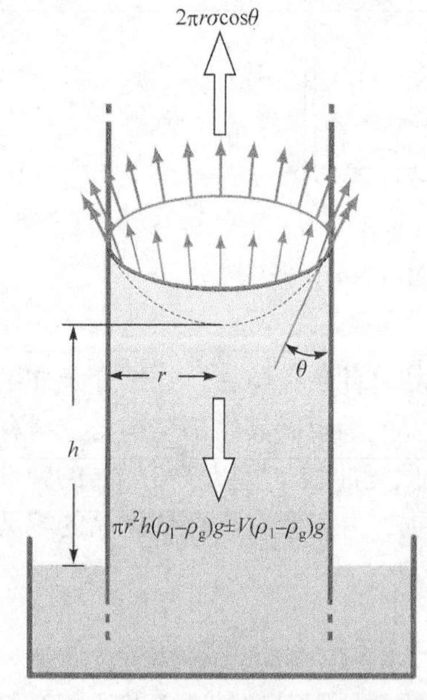

图 2-17　毛细管上升法润湿情况示意图

2. 最大泡压法

当插入液体深度为 H 的毛细管末端形成气泡时，由于气泡凹液面的存在，气泡内外压力不等，即产生曲液面的附加压力。此附加压力与表面张力成正比，与气泡曲率半径成反比，其关系可用杨-拉普拉斯(Young-Laplace)公式计算：

$$\Delta p=\sigma\left(\frac{1}{R_1}+\frac{1}{R_2}\right) \tag{2-22}$$

式中，Δp 为曲液面的附加压力；σ 为液体表面张力；R_1 和 R_2 分别为毛细管内弯曲液面的长曲率半径与短曲率半径。如果弯曲液面是球形，气泡曲率半径 $R=R_1=R_2$，则

$$\Delta p = \frac{2\sigma}{R} \tag{2-23}$$

因此要从插入液体的毛细管末端鼓出气泡，毛细管内部的压力就必须高于外部压力一个附加压力的数值才能实现，即

$$p_{in} = p_{out} + \frac{2\sigma}{R} + H\rho_1 g \tag{2-24}$$

如果毛细管插入液体后逐渐增大毛细管内部压力 p_{in}，此时毛细管内的弯曲液面将由上向下移动，直至毛细管末端形成半球形气泡，然后继续长大，直至脱离毛细管溢出。在气泡形成过程中，毛细管内液面的曲率半径与毛细管壁是否润湿以及毛细管端口形状有关。但无论液体对毛细管是否润湿，毛细管末端的气泡为半球形时曲率半径都最小。若液体润湿毛细管，则半球形气泡的曲率半径等于毛细管的内径。当气泡曲率半径为最小值时，附加压力达到最大值，可得最大泡压法测量液体表面张力的基本公式：

$$\Delta p_{max} = \frac{2\sigma}{r} \tag{2-25}$$

应用最大泡压法测量时要注意下列几个问题：

(1) 气氛。选用的气体与液体不发生化学反应。对于常温下表面张力的测量，一般选用空气；对于高温下表面张力的测量，如金属熔体表面张力的测量，则常选用氮气等惰性气体。

(2) 毛细管材料与半径。毛细管内壁要清洁，对液体要有足够的润湿性，不受液体或气体侵蚀，用于高温表面张力测量时还要能耐高温。毛细管内径要能保障 h_{max} 为 3～5cm，以保证测量的精度。常温下一般液体的表面张力不大，用内径 0.2～0.3mm 的毛细管即可；用于高温熔体表面张力测量时，则需用内径 1～2mm 或更大一点的毛细管。

(3) 压力计。测量 Δp_{max} 的关键设备是压力计，实验常用 U 形压力计或倾斜式 U 形压力计。压力计用的液体要有化学惰性，且密度要尽可能小，以便提高测量精度。

(4) 温度。测量液体表面张力时，要保持恒定温度。在高温下测量时，气体要适当预热。

2.2　热化学测定

热化学数据是流程工业过程研究与开发必需的基础数据，获得完整准确的热化学数据不仅是过程开发的重要研究内容，也是工程设计与设备放大成功的关键。随着分子热力学研究的快速进展，人们可以采用计算机快速求解分子模型而获得各种热化学预测数据。但到目前为止，分子热力学模型预测热化学数据的方法还没有达到所期盼的水平，其应用范围仍然有限，不能完全满足人们在资源加工过程中所涉及的各种物系，许多热化学基础参数仍需要通过实验测定。

2.2.1　汽化热测定

汽化热是在标准大气压下使 1mol 液体物质在一定温度下蒸发所需要吸收的热量。液体汽化热与液体饱和蒸气压和温度的关系可用克拉佩龙-克劳修斯(Clapeyron-Clausius)方程描述：

$$\lg p = \frac{-\Delta H_G}{2.303R} \cdot \frac{1}{T} + B \tag{2-26}$$

式中，p 为液体在温度 T 时的饱和蒸气压；ΔH_G 为液体在一定温度范围内的摩尔汽化热；B

为积分常数，其数值与压力有关。

根据式(2-26)，只要实测液体在不同温度下的饱和蒸气压，并以 $\lg p$ 对 $1/T$ 作图便可得到一条直线，其斜率为

$$m=\frac{-\Delta H_{\mathrm{G}}}{2.303R} \tag{2-27}$$

由此可以获得待测液体的摩尔汽化热 ΔH_{G}。

2.2.2　反应热测定

反应热是指在恒压及不做非膨胀功的情况下化学反应发生后，使生成物的温度回到反应物的起始温度时，体系所放出或吸收的热量，是通过实验测定的重要热化学数据。

1. 常用量热仪器

常用测定反应热的仪器是绝热量热仪。由于绝热量热仪在绝热环境中运行，因此待测样品反应产生的热量会导致样品温度升高。

绝热量热仪的特殊之处在于其绝热自动控制系统。由于在整个量热过程中，系统必须始终保持绝热状态，因此量热器上设有能自动跟踪量热体系温度变化、自动加热和控温的绝热套。绝热量热仪的主要构成如下：

(1) 恒温套：用于控制绝热量热仪的环境温度。

(2) 绝热套：用于保持系统绝热，由加热器及绝热自动控制用的示差热电偶组成。

(3) 量热体系：用于测量慢反应、快反应和微量放热等系统的反应热，由示差热电偶、测温计及量热设施构成。

(4) 绝热自动控制系统：用于跟踪和检测绝热套和量热体系的表面温差信号，并据此信号调节绝热套中的加热电流，实现绝热自动控制。

除了配备灵敏而精密的绝热自动控制装置外，绝热量热仪的各个部件的导热性和热容量也很重要。绝热套和量热容器的材料要求导热性好、热容小，以确保温度能迅速均匀分布。为了提高绝热效果，还可采用真空、双层绝热等措施。

2. 燃烧热

燃烧热是指 1mol 纯物质在 101kPa 下完全燃烧生成稳定氧化物时所放出的热量，是重要的热化学基础数据，也是间接计算反应热的依据，广泛应用在各种热化学计算中。由热力学第一定律可知，燃烧时体系的内能将发生变化。若燃烧在恒容下进行，体系不对外做功，则燃烧热等于体系内能的改变，即

$$\Delta U=Q_V \tag{2-28}$$

如果将某定量的物质放在充氧的容器中，使其完全燃烧，放出的热量将使体系的温度 ΔT 升高，根据体系的等容热容 C_V，则可计算燃烧反应的热效应：

$$Q_V=-C_V\Delta T \tag{2-29}$$

一般化工数据手册中都是恒压燃烧热 $Q_p(\Delta H_{\mathrm{m}})$，$Q_p$ 与 Q_V 的关系为

$$Q_p=\Delta H_{\mathrm{m}}=\Delta U+p\Delta V=Q_V+p\Delta V \tag{2-30}$$

对于理想气体

$$Q_p = \Delta U + \Delta nRT \tag{2-31}$$

因此，根据反应前后气态物质的量的变化，可算出恒压燃烧热Q_p。

燃烧热效应的数值与温度有关，其关系式为

$$\frac{\partial(\Delta H_{\mathrm{m}})}{\partial T} = \Delta C_p \tag{2-32}$$

测定燃烧热常用仪器是绝热型氧弹量热仪。该量热仪是在恒容下测量物质的燃烧热，其结构如图 2-18 所示。

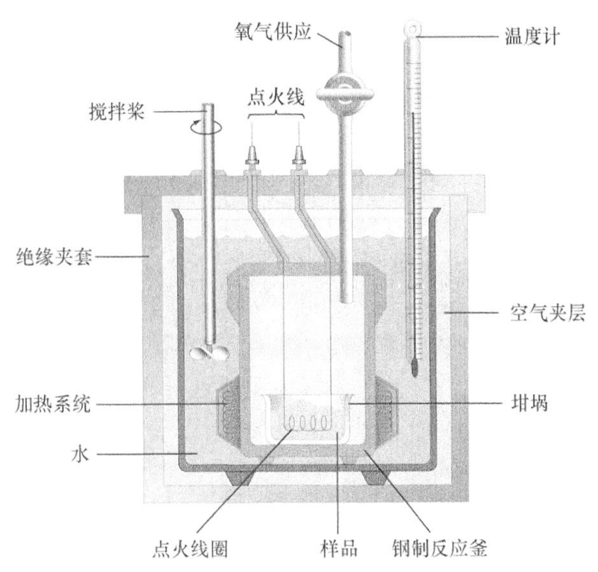

图 2-18　氧弹量热仪示意图

由于每台仪器的热容不一样，在测定燃烧热时，需要用已知燃烧热的化合物标定氧弹量热仪。

3. 反应热

通常采用全自动反应量热仪测定化学反应的焓变。反应量热仪设备包含夹套反应器、搅拌器、校准加热器、温度传感器和加料控制器等。全自动反应量热仪遵循热流平衡的工作原理：

流入热量 = 累积热量 + 流出热量

采用热流法测定上述各种类型的热量，可计算反应放热速率Q_{r}。对Q_{r}积分，可获得反应过程的总热量

$$\Delta H_{\mathrm{r}} = \int Q_{\mathrm{r}} \mathrm{d}t \tag{2-33}$$

通过全自动反应量热仪可获得温度、放热速率、热转化率、绝热温升和反应的最大温度等参数。通过作时间-温度图，可以进一步确定指前因子、活化能、反应级数等动力学参数。

2.2.3　综合热分析

热分析是根据温度变化所引起的物质能量、质量、尺寸、结构等变化，判断物质状态变化的分析方法。物质在加热冷却过程中，随着物理化学状态的变化，通常伴随有相应的热力

学性质或其他性质变化，通过对某些性质参数的测定，研究分析物质的物理、化学变化过程。其主要内容包括：①热重分析，研究物质在加热过程中质量的变化；②差热分析，研究物质在加热过程中内部能量变化所引起的吸热或放热效应。

差热分析可作为物质的特性分析，通过与各种物质标准差热曲线对比，可进行物质组成的初步鉴定。若同时配合热重分析，则可对物质组成做比较准确、可靠的判断，有助于确定热效应处发生的物理化学变化。

1. 热重分析

热重分析(TG 或 TGA)是在样品处于一定的温度程序(升/降/恒温)控制下，观察样品的质量随温度或时间的变化过程，获取失重比例、失重温度拐点以及分解残留量等相关信息。TG 可以在真空或静态气氛下，也可以在通入不同动态气氛(N_2、He、Ar 等保护性气氛，空气、O_2 等氧化性气氛及其他特殊气氛)下测定矿物、原料等材料的热稳定性与氧化稳定性，并对分解、吸附、解吸、氧化、还原等物化过程进行分析，进一步开展表观反应动力学研究。通过热天平测量样品质量，得到质量与温度或时间的函数关系，即 TG 曲线。曲线的纵坐标表示样品质量的变化，可以是失重百分数，也可以是余重百分数，横坐标为温度 T 或时间 t。

典型的 TG 和热重微分(DTG)曲线如图 2-19 所示。实线为 TG 曲线，表征样品在程序温度过程中质量随温度/时间变化的情况，其纵坐标为质量百分比，表示样品在当前温度/时间下的质量与初始质量的比值。虚线为 DTG 曲线，表征质量变化的速率随温度/时间的变化，其峰值点表征各失重台阶的质量变化速率最快的温度/时间点。

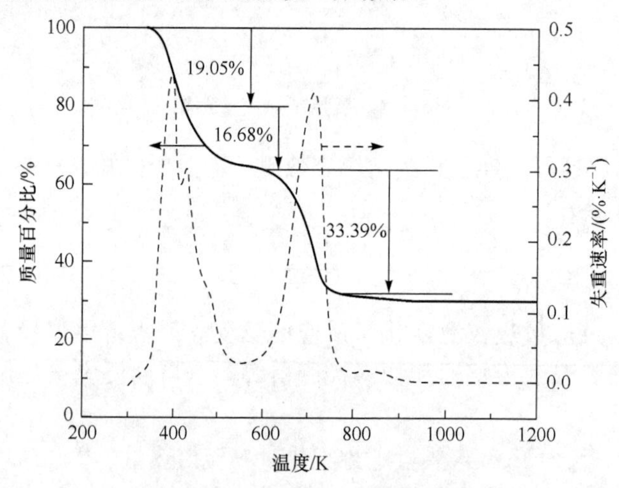

图 2-19　三水碳酸镁 TG 和 DTG 曲线

对于一个失重步骤或过程，可对以下特征点进行分析：

(1) TG 曲线外推起始点：TG 台阶前水平处作切线与曲线拐点处作切线的相交点，可作为该失重过程起始发生的参考温度点，多用于表征材料的热稳定性。

(2) TG 曲线外推终止点：TG 台阶后水平处作切线与曲线拐点处作切线的相交点，可作为该失重过程结束的参考温度点。

(3) DTG 曲线峰值：质量变化速率最大的温度/时间点，对应于 TG 曲线上的拐点。

(4) 质量变化：分析 TG 曲线上任意两点间的质量差，用来表示一个失重步骤所导致的样品的质量变化。

2. 差热分析

差热分析(DTA)是在程序控制温度条件下，测量样品与参比物之间的温度差与温度关系的一种热分析方法。差示扫描量热法(DSC)是在程序控制温度条件下，测量输入样品与参比物的功率差(如以热的形式)与温度关系的一种热分析方法。两种方法的物理含义不同，DTA 仅可以测试相变温度等温度特征点，DSC 不仅可以测相变温度点，而且可以测相变时的热量变化。DTA 曲线上的放热峰和吸热峰无确定物理含义，而 DSC 曲线上的放热峰和吸热峰分别代表放出热量和吸收热量。以 DSC 为例剖析量热分析。

在进行差热分析时，将样品和参比物分别放置在加热炉中的两个坩埚内，按照一定的温度程序(线性升温、降温、恒温及其组合)进行测试，并使用一对热电偶(样品热电偶和参比热电偶)连续测量两者之间的温差信号。在程序控温过程中，如果样品发生温度变化，系统通过变化功率(电能补偿)始终保持样品与参比样温度动态一致，记录功率差，从而得到以热流率对温度或时间的关系曲线，如图 2-20。通过分析差热曲线出峰温度、峰谷的数目、形状和大小，结合样品来源及其他分析资料，可鉴定样品的相变过程，进而分析其吸热或放热效应。

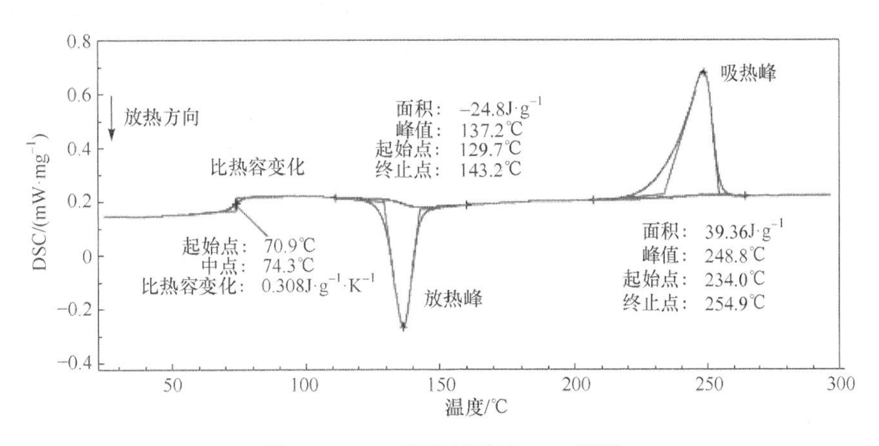

图 2-20　PET 聚酯材料的 DSC 图谱

2.3　相平衡数据测定

2.3.1　液体饱和蒸气压测定

测量液体饱和蒸气压的方法有动态法、静态法和饱和气流法等。

1. 动态法

动态法也称沸点法，是基于液体饱和蒸气压与外界压力相等时液体会沸腾的原理，通过实测不同温度下液体处于沸腾状态时的压力，确定饱和蒸气压。实测方法是改变外界压力(真空度)，测量溶液的沸点温度，据此确定液体温度与饱和蒸气压的关系。

2. 静态法

静态法的原理是在恒温密闭的真空容器中，当蒸气分子在液面的凝结速度与液体分子从表面上逃逸的速度相等时，液体与蒸气建立动态平衡，此时液面上的蒸气压力就是液体在此温度下的饱和蒸气压。

3. 饱和气流法

饱和气流法是使干燥的惰性气体通过待测物质并使其被待测物质所饱和，然后测定所通过气体中待测物质蒸气的含量，根据分压定律计算出待测物质的饱和蒸气压。

2.3.2　气液平衡数据测定

气液平衡数据是蒸发器、闪蒸器、精馏塔等气液传质设备设计的重要基础数据。气液平衡数据可以在恒温或恒压下测定。其中恒压数据应用广泛，测定方法也比较简便。恒压测定方法有很多，最常用的是循环法，其原理如图 2-21 所示。沸腾器 A 中有一定组成的混合溶液，在恒压下加热。液体沸腾后，溢出的蒸气经过冷凝器完全冷凝后进入收集器 B。收集器 B 中的液体达到一定数量后开始溢流，并经过回流管流回沸腾器中。由于气相中的组成与液相中的组成不同，随着沸腾过程的进行，两容器中的组成不断地改变，直至达到平衡。此时分别从两容器中取样进行分析，可得出平衡时气液两相的组成，据此可建立气液平衡组成与温度、压力之间的关系。常用的循环法实验装置有沸点仪和埃立斯平衡蒸馏器。

沸点仪如图 2-22 所示。用沸点仪测定气液平衡数据的方法是，首先将待测混合物加入三口烧瓶中，在恒定压力下缓慢加热溶液至沸腾。上升的蒸气经过冷凝管，冷凝成液体滴入馏出液取样泡中，取样泡满溢后回流到烧瓶中。如此循环一段时间后温度趋于稳定，读取精密温度计的显示值，并分别从馏出液取样泡及烧瓶内取样，分析其组成，据此得到气液的平衡数据。

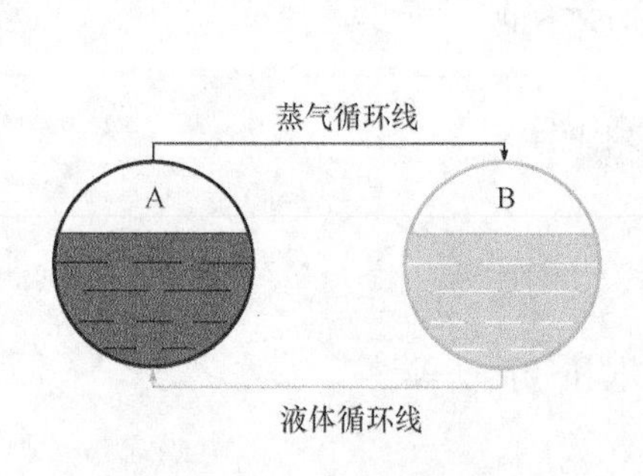

图 2-21　循环法原理示意图

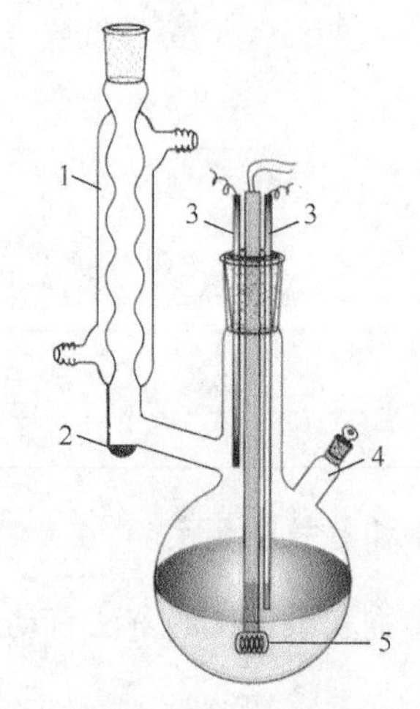

图 2-22　沸点仪示意图

1. 冷凝管；2. 分馏液；3. 温度计；4. 加液和取样口；5. 加热器

2.3.3　液固平衡数据测定

液固平衡数据可揭示固体在水中溶解度及相平衡规律，应用液固平衡数据可绘制多元体系相图，精确表达体系中各相的数目、组成、种类及关系，预测体系中固体的析出顺序及变化规律，为确定生产条件和制定工艺路线提供重要的理论指导。液固平衡数据是水盐体系热力学研究的基础内容。

测定液固平衡数据的实验方法包括等温溶解法和变温溶解法。等温溶解法是最常用的实验方法，首先配制一定组成的饱和溶液，在恒温恒压条件下充分搅拌或振荡后达到液固平衡时，测定饱和溶液的液相组成，同时鉴定与液相平衡的固相，获得液固平衡数据。利用该方法研究时，判断体系是否达到相平衡非常重要，不同的体系以及不同的相平衡状态在不同的温度下达到平衡的时间不同。由于体系达到平衡时，各相都具有一定的组成和与该组成对应的物理特性，可通过测定液相组成、pH、黏度和密度等物化性质判断其是否达到平衡。

等温溶解法必须在恒温装置中测试，恒温装置包括恒温水浴、恒温振荡水浴等。等温溶解法测定液固平衡数据的实验方法如下：配制一定组成的饱和溶液置于测试装置中，在精密控温的恒温水浴槽中采用搅拌器充分搅动，使物料混合均匀。达到平衡后停止搅拌，将测试装置静置至悬浮液澄清，分别取上层液相、下部固相和湿渣相，采用化学定量分析、仪器分析等方法测定平衡液相和湿渣相的组成，采用晶体化学法、X 射线衍射法等鉴定平衡固相成分，以获得多元体系完整的液固平衡数据。

根据液固平衡数据绘制多元体系平衡相图，应遵循从二元至多元体系的内在联系依次绘制，利用不同坐标系及其几何性质，绘制对应的平面图、截面图、投影图等多种类型相图。

(1) 二元体系(A-H_2O)相图测定方法：依次测定不同温度下 A-H_2O 二元体系的平衡溶解度，将测定的相平衡数据依次编号并标于坐标系中，形成温度-溶解度曲线。

(2) 三元体系(A-B-H_2O)相图测定方法：在某温度下二元体系平衡溶解度测试基础上，测定三元体系的平衡溶解度数据，分析平衡液相对应的固相组成。一般采用正三角形坐标系，如图 2-23 所示，在坐标系中标出各组分及各固相的位置，按序号将平衡液相组成点逐一标绘于坐标系中，形成各组分的溶解度曲线，划分对应的相区。其中，*A'EB'W* 区为不饱和液相区，*A'EA* 区为 A 盐结晶区，*B'EB* 区为 B 盐结晶区，*AEB* 区为 A 盐和 B 盐共结晶区。溶解度曲线的连线过程需注意：具有一个共同平衡固相的液相点才可连接。如果只有两个可连的点，则只能连成直线；如果有三个以上可连的点，则应连成圆滑的曲线。划分相区过程需注意：每个共饱和点能够且必须引出两条相区划分线。任意两个固相点的连线也可作为相区划分线，不同的相区划分线不得相互穿过。

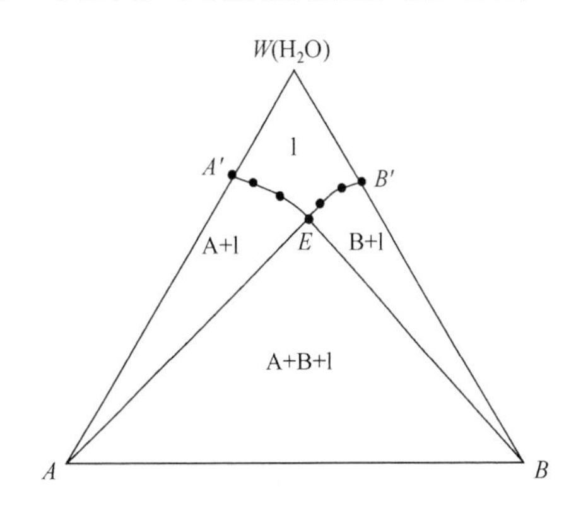

图 2-23　三元水盐体系相图示意图

(3) 四元体系(A-B-C-H_2O)相图测定方法：针对四元体系，在某温度下三元体系的两盐共饱和数据基础上，实验测定四元体系中平衡液相和对应平衡固相的组成，通过分析各组分的湿基浓度，计算得到总干盐的质量分数，转化成各组分的干基浓度[$g\cdot(100g\ 干盐)^{-1}$]，分别绘制出四元体系的等温干基图和水图。

(i) 绘制干基图采用正三角形坐标系[图 2-24(a)]，挑选出两盐共饱和和三盐共饱和的相平衡数据，将具有相同平衡固相的液相点依坐标浓度递增排序，按照具有两个共同平衡固相的液相点可顺序连线的原则，在坐标图中依次标点连线。绘制好干基图后，需要从两个方面对相图进行检验，一是四元体系中平衡数据中出现了几种固相，干基图应有几个相区与之对应；二是干基图中每个共饱和点应引出三条线。值得注意的是，干基图只能反映干盐之间的关系，不能反映含水量的多少，但从干基图中可得到任何液相的干盐间关系和任何固相及系统点的干盐间关系。

(ii) 绘制水图采用正方形直角坐标系[图 2-24(b)]，按照逐个饱和曲面分别绘制。在干基图中选择构成饱和曲面的边界相点并按顺序排列，将该边界相点的横纵坐标转化为直角坐标系，连成封闭区域，排序首尾点为同一点，形成水图上各组分的饱和相区。相区边缘点与水图上饱和固相点连线，即可得到四元体系中各组分立体相区的投影水图。为了得到完整的水图，应同时选取位于边缘的二元及三元体系中数据。绘制好水图后，也需要对相图进行检验，水图上的点和连线应与干基图上的点和连线一一对应。值得注意的是，水图上只能反映干盐相对含水量的多少，不能反映干盐间的关系，只有综合应用等温干基图和水图，才能全面掌握等温条件下四元水盐体系所处的平衡状态。

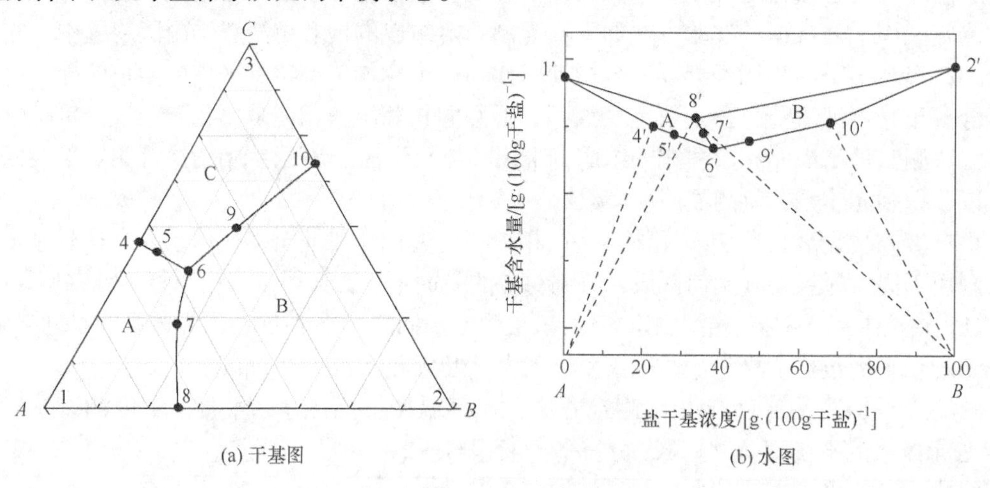

图 2-24　四元水盐体系相图示意图

2.4　偏光显微镜观测

在可见光中，矿物可分为透明、半透明和不透明三大类。在鉴定和研究透明矿物的方法中，应用最广泛的是晶体光学法，即偏光显微镜研究法。自然光在垂直光波传播方向的平面内任意方向振动，并且各个振动方向的振幅相等。只在垂直传播方向的某一固定方向上振动的光波，称为平面偏振光。

物质根据其光学性质，可分为均质体和非均质体两大类。等轴晶系矿物和非晶质物质的光学性质各方向相同，称为光性均质体，简称均质体。中级晶族和低级晶族的矿物的光学性质随方向而异，称为光性非均质体，简称非均质体。

特定频率的光波在均质体中传播时，其传播速度不因光波在晶体中的振动方向不同而发生变化，其折射率只有 1 个值。光波射入均质体中仅发生单折射现象，基本不改变入射光波的振动特点和振动方向，自然光仍为自然光，偏振光仍为偏振光。

特定频率的光波在非均质体中传播时，其传播速度随光波在晶体中的振动方向不同而发生改变。因此，非均质体的折射率也随光波在晶体中的振动方向不同而发生变化，即非均质体的折射率有许多个值。光波射入非均质体，除特殊方向(光轴方向)外，都发生双折射，分解形成振动方向不同、传播速度不同、折射率不等的两束偏振光。两束偏振光的折射率之差称为双折射率。自然光产生双折射而分解成振动方向互相垂直的两束偏振光，偏振光发生双折射分解成互相垂直的两束偏振光。

2.4.1 单偏光镜下的矿物观测

偏光显微镜比普通光学显微镜增加了两个偏光镜：一个位于载物台下方，称下偏光镜，又称起偏器；另一个位于物镜上方，称上偏光镜或分析镜，又称检偏器。单偏光镜的装置是指只用一个下偏光镜，不加上偏光镜、聚光镜和勃氏镜。利用该装置可以研究的矿物的主要性质包括：

(1) 矿物的外表特征，如形貌、解理等。

(2) 矿物对光波吸收强弱的光学性质，如颜色、多色性、吸收性等。

(3) 与矿物折射率相对大小有关的光学性质，如突起、糙面、边缘、贝克线及色散效应等。

1. 矿物晶体形态观察

一般在偏光显微镜下，根据晶面的发育程度，可以确定晶体的结晶程度，大致可分为三类：

(1) 自形晶。晶形完整，晶体由发育完整的晶面包围。薄片中的自形晶呈规律的多边形，晶体与薄片的交线均为直线[图 2-25(a)]，如角闪石。自形晶代表结晶早或结晶能力强的矿物晶体。

(2) 半自形晶。晶形较完整，晶体由部分发育完整的晶面和发育不完整的晶面包围，在薄片中呈不规则的多边形。晶体与薄片的交线部分为直线，部分为不规则曲线[图 2-25(b)]，如黑云母。半自形晶的结晶时间往往比自形晶晚。

(3) 他形晶。晶形不完整，晶体全由发育不完整的晶面组成，在薄片中呈不规则圆粒状。晶体与薄片的交线均为不规则的曲线[图 2-25(c)]，如石英晶体。他形晶的结晶时间较晚，受空间限制。

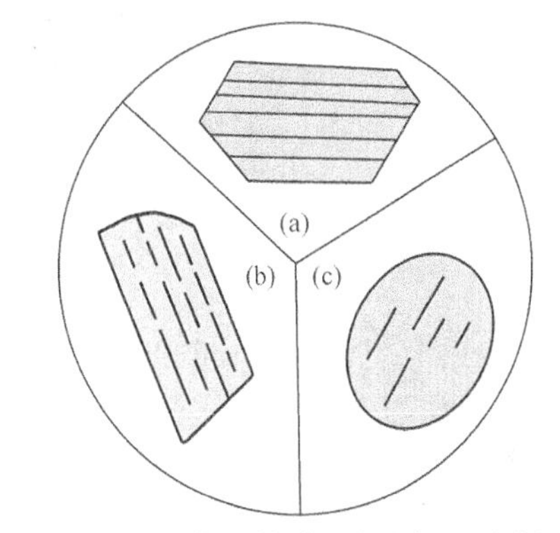

图 2-25　矿物的结晶程度和解理示意图

2. 解理及其夹角测定

解理是鉴定矿物的重要特征。许多矿物都有解理，不同矿物解理的方向、组数、完善程度及解理夹角不同。根据解理的完善程度，可把矿物的解理分为三级：

(1) 极完全解理。解理缝细、密、长，贯穿整个矿物晶粒，如云母类矿物[图 2-25(a)]。

(2) 完全解理。解理缝较稀且清楚，但不完全连贯，如角闪石类矿物[图 2-25(b)]。

(3) 不完全解理。解理缝断断续续，有时仅见解理痕迹，如橄榄石类矿物[图 2-25(c)]。

解理缝的清晰程度除与解理的完善程度有关外，还受矿物与树胶的折射率的相对大小控制，两者相差越大，解理缝越清楚，反之解理缝就不清楚。因此，有些矿物虽然有解理，但由于折射率与树胶相近，而在薄片中看不到解理缝或解理缝不明显，如长石类矿物。

有些矿物具有二组解理，如角闪石和辉石。这类具有二组解理的矿物，其解理夹角是一定的，所以测定其夹角可以帮助鉴定矿物。解理夹角在矿物晶体中是一定的，但在切片中由于切片方向不同，其解理夹角大小有一定差别。只有同时垂直于二组解理面的切面才能反映出二组解理的真正夹角。

3. 颜色、多色性和吸收性

矿物的颜色是光波透过矿片时经过选择性吸收后而产生的。若矿物对白光中各色光吸收程度相等，即均匀吸收，则矿物为无色透明。若矿物对白光中各色光选择性吸收，则光通过矿片后，除去吸收的色光，其余色光互相混合，就构成该矿物的颜色。

颜色的深浅又称颜色的浓度，是由矿物对各色光波吸收能力大小决定的。吸收能力大，颜色就深，反之就浅。吸收能力除与矿物本身性质有关外，还与薄片的厚度有关。

均质体矿物只有一种颜色，而且颜色深浅无变化。非均质体矿物的颜色和颜色深浅随方向而变化。因非均质体的光学性质随方向而变化，对光波的选择性吸收和吸收能力也随方向而变化。因此，在单偏光镜下旋转载物台时，许多具有颜色的非均质体矿物的颜色和颜色深浅发生变化，从而形成多色性和吸收性。多色性是指矿片的颜色随振动方向不同而发生改变的现象。吸收性是指矿片的颜色深浅发生变化的现象。图 2-26 显示单偏光下砂岩中电气石的多色性。

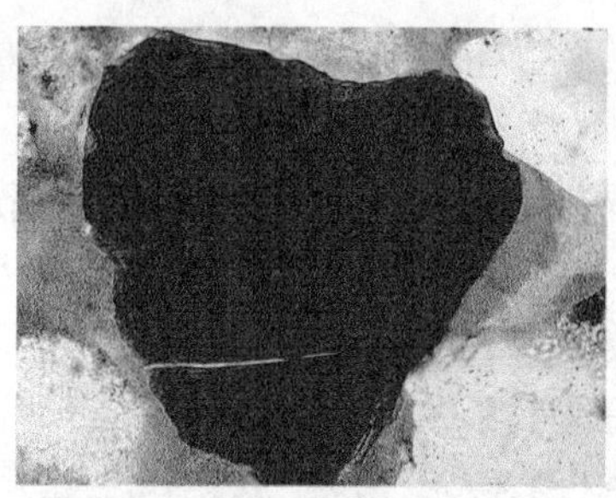

(a) 柱面长轴方向平行于竖十字丝

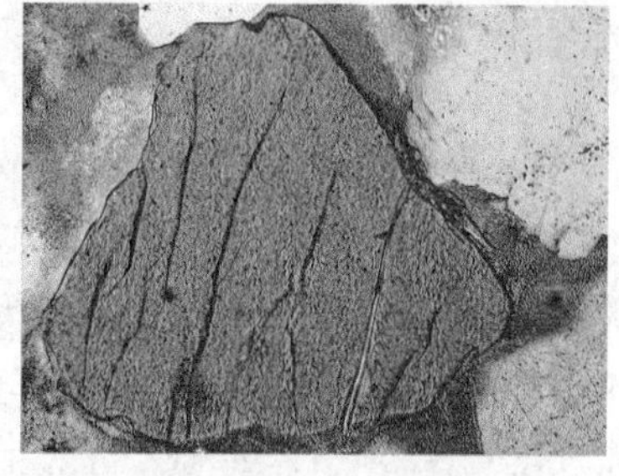

(b) 柱面长轴方向平行于横十字丝

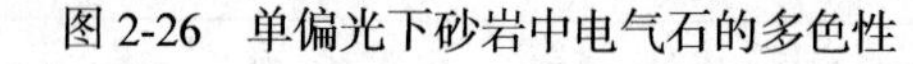

图 2-26　单偏光下砂岩中电气石的多色性

4. *薄片中矿物的边缘、贝克线、糙面及突起*

在两个折射率不同的矿物交界处可以看到比较黑暗的边缘，称为矿物的边缘。在边缘的附近还可以看到一条比较明亮的细线，升降镜筒时亮线发生移动，这条亮线称为贝克线。边缘与贝克线主要是由于相邻两物质的折射率不同，光通过接触界面时发生折射和反射作用而形成的。

在单偏光镜下观察各种矿物的表面时，某些很光滑，某些却很粗糙，呈麻点状好像粗糙皮革一样，这种表面的粗糙现象称为糙面。糙面产生的原因是矿物表面凹凸不平，覆盖在晶体上树胶的折射率与晶体的折射率有差异，当光线通过两者接触界面时发生折射甚至全反射，导致薄片中晶体表面光线的集散程度不一，从而形成明暗程度不同的斑点。

矿片中不同的晶体表面好像高低不一的现象称为突起。这是一种视线上的错觉，实际上薄片中的晶体表面是同样高的。突起是由树胶与晶体折射率的差异引起的。折射率大的晶体，其表面看起来高一些，原因在于折射率大，则光线偏折度大，使人感觉晶体表面抬高。因此，晶体折射率大于树胶折射率时为正凸起，小于树胶折射率时为负凸起。

2.4.2　正交偏光镜下的矿物观测

正交偏光镜下的晶体光学现象是观测矿物的重点。正交偏光镜是在装载下偏光镜的基础上，推入上偏光镜，使上、下偏光镜的振动方向互相垂直的偏光镜组合。偏光显微镜一般以十字丝代表上、下偏光镜的振动方向。PP 代表下偏光镜的振动方向，AA 代表上偏光的振动方向。在正交偏光镜间不放任何矿片时，视域完全黑暗。当自然光通过下偏光镜之后，即变成振动方向平行 PP 的偏光，至上偏光镜时，因为与上偏光镜允许透过的振动方向 AA 垂直，不能透出上偏光镜，故视域黑暗。在正交偏光镜间的载物台上放置矿片后，由于矿物性质及切片方向不同，则显示不同的光学现象。在正交偏光镜装置下可以观察矿物晶体的消光、消光位和消光类型，测定消光角，观察矿物干涉色并测定干涉色的级序，以及观察双晶、测定矿物正负延性等。图2-27显示锂辉石矿中锂辉石(Spo)、石英(Qz)和钠长石(Ab)在单偏光和正交偏光下的情况。

1. 矿物的消光现象及消光位

矿片在正交偏光镜间变黑暗的现象称为消光现象。在载物台上放置均质体或非均质体垂直光轴的矿片，由于这两种矿片的光率体切面都是圆切面，光波垂直这两种切面入射时不发生双折射，也不改变入射光波的振动方向。因此，透过矿片后，振动方向未改变的光波不能透出上偏光镜，使矿片呈现黑暗(消光)。360°旋转载物台，矿片始终存在消光现象，故称为全消光。

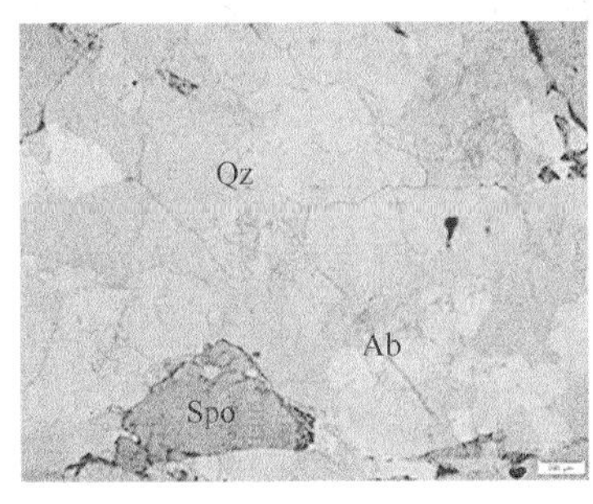

(a) 单偏光镜

(b) 正交偏光镜

图2-27　锂辉石、石英和钠长石矿偏光显微镜图

在载物台上放置非均质体其他方向的切片(除垂直光轴切片以外)，这类矿片的光率体切面均为椭圆切面，光波垂直这种切片入射时必然发生双折射，分解形成两种偏振光，其振动方向必分别平行于光率体椭圆切面的长短半径。由下偏光镜透出的振动方向为PP的偏振光进入矿片后，因其振动方向与矿片上光率体椭圆切面半径之一平行，在矿片中沿与PP平行的半径方向振动，不改变原来的振动方向而透出矿片，到达上偏光镜之后，仍与上偏光镜允许通过的振动方向AA垂直，不能透过上偏光镜，故使矿片消光。360°旋转载物台，矿片上光率体椭圆半径与上、下偏光镜振动方向(AA、PP)有四次平行的机会，故这类矿片有四次消光。

非均质体除垂直光轴切片以外的任意方向切片，在正交偏光镜间处于消光时的位置称为消光位。当矿片在消光位时，其光率体椭圆半径必定与上、下偏光镜振动方向平行，由此可以确定矿片上光率体椭圆半径的方向。非均质体除垂直光轴以外的任意切面，不在消光位时，则发生干涉现象。

2. 矿片干涉现象

当非均质体矿片上光率体椭圆半径 K_1、K_2 方向与上、下偏光镜振动方向斜交时，由下偏光镜透出的振动方向平行的偏振光进入矿片后发生双折射，分解成振动方向平行于 K_1、K_2 的两种偏振光。K_1 和 K_2 的折射率不同，在矿片中的传播速度也不同。K_1 和 K_2 在透过矿片的过程中必然产生光程差，以 R 表示。

K_1、K_2 偏振光振动方向与上偏光镜振动方向斜交，故当 K_1、K_2 先后进入上偏光镜时，再度分解成 K_{11}、K_{12} 和 K_{21}、K_{22} 偏振光。其中 K_{12} 和 K_{22} 的振动方向垂直于上偏光镜振动方向，不能透出上偏光镜。K_{11} 和 K_{21} 的振动方向平行于上偏光镜振动方向，可以完全透出上偏光镜。透出上偏光镜的 K_{11} 和 K_{21} 具有以下特点：

(1) K_{11} 和 K_{21} 由同一束偏振光经过二次分解而成，其频率相等。

(2) K_{11} 和 K_{21} 之间有固定的光程差 R。

(3) K_{11} 和 K_{21} 在同一平面内(平行 AA)振动。

因此，K_{11} 和 K_{21} 具备光波干涉的条件，将发生干涉作用，干涉结果取决于 R。

如果光源为单色光，当光程差 $R=2n\dfrac{\lambda}{2}=n\lambda$ (半波长的偶数倍)时，干涉结果是相互抵消而变黑暗。当光程差 $R=(2n+1)\dfrac{\lambda}{2}$ (半波长的奇数倍)时，干涉结果互相叠加，其亮度最亮。

光程差对干涉作用结果起主导作用，光程差 $R=dN_1-dN_2=d(N_1-N_2)$，即光程差与厚度 d 和双折射率(N_1–N_2)成正比，双折射率又与矿物性质和切片方向有关。因此，影响光程差的因素有矿物性质、矿片厚度和矿片的切片方向。

3. 补色法则和补色器

当正交偏光镜间的两个非均质体任意方向的切片在45°位置时，光通过两切片后总光程差的增减法则称为补色法则，又称消色法则。它是正交偏光镜和锥光偏光镜研究晶体光学性质的一个重要法则。

补色器又称试板或消色器，常用的类型有石膏试板、云母试板、石英楔等。石膏试板在正交偏光镜间产生一级紫红的干涉色，其光程差约为 550nm；云母试板在正交偏光镜间产生一级灰的干涉色，其光程差约为 147nm；石英楔在正交偏光镜间可产生一至三级的干涉色，其光程差一般在 0～1680nm 范围内变化。将矿片放在载物台上，从试板孔中插入石英楔，若石英楔和切片同名轴平行，则切片的干涉色逐渐升高；若异名轴平行，则切片的干涉色不断降低，当插到两者的光程差相等处，切片消色而出现补偿黑带，表示光程差相抵消。

2.5　流场测试与冷模试验

2.5.1　流场测试

影响化学反应最终结果的因素一般可分为化学因素和工程因素。化学因素包括温度、浓度等直接影响本征化学反应速率与选择性的因素，涉及反应热力学和动力学问题。工程因素包括操作方式、设备结构、混合状态等间接影响反应结果的因素，涉及各类反应器中的流动、传热、传质问题。由于工程因素的影响只与设备形式和操作方式有关，与化学反应特性无直接关系，因此工程因素和化学因素可分别独立研究。

在工业过程开发中，除了要掌握反应本身规律，即反应动力学规律外，还需认真研究可能导致“放大效应”的各种工程因素的影响，掌握各类反应器中工程因素对流动、温度、浓度等分布的影响规律、影响程度及其与设备尺寸的关系，避免“放大效应”。

研究工程因素的影响，可以直接从工业装置上采集数据进行分析和关联，但更便利的方法是通过冷模试验进行。冷模试验是在无反应参与的条件下，在与工程装置结构尺寸相似的试验设备中研究各种工程因素的影响。

由流动的非理想性而引起的工业反应器与实验室反应的差异是冷模试验需要研究的重要

内容。流场分布对反应器中的温度和浓度分布具有非常重要的影响，因此冷模试验中流场分布的可靠测量对正确认识规律是非常关键的。本节介绍几种常见的流场测试技术。

1. 皮托管

皮托管是一种根据伯努利(Bernoulli)方程设计的压差式测速仪。皮托管属于单点接触式测速，其结构简单、造价低，在工业中应用广泛。皮托管只能用于平均速度或流量的测量，由于测试孔正对流体的来流方向，不适用于流体中含固体颗粒的流动。

皮托管测试装置示意图如图 2-28 所示，考察图中 A 点到 B 点的流线，A、B 两点满足机械能守恒，且 B 点(驻点)速度为零，所以 B 点总势能应等于 A 点势能与动能之和

$$\frac{p_A}{\rho}+gz_A+\frac{u_A^2}{2}=\frac{p_B}{\rho}+gz_B \tag{2-34}$$

于是

$$u_A=\sqrt{\frac{2\Delta p}{\rho}} \tag{2-35}$$

皮托管的测试原理和结构比较简单，它是流体流速重要的测量工具之一。

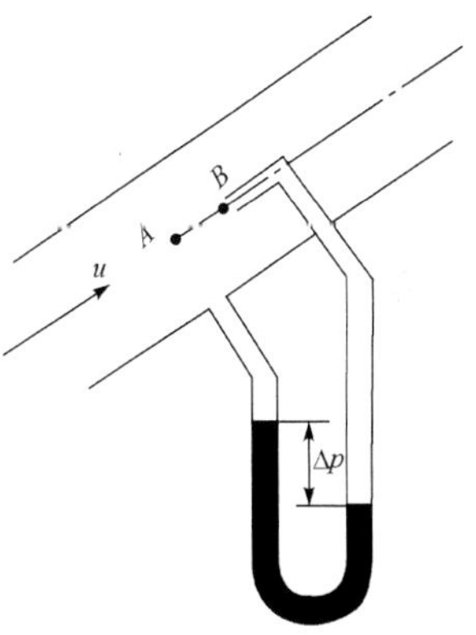

图 2-28　皮托管测速原理

2. 热线风速仪

热线风速仪是以强制对流换热理论为基础，将一根通电加热的细金属丝(热线)置于气流中，热线在气流中的散热量与流速有关，散热量导致热线温度变化而引起电阻变化，流速信号即转变成电信号。根据金(King)公式和探头热平衡关系：

$$I_s^2R_s=\left(A+B\sqrt{u}\right)\left(T_s-T_0\right) \tag{2-36}$$

式中，I_s 为探头电流；R_s 为探头电阻；A、B 为常数；T_s 为探头温度；T_0 为环境温度。由式(2-36)即可计算出探头所处位置的流场速度 u。

热线风速仪结构如图 2-29 所示，测速时无需添加示踪粒子，可用于不透明流体的测量，具有非常高的频率响应，能测量流体流动中短至微秒级的快速变化。因此，热线风速仪成为研究湍流的标准工具，可以获得气体或液体的高阶信息。

3. 激光多普勒测速仪

激光多普勒测速(LDV)是一种利用多普勒效应对流场中的示踪粒子进行测速，得到流场中某位置速度的流场测速技术。多普勒效应是指当波源与接收器之间有相对运动时，接收器接收到的频率 ν_R 与波源频率 ν 不同的现象。通过分析照射到示踪粒子上的单色激光产生的散射光和入射光的频率偏移或不同散射光多普勒频差，即可计算示踪粒子的速度。LDV 有多种不同的光路设计，图 2-30 是双散射光束型 LDV 示意图。

两束散射光的频差 f_D 和示踪粒子速度 u 之间满足以下关系：

$$f_D=\frac{2u}{\lambda}\sin\left(\frac{\theta}{2}\right) \tag{2-37}$$

式中，λ 为入射激光波长；θ 为两束入射激光的夹角。

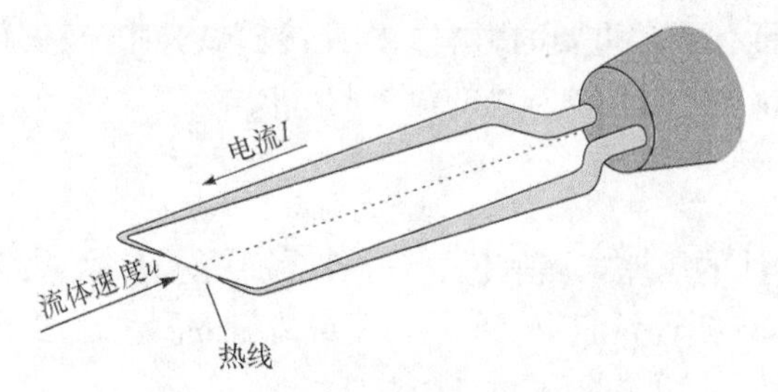

图 2-29　热线风速仪结构示意图

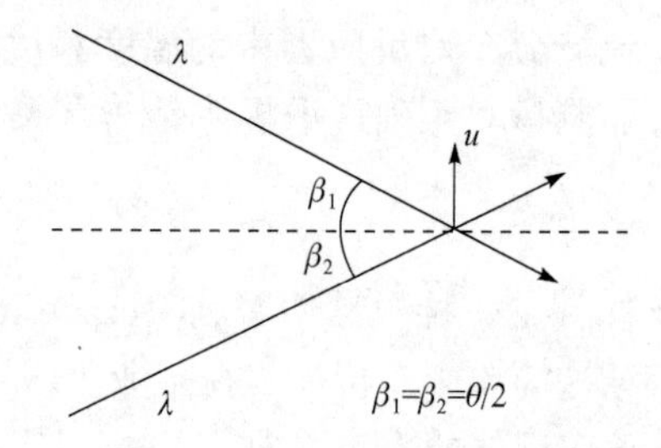

图 2-30　双散射光束型 LDV 示意图

与传统测速技术相比，LDV 属于非接触式测量，对流场没有干扰。LDV 测速延迟小，可用于准确的实时测量。由于容易实现对频差的测量，因此 LDV 的测量范围很广，对 10^{-2}～$10^{3}\mathrm{m\cdot s^{-1}}$ 范围内的速度均可测量。

LDV 是一种高精度流场测速技术，一般认为理想条件下其测量误差在 1%以下。在 LDV 的基础上结合激光衍射原理，还发展了相位多普勒粒子分析，实现了测速和粒径测量的结合。LDV 的优点是测速精度更高，但是 LDV 无法实现对某一个区域的同时测量，单次只能进行单点的测量。

4. 粒子图像测速仪

粒子图像测速(PIV)是一种通过分析示踪粒子在流场中的图像，进而获得流场中各位置速度分布的流场测速技术。PIV 的基本原理是使用高速相机拍摄两张在极短时间间隔 Δt 的流场图像，随后通过图像处理算法识别出流场中各处的示踪粒子，并计算它们在此时间间隔内发生的位移 Δs ，如图 2-31 所示。由于这个时间间隔很小，通过位移即可计算出示踪粒子所处位置的速度 u ，通过对流场中各处示踪粒子的分析即可获知整个流场中的速度分布情况。

$$u = \frac{\Delta s}{\Delta t} \tag{2-38}$$

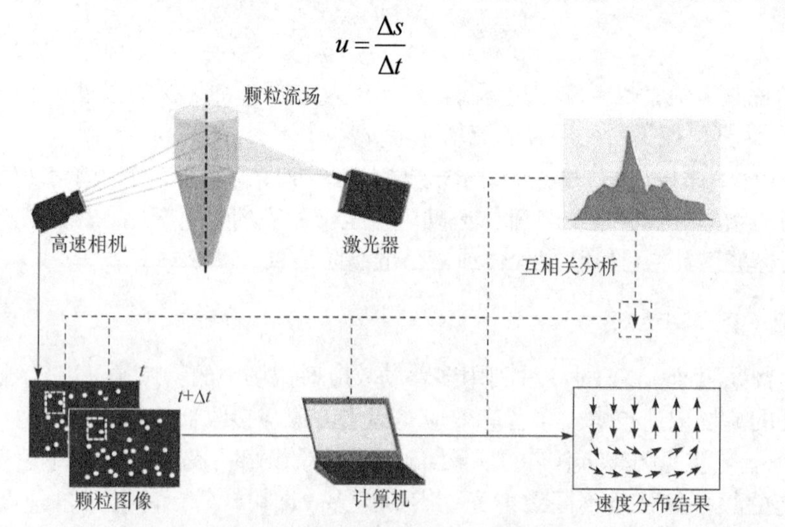

图 2-31　粒子图像测速仪示意图

目前技术条件下通过 PIV 测得的速度是时均速度，通常情况下会使用脉冲激光配合高速相机进行拍摄。使用单台相机拍摄图像可以得到二维平面区域内的二维速度矢量分布，如果使用多台相机拍摄，则可以实现三维速度矢量测量和三维空间的测速。

图像处理算法对 PIV 测速的准确性和可靠性具有重要影响。对图像中示踪粒子的识别和位移的计算是 PIV 测速技术的核心内容，即互相关算法。其基本过程包括，首先在第一幅图像中选择一个参考粒子及其周围区域，然后在第二幅图像中选择候补粒子及其周围区域，再利用互相关算法计算参考粒子和候补粒子所对应的两个研究区域的相关系数，比较参考粒子和所有候补粒子的相关系数值，最大值所对应的候补粒子为参考粒子的同一粒子。目前在 PIV 图像处理中较为常用的是快速傅里叶变换(FFT)互相关算法。

与 LDV 一样，PIV 也是一种非接触式流场测速技术，在测量过程中不会对流场产生干扰。PIV 测速的最大优点在于快速且能同时实现对一定空间区域内的速度分布测量，并且具有较好的准确度，一般认为在理想条件下，PIV 的测量误差在 5%左右。

5. 高速摄像仪

高速摄像即以极高的快门速度和拍摄帧率对流场中的情况进行连续图像记录，之后通过慢速回放和各类图像处理技术的结合，对流场中的各类现象进行技术分析。目前工程流体力学研究常用的高速摄像仪(图 2-32)应具备 10^3～10^5 帧 · s^{-1} 的速度，可以获得肉眼无法观察到的各种流场细节，如气泡聚并、液滴破裂的变化过程、混合过程和相界面变化过程等。在 PIV 系统中高速摄像仪也是其中的一个关键组成部分。通过对高速摄像仪所拍摄到的图像进行分析处理，能够获得大量流场中的定性和定量信息。

图 2-32 高速摄像仪

2.5.2 冷模试验

1. 试验物料

工程因素的影响与具体反应特性无关，因此进行冷模试验时，可直接选用空气、水、沙石等廉价易得的材料作为气体、液体和固体原料，无需考虑选用真实物料所带来的储存、反应、分离和后处理等问题，使整个试验过程大为简化。

2. 设备结构

冷模试验的目的是针对某种类型的设备，考察其在一定操作范围内各种工程因素的影响规律，并建立相应数学模型为设备放大提供指导。为使结果更具可靠性和适用性，在冷模试验中通常要求试验装置的结构和尺寸尽可能接近工业装置，或者选择结构相似、尺寸大小不同的几套设备进行系统考察。冷模试验设备也可以选取设备原型的局部构件作为冷模试验装置。例如，在板式塔水力试验中，可以沿液流方向截取一长条形区域；在径向床流体均布试验中，在径向床同心圆环截面截取一个扇形面等。在确保试验结果能够充分反映设备原型的运行特征条件下，以局部构件代替整体设备，可以简化试验装置，降低消耗，节省试验费用。

3. 试验方案

冷模试验的研究方法通常是首先根据传递过程原理，建立能够表达对象规律的数学模型，然后通过试验确定模型参数并检验模型的准确性和可靠性。因此，模型试验装备尺寸的确定，除了考虑与原型保持相似外，还要考虑能否有效地检验数学模型的可靠性、准确性和试验结果的适用范围。

在进行试验规划时通常有两类方法，即量纲分析法和数学模型法。

在许多情况下化工过程都会受到多个变量的同时影响，而由于研究问题的维度增加，试验工作量大幅增加，必须对试验进行合理规划，尽可能减少试验次数。其中量纲分析法是通过将大量的原始变量组合成少量的无量纲数群，从而减少试验中的变量个数。量纲分析的基础是任何物理方程的两侧都应该具有相同的量纲，因此任何物理方程都可转化为无量纲形式。

当对变量进行无量纲处理之后仍需要通过对试验数据的分析才能最终确定各无量纲数之间的关系。例如，假设某些变量能满足某种数学函数关系，通过对试验数据的拟合确定函数关系式中的各参数，并检验该函数形式是否适合描述这一物理过程。已有的无量纲数也是试验方案设计时的重要依据。

数学模型法的实质是将复杂的实际过程按等效性的原则做出合理的简化，使之易于数学描述。这种简化来源于对过程的深刻理解，其合理性需要实验的检验。其中引入的参数需要由实验测定。

数学模型法与量纲分析法各具优势，在实际应用中应该根据实际情况选择合适的试验规划方法。

思 考 题

2-1　举例说明流变学在工程设计中的重要作用。

2-2　比较热重分析和差热分析的异同点。

2-3　固液平衡数据的测试方法有哪些？如何测试绘制四元相图？水盐体系热力学的发展方向是什么？

2-4　偏光显微镜观测中单偏光镜和正交偏光镜分别用于观测矿物的哪些性质？

2-5　什么是量纲分析法？

第3章

基础物性测试实验

实验1　熔盐物理化学性质测定

一、实验目的

(1) 加深理解熔盐初晶温度、接触角、表面张力、密度、黏度、电导率的物理意义与测量原理。

(2) 学习熔盐初晶温度、接触角、表面张力、密度、黏度、电导率测量仪器和装置的结构以及具体操作程序。

(3) 掌握熔盐物理化学性质的测定方法。

二、实验原理及步骤

1. 初晶温度测量

初晶温度是指熔盐冷却过程中液相中开始析出固相的温度，也可以理解为液固相转变开始的温度。

1) 实验原理

本实验采用步冷曲线法。步冷曲线也称冷却曲线，描述体系自高温逐渐均匀冷却过程中体系温度与时间的变化关系，与加热曲线相对应。随着体系温度下降，液相中开始析出固相时，冷却曲线上出现的第一个拐点即为初晶温度。一般在结晶过程中，需要有一定的过冷度，结晶才能自发进行，过冷度不仅与试样的扩散驱动力有关，也与实验过程有关，为减小过冷度带来的偏差，冷却速率要尽可能小。

2) 实验步骤

(1) NaCl 和 KCl 按一定比例混合，放入坩埚，以 $10K \cdot min^{-1}$ 速率加热至液相线温度(可参照相图估算)以上 20K，待熔盐完全熔化后，将热电偶(裸偶)插入熔盐液面以下 10mm，温度稳定以后继续恒温 10min。

(2) 以 $1\sim3K \cdot min^{-1}$ 速率缓慢降温，直至样品完全凝固，实时绘制温度曲线。

(3) 降温曲线的第一个拐点为熔盐初晶温度，第二个拐点为完全凝固温度。

(4) 重复三次实验，所得结果取平均值。

2. 表面张力测量

表面张力是液体表面相邻两部分单位长度内的互相牵制力，是分子或其他粒子之间作用力的一种体现。

1) 实验原理

本实验采用最大泡压法，实验原理如图 3-1 所示。将毛细管插入待测熔盐中，向管内缓缓吹入气体，管口会逐渐形成气泡。气泡开始形成时表面和毛细管口截面相平，此时曲率半径最大；随着气泡的形成与长大，曲率半径逐渐变小，形成半球形时曲率半径最小，附加压力最大，此时曲率半径 R 等于毛细管半径 r，随后压力再次变小。当 $R=r$ 时，通过式(3-1)求得熔盐表面张力：

$$\sigma = \frac{R\left(p_{\max} - p - \rho g h\right)}{2} \tag{3-1}$$

式中，$p_{\max}$ 为毛细管内达到的最大压力；ρ 为熔体密度；g 为重力加速度；h 为毛细管端距离液面的深度；p 为熔体所处环境的压力；R 为气泡的曲率半径。

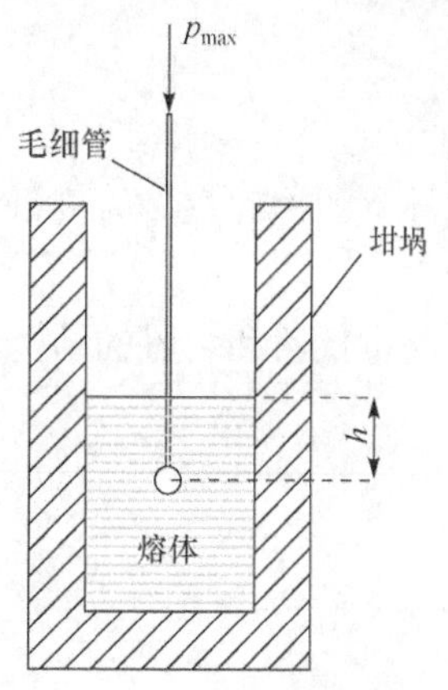

图 3-1　最大泡压法测量表面张力示意图

2) 实验步骤

(1) 将混合好的熔盐(NaCl∶KCl=1∶1)放入铂坩埚或刚玉坩埚，启动加热电炉，控制加热速率为 $10\text{K}\cdot\text{min}^{-1}$ 加热到 963K，保温 30min。

(2) 将石英毛细管在熔盐上方充分预热后缓慢插入熔盐中，待温度稳定 5～10min 后，打开气阀缓慢调节进气流量，使鼓泡速率为 7～10 个 $\cdot\,\text{min}^{-1}$。

(3) 记录压力变化曲线，读取最大压力。

(4) 设置不同深度进行实验。

(5) 根据计算式(3-1)计算表面张力。

3. 接触角测量

熔盐液滴静置于水平固体表面上，当系统达到平衡时，在气、液、固三相交界处作气液界面切线，此切线与固液界面间的夹角称为接触角。

1) 实验原理

接触角实际上是液气界面张力与液固界面张力间的夹角，如图 3-2 所示，$\sigma_{\text{s,g}}$、$\sigma_{\text{s,l}}$、$\sigma_{\text{l,g}}$ 分别是固气、固液、液气界面间的界面张力，θ 为接触角。在气液固三相平衡时，三个界面张力之间存在下列关系：

$$\sigma_{\text{s,g}} = \sigma_{\text{s,l}} + \sigma_{\text{l,g}} \cos\theta \tag{3-2}$$

$$\cos\theta = \frac{\sigma_{\text{s,g}} - \sigma_{\text{s,l}}}{\sigma_{\text{l,g}}} \tag{3-3}$$

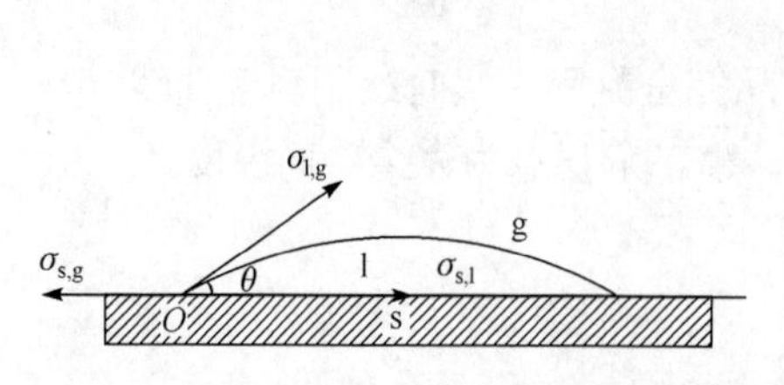

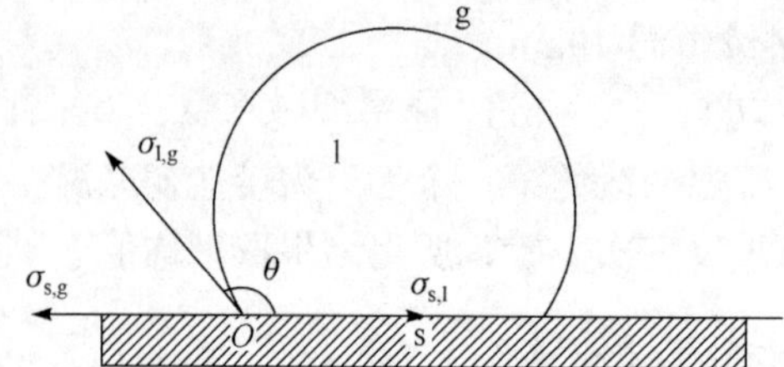

图 3-2　接触角示意图

实验测量接触角如图 3-3 所示，对待测熔盐在材料表面形态进行拍照，通过图像分析液体的高度以及液体与固体接触面的长度，按照式(3-4)和式(3-5)计算接触角：

$$\tan\alpha = \frac{2h}{l} \tag{3-4}$$

$$\theta = 2\alpha \tag{3-5}$$

式中，h 为液滴高度；l 为接触面长度。

2) 实验步骤

(1) 调整相机与透明电阻炉窗口在同一水平位置。

(2) 清洗高纯石墨底板表面，使其保持清洁，用去离子水冲洗三次，烘干待用。

(3) 将石墨底板放入透明炉内，调整上表面水平。

(4) 将经过熔融凝固后的块状熔盐(NaCl∶KCl=1∶1)放在高纯石墨底板上，开始以 10K · min^{-1} 的速率加热，当温度达到 963K 时，停止加热，恒温 5～10min。

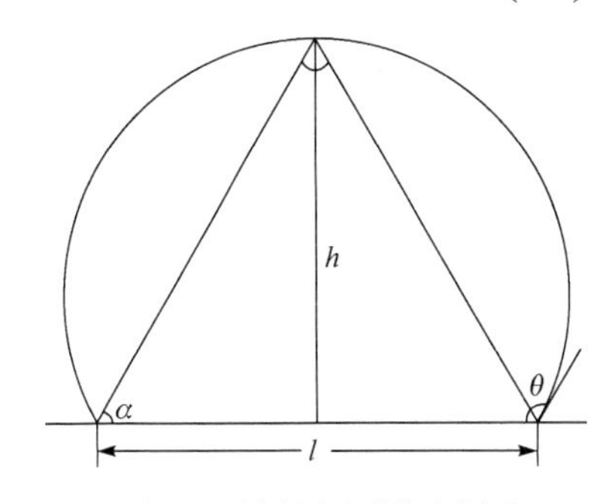

图 3-3　接触角测量示意图

(5) 调整相机的焦距进行拍照。

(6) 改变温度进行实验。

(7) 测定结束后用去离子水清洗高纯石墨底板，烘干并放回原处。

(8) 对照片进行数据处理，计算接触角。

4. 密度测量

1) 实验原理

本实验采用阿基米德法，实验原理详见 2.1.2 节，实验装置如图 3-4 所示，将铂锤用铂丝悬挂在电子天平上，并完全没入熔盐，分别测量其浸入熔盐前后的质量 M_1 和 M_2，则熔体的密度为

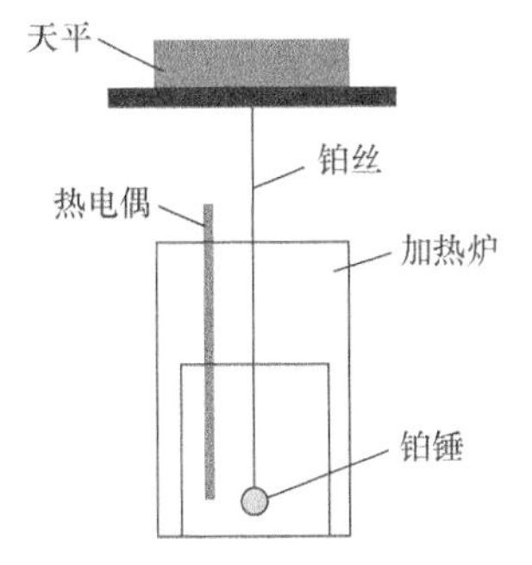

图 3-4　密度测量示意图

$$\rho = \frac{M_1 - M_2 + \dfrac{F_\sigma}{g}}{V + V'} \tag{3-6}$$

式中，V 和 V' 分别为铂锤和浸入熔体铂丝的体积；g 为重力加速度；F_σ 为熔体表面张力引起的附加力，一般情况下 $F_\sigma = 2\pi R\sigma\cos\theta$，$R$ 为铂丝半径，σ 为熔体的表面张力，θ 为熔体与铂丝的接触角。

2) 实验步骤

(1) 将铂锤悬挂在天平下端，待天平示数稳定后，记录铂锤质量 M_1。

(2) 将已混合的熔盐(NaCl∶KCl=1∶1)放入铂坩埚或刚玉坩埚，启动加热电炉，控制加热速率为 10K · min^{-1}，将熔盐加热到 963K，保温 30min。

(3) 调节升降装置，使天平与铂锤缓慢下降，直至铂锤接触熔盐，进一步放慢铂锤下降速度，使铂锤逐步浸入熔盐液面。

(4) 当铂锤完全浸入熔盐时，待天平示数稳定后，记录天平读数，获得受浮力的铂锤质量 M_2。

(5) 调整炉内温度，将不同 M_1、M_2 记录在实验表中，计算密度。

5. 动力黏度测量

动力黏度也称黏性系数，它是流体受到剪切应力变形或拉应力时所产生的阻力，即黏滞力，主要来自分子间的相互吸引力。

1) 实验原理

本实验采用同轴圆筒法，实验装置如图 3-5 所示，由内外两个半径不等的同心圆柱体组成，外柱体为空心圆筒，即为坩埚，内柱为柱状转子，内外柱体间充满待测高温熔盐流体。假设圆筒无限长，壁面平滑，流动为稳态系统，鉴于高温熔盐体系非常接近牛顿流体，高温熔盐体系流动规律符合牛顿黏性定律。

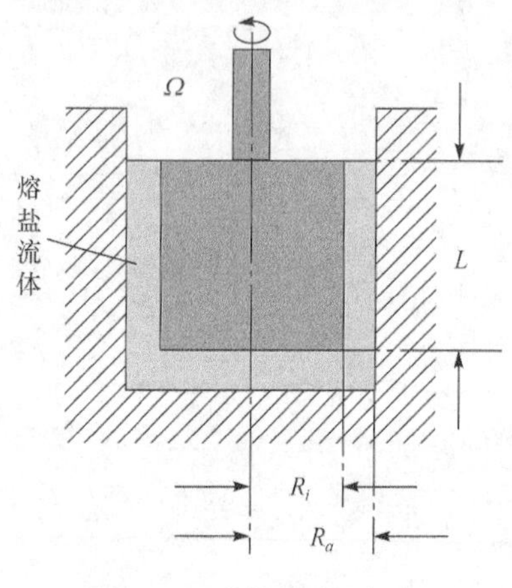

图 3-5　黏度测量示意图

本实验使用高温流变仪(应力控制型流变仪)测量熔盐动力黏度，设备施加驱动力矩 M，使内柱转子以角速度 Ω 或转速 n 匀速转动，而外柱体静止不动，熔盐高度近似于内柱浸没高度 L，由于流体黏度的存在，内柱旋转时将带动流体流动，两柱体之间的熔盐流体角速度为 ω ，并且径向方向存在速度梯度变化，同时流体在不同层间产生剪切应力 τ ，利用上述参数及设备内外柱体的几何尺寸，根据牛顿黏性定律计算出熔盐的动力黏度 η 。

(1) 应力部分。稳态旋转过程中，各流层剪切力矩相等，都等于内筒驱动力矩 M ，假设质点到双轴轴心距离为 r ，此处剪切应力为 τ ，面积为 A ，那么剪切力矩 M 为

$$M = Fr = A\tau r = 2\pi r^2 L\tau \tag{3-7}$$

可得

$$\tau_i = \frac{M}{2\pi L R_i^{\ 2}} \tag{3-8}$$

$$\tau_a = \frac{M}{2\pi L R_a^{\ 2}} \tag{3-9}$$

式(3-7)对 r 求导得

$$\frac{\mathrm{d}\tau}{\tau} = -2\frac{\mathrm{d}r}{r} \tag{3-10}$$

(2) 应变部分。内外筒之间的流体因黏性作用在内筒带动下逐层旋转，各流层质点的角速度 ω 不同，假设质点到双轴轴心距离为 r ，线速度 $u = r\omega$ ，又因为内筒旋转 $\frac{\mathrm{d}\omega}{\mathrm{d}r} < 0$，则剪切速率 $\dot{\gamma}$ 为

$$\dot{\gamma} = -r\frac{\mathrm{d}\omega}{\mathrm{d}r} \tag{3-11}$$

由式(3-10)和式(3-11)得

$$\mathrm{d}\omega = \frac{1}{2}\frac{f(\tau)}{\tau}\mathrm{d}\tau \tag{3-12}$$

再积分得

$$\Omega=\int_{0}^{\omega}\mathrm{d}\omega=\int_{\tau_a}^{\tau_i}\frac{f(\tau)}{\tau}\mathrm{d}\tau \tag{3-13}$$

根据牛顿黏性定律得

$$\Omega=\frac{1}{2}\int_{\tau_a}^{\tau_i}\frac{1}{\eta}\mathrm{d}\tau=\frac{1}{2\eta}(\tau_i-\tau_a) \tag{3-14}$$

将式(3-8)和式(3-9)代入式(3-14)得熔盐动力黏度

$$\eta=\frac{M}{4\pi L\Omega}\left(\frac{1}{R_i^2}-\frac{1}{R_a^2}\right) \tag{3-15}$$

2) 实验步骤

(1) 启动仪器，完成仪器初始化等操作。

(2) 打开黏度仪炉膛，将混合好的熔盐(NaCl：KCl=1：1)放入坩埚中。

(3) 将坩埚加热至 1113K，放下黏度仪转子，使熔盐完全浸没转子，将加热炉温度调整至 963K。

(4) 保温 10min，设置升温速率为 2K　min^{-1}，转子转速 100r · min^{-1}，由 963K 升温至 1163K，进行温度扫描。

(5) 记录不同温度下的熔盐黏度数值，观察熔盐黏度随温度的变化规律，拟合出熔盐黏度-温度方程。

6. 电导率测量

物质的电导正比于其截面积，反比于其长度，比例常数 κ 为电导率，是电阻率的倒数。

1) 实验原理

本实验采用连续变化电导池常数法，电导池结构如图 3-6 所示。熔盐电阻与电导率的关系为

$$R=\frac{1}{\kappa}\cdot\frac{L}{A} \tag{3-16}$$

式中，R 为熔盐电阻；κ 为熔盐电导率；L 为电导池长度；A 为电导池的截面积。

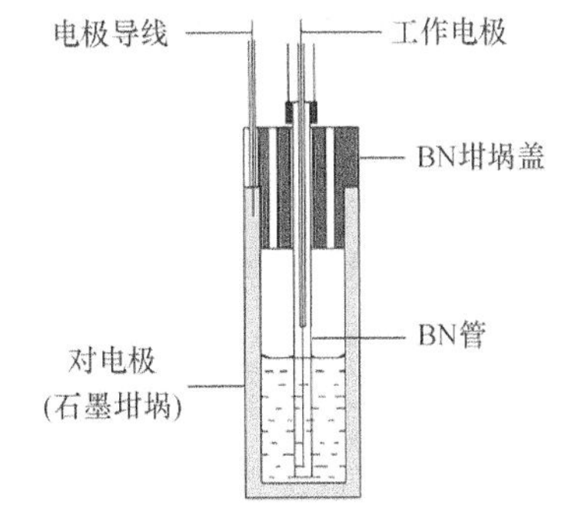

图 3-6　电导池示意图

对于一个固定的电路和固定的交流电频率，导线电阻和极化电阻都是不变的。当电导池常数发生变化时，电路中只有熔盐的电阻是变化的。因此由式(3-16)可得，电路中总电阻的变化与电导池常数的变化是呈线性关系的，线性系数是关于熔盐电导率的一个常数，又由于电导池常数的变化是由电导池长度的变化引起的，于是可得

$$\kappa=\frac{1}{A\dfrac{\mathrm{d}R_{\mathrm{m}}}{\mathrm{d}L}} \tag{3-17}$$

式中，R_{m} 为电路中的总电阻。A 值需要通过测定分析标准熔盐或水溶液的 $\mathrm{d}R_{\mathrm{m}}/\mathrm{d}L$ 值标定。由此可见，使用该方法测定熔盐电导率时，只需要在一个固定的外加交流电频率下，改变毛细管电导池的长度，测定不同电导池长度时的电路总电阻，无需进行电阻对交流电频率的外推分析。

2) 实验步骤

(1) 将混合好的熔盐(NaCl：KCl=1：1)置于石墨坩埚中，升温至963K，保温20min。

(2) 将BN管与铂电极置入石墨坩埚中，连接好电路，将电路连接到电化学工作站上，施加频率为20kHz的交流电，读取电阻值。

(3) 使用升降装置精密控制工作电极的位置，每移动0.25cm测定一次电阻值，总计移动3cm，记录相应数据。

(4) 使用同样的方法测定不同温度下的熔盐电导率。

三、实验仪器与试剂

(1) 仪器：坩埚电阻炉、透明电阻炉、高分辨率相机、表面张力测定仪、电子天平、高温流变仪、电化学工作站、电导率测定仪、氮气钢瓶、气体流量调节仪。

(2) 试剂与材料：氯化钾、氯化钠、高纯石墨板、石英毛细管、铂坩埚、石墨坩埚、刚玉坩埚、热电偶、铂锤、铂丝、BN坩埚盖、BN管、W或Pt电极。

四、实验数据记录与处理

表 3-1 熔盐初晶温度实验记录

序号	初晶温度/K
1	
2	
3	

表 3-2 熔盐表面张力实验记录

序号	温度/K	深度/mm	p_{max}/Pa	表面张力/(N · m^{-1})
1				
2				
3				

表 3-3 熔盐接触角实验记录

序号	温度/K	高度/mm	宽度/mm	接触角/(°)
1				
2				
3				

表 3-4 熔盐密度实验记录

序号	温度/K	M_1/g	M_2/g	密度/(g · cm^{-3})
1				
2				
3				

表 3-5　熔盐动力黏度实验记录

序号	温度/K	转速/(s^{-1})	动力黏度/(mPa · s)
1			
2			
3			

表 3-6　熔盐电导率实验记录

移动距离/cm	电阻/Ω	电导率/(S · cm^{-1})	移动距离/cm	电阻/Ω	电导率/(S · cm^{-1})
0			1.75		
0.25			2.00		
0.50			2.25		
0.75			2.50		
1.00			2.75		
1.25			3.00		
1.50					

五、实验注意事项

(1) 所有工具使用前必须充分烘干预热。注意防护，避免高温烫伤。

(2) 测量表面张力时，石英管需在熔盐上方充分预热，避免炸裂或阻塞。

六、思考题

(1) 熔盐有哪些应用领域?

(2) 熔盐性质研究与水溶液性质研究的最大区别是什么? 应注意哪些事项?

(3) 初晶温度与熔点、凝固点的物理意义有什么区别?

(4) 为什么先将混合盐熔化凝固后才能测试接触角?

(5) 测量密度时为什么要考虑表面张力的影响?

(6) 简述电导率的测量原理。

实验 2　尾矿膏体流变学特性测定

一、实验目的

(1) 加深对非牛顿流体流变学特性的理解。

(2) 掌握旋转流变仪的测定原理和基本测试方法。

(3) 掌握流动曲线和屈服应力等流变数据的处理方法，理解各流变数据与膏体黏弹性的关系。

二、实验原理

膏体是具有足够细颗粒含量，使得流场的黏滞力大于惯性力并且达到饱和的结构流浆体。

将这种流浆体在外加力(泵压)或重力作用下以结构流浆的形态，通过管道输送到地下采空区完成充填作业的过程，称为膏体充填。膏体充填是现代矿山充填技术的发展方向。

膏体这种处于流体与固体之间的特殊物质形态，在流动过程中具有复杂的力学行为，其流动属性具有流变特性，属于非牛顿流体。膏体流变学是膏体充填非常重要的研究方向，其中屈服应力是膏体流变学研究最关键的参数。究其原因，一是在膏体充填工艺各个环节，从尾矿浓密脱水、膏体搅拌、膏体输送到末端的采场流动性能，均与屈服应力有关；二是屈服应力能够真实反映膏体的流动性能，是膏体管道输送系统设计的重要依据之一；三是采取相同方法测量屈服应力时，具有较好的可重复性，不同物料之间也具有可比性。

由于膏体中含有大量粗细不等的惰性颗粒，旋转流变仪在膏体测试中具有较高的适用性。旋转流变仪可以采用连续旋转和振荡两种模式作用于膏体样品，在一定温度、应力/应变等条件下，测试膏体屈服应力和黏度等流变数据，通过分析可得到膏体的黏弹性等流变性质。

1. 流动曲线

以剪切应力τ对剪切速率$\dot{\gamma}$作图，所得曲线称为剪切流动曲线，简称流动曲线，原理及公式见 2.1.4 节。

2. 屈服应力

对于某些非牛顿流体，施加的剪切应力较小时流体只发生变形，不产生流动，当剪切应力增大到某一定值时流体才开始流动，此时的剪切应力称为该流体的屈服应力。屈服应力的测定主要有恒定剪切速率时间扫描、剪切速率扫描、应力扫描和振荡应力扫描等模式。

(1) 恒定剪切速率时间扫描模式：采用旋转模式，设定恒定的剪切速率$\dot{\gamma}$，测定剪切应力τ随时间的变化关系，曲线最高点为屈服应力τ_0。

(2) 剪切速率扫描模式：采用旋转模式，设定连续增大的剪切速率$\dot{\gamma}$，测定剪切应力τ随剪切速率$\dot{\gamma}$的变化关系，通过外推τ-$\dot{\gamma}$流动曲线到剪切速率$\dot{\gamma}$为零时的剪切应力计算屈服应力τ_0。

(3) 应力扫描模式：采用旋转模式，设定连续增大的剪切应力τ，测定样品产生的应变γ，通过剪切应力τ与应变γ在对数坐标曲线的拐点计算屈服应力τ_0。

(4) 振荡应力扫描模式：在振荡模式下，设定连续增大的剪切应力τ，观察储能模量变化，通过储能模量的拐点确定屈服应力τ_0。

3. 储能模量和损耗模量

储能模量G'又称弹性模量，是指材料在发生形变时，由于弹性形变(可逆)而储存的能量，反映材料弹性大小；损耗模量G''又称黏性模量，是指材料在发生形变时，由于黏性形变(不可逆)而损耗的能量。损耗因子$\tan\delta$是G''与G'之比。

在振荡模式下应力扫描、应变扫描、频率扫描、温度扫描和时间扫描是储能模量和损耗模量常用的 5 种测试模式。

(1) 应力扫描：恒定频率、温度等参数，改变剪切应力大小进行测试，可确定线性黏弹性的范围及屈服应力值等。

(2) 应变扫描：确定频率、温度等参数，改变应变幅度进行测试，可确定线性黏弹性的范围等。

(3) 频率扫描：确定剪切应力或应变、温度等参数，施加不同频率的正弦应力或形变，获取每个频率下的流变数据，频率范围需根据线性黏弹区确定。

(4) 温度扫描：恒定剪切应力或应变、频率等参数，进行变温测试，可确定样品黏温曲线等。

(5) 时间扫描：在恒定剪切应力或应变、频率和温度下，给样品施加恒定的正弦形变，并在选择的时间范围内进行连续测量。时间扫描可以用来研究材料的化学热稳定性和力学稳定性等。

三、实验仪器与试剂

(1) 仪器：旋转流变仪和桨式转子(图 3-7)，平行板转子。

桨式转子可有效避免在旋转流变仪测试中普遍存在的滑移效应以及大颗粒尺寸效应，并且极大地减少转子对所测样品造成的初始扰动破坏，因此在膏体流变测量中应用最为广泛。平行板转子由上板和下板组成，适用于难清洗或中高黏度的液体、膏体类样品。平行板的间距可更根据样品特性和测试要求调节，适用于含有一定颗粒物的样品，颗粒物粒径小于间距的三分之一。

(2) 试剂与材料：固体矿尾砂、胶凝材料、水。

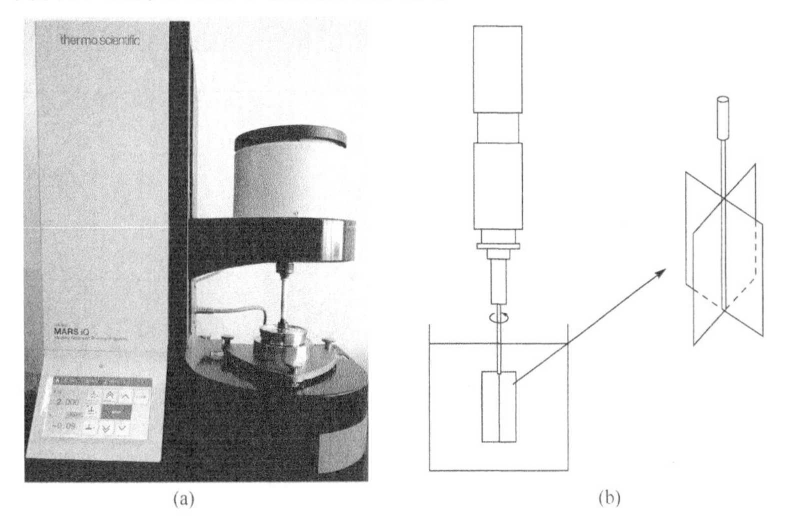

图 3-7　旋转流变仪(a)与桨式转子示意图(b)

四、实验内容与步骤

(1) 制样及准备工作。接通旋转流变仪电源，等待仪器通过自检程序。

将固体矿尾砂、胶凝材料和水按一定比例混合，制备 3 种不同原料比例的固体矿膏体样品。

(2) 装样。将被测膏体小心地注入测试容器，将桨式转子放入膏体样品中。

(3) 固体矿膏体流动曲线测定。设定测试温度，待温度稳定后，设定剪切速率 $\dot{\gamma}$ 变化程序后开始测试，测定膏体在不同剪切速率 $\dot{\gamma}$ 下的动力黏度 η 和剪切应力 τ 数据。

(4) 固体矿膏体屈服应力测定。保持测试温度不变，设定恒定剪切速率 $\dot{\gamma}$ 后开始测试，测定膏体在恒定剪切速率 $\dot{\gamma}$ 下，剪切应力 τ 随时间变化数据。

(5) 固体矿膏体储能模量和损耗模量测定。更换平行板转子，在测量下板上加入一定量样品，将上转子下降至设定间隔，用刮边工具刮除多余样品。保持测试温度不变，将测量模式切换至振荡模式，设定恒定振荡频率和剪切应力τ变化程序后开始测试，测定应变γ和相位角δ数据。

(6) 改变实验温度，重复步骤(3)～(5)。

(7) 取下转子，清洁转子。

(8) 更换测试样品重复步骤(2)～(7)。

测试完毕后，切断电源，清理实验台，妥善放置转子和仪器。

五、实验数据记录与处理

1. 流动曲线绘制

在表 3-7 中记录不同剪切速率$\dot{\gamma}$下被测膏体的动力黏度η和剪切应力τ，分别绘制τ-$\dot{\gamma}$和η-$\dot{\gamma}$流动曲线。

表 3-7　动力黏度和剪切应力数据

样品号	温度/K	剪切速率/(s^{-1})	动力黏度/(Pa · s)	剪切应力/Pa	$\lg\tau$	$\lg\dot{\gamma}$
1						
2						
3						

2. 固体矿膏体流体类型

绘制$\lg\tau - \lg\dot{\gamma}$流动曲线，根据 Ostwald-de Waele 幂律方程$\tau = K\dot{\gamma}^n$，求出流动幂律指数n和稠度系数K，并根据n值判定所测流体的类型，评定其流变性能。

3. 屈服应力测定

在表 3-8 中记录恒定剪切速率$\dot{\gamma}$下被测膏体的剪切应力τ随时间变化的数据。绘制τ-t曲线，根据曲线确定屈服应力τ_0。

表 3-8　剪切应力τ随时间变化

样品号__________，温度 = __________K，剪切速率 = __________s^{-1}

序号	时间/s	黏度/(Pa · s)	序号	时间/s	黏度/(Pa · s)
1			4		
2			5		
3			6		

4. 储能模量、损耗模量和损耗因子测定

在表 3-9 中记录不同应力下的应变和相位角数据，计算被测固体矿膏体的储能模量、损耗模量和损耗因子$\tan\delta$，并绘制τ-G'和τ-G''曲线，根据曲线确定固体矿膏体的线性黏弹区。

表 3-9 储能模量和损耗模量数据

样品号	温度/K	振荡频率/Hz	应力/Pa	应变	相位角/(°)	G'/Pa	G''/Pa
1							
2							
3							

六、实验注意事项

(1) 在装样过程中，需要注意控制转子下降速度，防止接触样品时对样品流变性能产生不可逆的破坏。

(2) 转子法向力不宜太大，否则会影响测试精度。

(3) 测试过程中需注意观察样品，如果样品出现甩出、滑移或爬杆，应采取相应措施，更改测试方法。

七、思考题

(1) 试通过数学方程描述旋转流变仪测量膏体流变参数的原理。

(2) 如何根据 Ostwald-de Waele 幂律方程中的 n 值判定流体属于何种类型？

(3) 不同测量转子对流变参数测定有一定影响，大半径转子和小半径转子分别适用什么情况的膏体？

(4) 在固体矿膏体流变测定实验中，过高的剪切速率会使流变参数失真，为什么？

(5) 基于本实验所测试的数据，有几种屈服应力的测试方法？请具体描述。

实验 3 四元水盐体系相图测定

一、实验目的

(1) 掌握二元、三元及四元水盐体系相律特征。

(2) 掌握水盐体系相平衡的实验测定原理及方法。

(3) 掌握三元及四元水盐体系等温平面相图的绘制及应用，了解相图中各相区的意义。

二、实验原理

水盐体系相图是一种表达水盐体系中相的数目、组成、种类、各相关系和存在条件的几何图形，用于预测体系中盐类的析出、溶解等相转化规律，为化工生产过程制定工艺流程与条件提供依据。水盐体系相图包括稳定相图和介稳相图，其中稳定相图的实验研究方法分为等温溶解平衡法和变温法。等温溶解平衡法的原理是在恒温条件下，将一定组成的二元、三元及四元体系置于封闭容器中，充分搅拌，达到液固平衡时，测定饱和溶液的液相及与其相平衡的固相组成，获得相平衡数据，绘制相图。在运用该方法研究时，判断体系是否达到相平衡非常重要，可通过检验液相的组成、pH、密度等物化性质是否已经恒定，来判断是否已经达到平衡。液相分析可采用化学定量分析、仪器分析等方法进行测定，固相鉴定可采用湿固相法、晶体化学法、X射线衍射法、红外光谱法等。

本实验以NaCl-$NaNO_3$-Na_2SO_4-H_2O四元水盐体系为例，采用等温溶解平衡法进行实验测定相平衡数据，绘制对应的平衡相图，由二元、三元到四元顺序进行，如图3-8所示。

首先测定该体系包括的三个二元体系，即NaCl-H_2O、$NaNO_3$-H_2O、Na_2SO_4-H_2O体系溶解度，如图3-8中A'、B'和C'所示。其次，在二元体系溶解度数据的基础上扩展到三元体系。针对NaCl-$NaNO_3$-H_2O三元体系，从二元复体M (NaCl-H_2O)出发，加入少量的第三种组分$NaNO_3$，得到新的复体M_1，测定其液相点b_1的组成，鉴定固相为NaCl，然后在复体M_1中继续加入少量$NaNO_3$，得到新的复体M_2，测定其液相点b_2的组成，由此依次得到复体M_3、M_4、…，可测得一系列液相点b_3、b_4、…，直至复体的液相组成不变，此液相点E_1即为该三元体系的共饱和点。根据测得的液相点及固相点，绘制出该三元体系平衡相图，得到NaCl的饱和溶液线$A'E_1$、$NaNO_3$的饱和溶液线$B'E_1$，同时得到固体NaCl与饱和溶液组成的液固两相混合区域$AA'E_1$、固体$NaNO_3$与饱和溶液组成的液固两相混合区域$BB'E_1$、固体NaCl和$NaNO_3$及三相点处饱和溶液组成的混合区域AE_1B和不饱和区域$A'E_1B'W$。采用同样方法可分别绘制出NaCl-Na_2SO_4-H_2O三元体系以及Na_2SO_4-$NaNO_3$-H_2O三元体系的平衡相图。

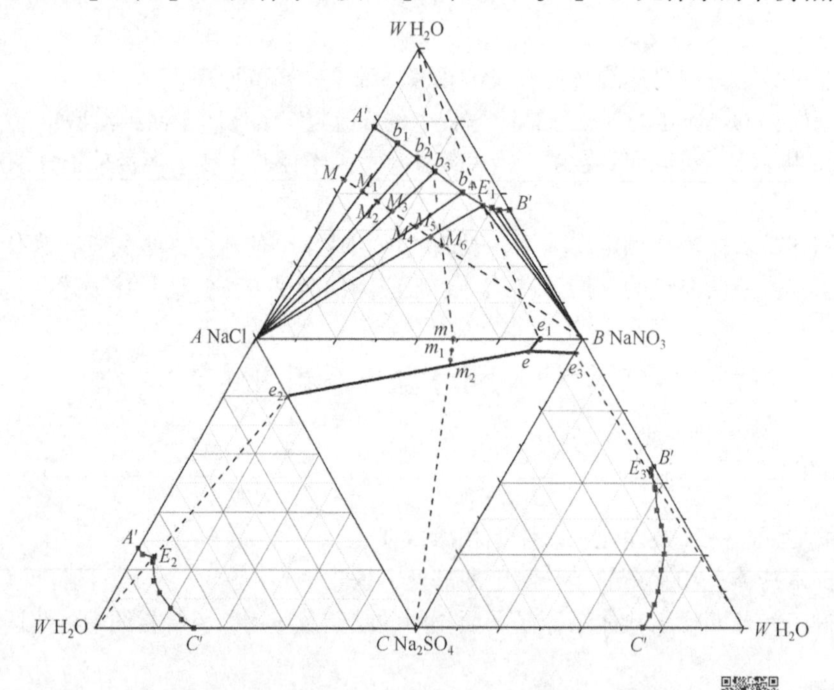

图3-8　NaCl-$NaNO_3$-Na_2SO_4-H_2O四元水盐体系相图

在三元体系溶解度数据的基础上，进行四元体系的测定，绘制该四元体系的干基相图，如图3-8中△ABC所示，干基图△ABC边上的e_1、e_2、e_3分别为三元体系的零变量点。针对NaCl-$NaNO_3$-H_2O三元体系，复体M_6的干基点为AB边上的m点，平衡液相点为e_1，固相为NaCl和$NaNO_3$。为了测定四元体系中NaCl和$NaNO_3$平衡的液相组成，可在复体M_6中加入第四个组分Na_2SO_4，得到复体m_1，然后通过实验确定复体m_1的液相及固相组成。如此继续对m_2等进行测定，得到一系列的液相点，直至液相组成不再改变，此液相点e即为四元体系的等温零变相点，相应的平衡固相为NaCl、$NaNO_3$和Na_2SO_4。根据所测液相点组成，绘制出四元体系中NaCl和$NaNO_3$共饱和线ee_1，采用同样方法可得到NaCl和Na_2SO_4的共饱和线ee_2、

$NaNO_3$ 和 Na_2SO_4 的共饱和线 ee_3。

应用水盐体系相图，通过单独或组合利用升温、蒸发、降温、冷冻等操作方式，可经济有效地实现化工产品的制备与分离。以煤化工高盐废水为例，其典型组成为 $NaNO_3$、NaCl 和 H_2O，基于 NaCl 和 $NaNO_3$ 溶解度随温度变化的规律，根据 313.15K 和 373.15K 下 NaCl-$NaNO_3$-H_2O 三元水盐体系相图(图 3-9)，设计 NaCl 蒸发结晶和 $NaNO_3$ 冷却结晶的操作流程(图 3-10)，实现 $NaNO_3$ 和 NaCl 两种无机盐的分质结晶。

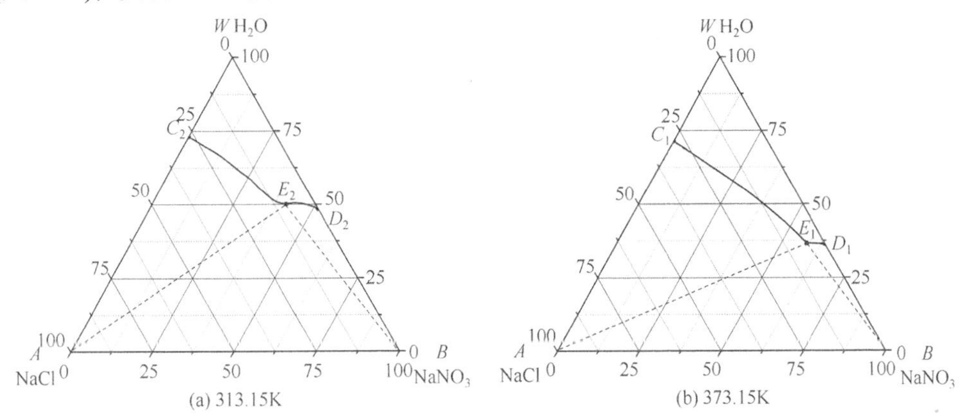

图 3-9　不同温度下 NaCl-$NaNO_3$-H_2O 三元水盐体系相图

现有煤化工高盐废水，其原料组成为 8.6% $NaNO_3$ 和 15.9% NaCl，原料组成点位于图 3-10 中 M 点，处于未饱和溶液区。NaCl 和 $NaNO_3$ 分质结晶工艺路线包括三个阶段：第一阶段为未饱和溶液蒸发浓缩，当溶液加热至 373.15K 时进行等温蒸发，溶液中水含量不断减少，系统点和液相点均由 M 点沿着蒸发射线 WM 向 M_1 点移动，该阶段中系统点均处于未饱和溶液区，没有固相析出；第二阶段为 NaCl 蒸发结晶，当系统点到达 M_1 点时，溶液中 NaCl 达到饱和，继续蒸发可结晶回收固相 NaCl，系统点由 M_1 点向 F_1 点移动，液相点由 M_1 点沿着 NaCl

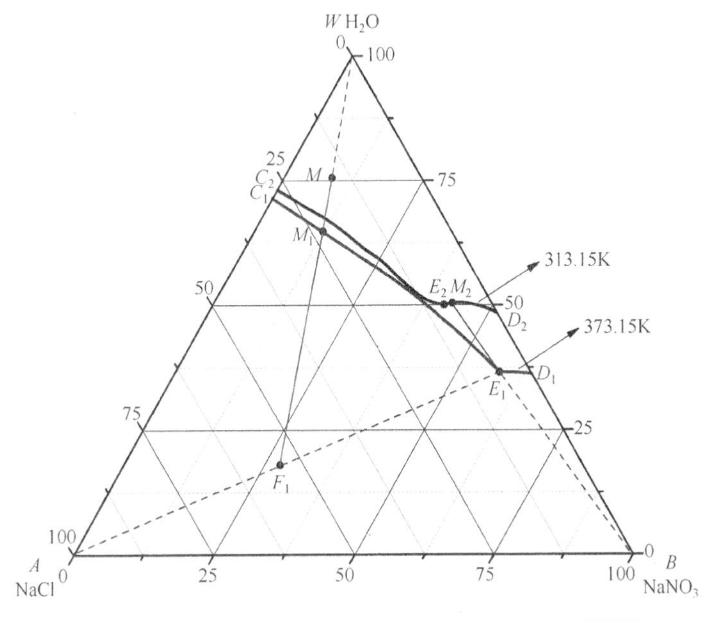

图 3-10　高盐废水分质结晶操作流程

溶解度曲线向共饱和 E_1 点移动，当系统点到达 F_1 点时进行液固分离，结晶得到的 NaCl 量达到最大值，蒸发结晶母液位于 E_1 点；第三阶段为 $NaNO_3$ 冷却结晶，蒸发母液点 E_1 处于 313.15K 下 $NaNO_3$ 结晶区，基于 NaCl 溶解度随温度变化小且 $NaNO_3$ 溶解度随温度降低而显著减小的特点，蒸发结晶母液冷却降温至 313.15K 时结晶析出固相 $NaNO_3$，系统点在 E_1 点保持不动，液相点由 E_1 点向 M_2 点移动。

以 100kg 高盐废水原料为计算基准，针对 NaCl 和 $NaNO_3$ 分质结晶路线中各个阶段进行物料衡算。首先，从高盐废水分质结晶工艺路线示意图中查出有关固液、液相的组成，分别为点 M 组成(8.6% $NaNO_3$、15.9% NaCl、75.5% H_2O)、点 M_1 组成(12.3% $NaNO_3$、22.9% NaCl、64.8% H_2O)、点 F_1 组成(27.8% $NaNO_3$、54.2% NaCl、18.0% H_2O)、点 E_1 组成(57.9% $NaNO_3$、5.6% NaCl、36.5% H_2O)和点 M_2 组成(42.5% $NaNO_3$、7.1% NaCl、50.4% H_2O)。其次，根据工艺流程和有关固相点、液相点组成，对每个阶段进行物料衡算。

第一阶段为未饱和溶液蒸发浓缩，设 100kg 原料蒸发至 NaCl 饱和时，溶液质量为 m_1，蒸发水量为 w_1，根据杠杆原理建立总物料平衡式和 $NaNO_3$ 组分平衡式，如式(3-18)和式(3-19)所示，计算得到 m_1 为 69.9kg，w_1 为 30.1kg。

$$100 = m_1 + w_1 \tag{3-18}$$

$$100 \times 8.6\% = m_1 \times 12.3\% \tag{3-19}$$

第二阶段为 NaCl 蒸发结晶，设 100kg 原料等温蒸发至 NaCl 和 $NaNO_3$ 共饱和时，蒸发水量为 w_2，生成蒸发结晶母液质量为 f_1，结晶析出 NaCl 质量为 a，根据杠杆原理建立总物料平衡式、NaCl 组分平衡式和 $NaNO_3$ 组分平衡式，如式(3-20)～式(3-22)所示，计算得到 f_1 为 14.8kg，a 为 15.2kg，w_2 为 39.9kg。

$$69.9 = f_1 + a + w_2 \tag{3-20}$$

$$69.9 \times 22.9\% = f_1 \times 5.6\% + a \tag{3-21}$$

$$69.9 \times 12.3\% = f_1 \times 57.9\% \tag{3-22}$$

第三阶段为 $NaNO_3$ 冷却结晶，设蒸发结晶母液由 373.15K 冷却至 313.15K 时，生成冷却结晶母液质量为 m_2，结晶析出 $NaNO_3$ 质量为 b，根据杠杆原理建立总物料平衡式和 $NaNO_3$ 组分平衡式，如式(3-23)和式(3-24)所示，计算得到 m_2 为 10.8kg，b 为 4.0kg。

$$14.8 = m_2 + b \tag{3-23}$$

$$14.8 \times 57.9\% = m_2 \times 42.5\% + b \tag{3-24}$$

三、实验仪器与试剂

(1) 仪器：电子天平、恒温水浴槽、平衡测试装置、搅拌器、移液管、容量瓶、烧杯、滴定管、锥形瓶、玻璃坩埚、恒温烘箱、离子色谱、X 射线衍射仪(XRD)。

(2) 试剂：氯化钠、硫酸钠、硝酸钠、硝酸银、铬酸钾指示剂、浓硝酸、氢氧化钠、酚酞指示剂、乙醇、浓盐酸、氯化钡、甲基红指示剂。

四、实验内容与步骤

1. 二元体系溶解度测定

(1) 针对 NaCl-H_2O、$NaNO_3$-H_2O 及 Na_2SO_4-H_2O 每个二元体系，称取一定质量的 NaCl($NaNO_3$

或 Na_2SO_4)和去离子水，按照一定比例间隔配制不同组成的初始溶液，直至配制出饱和 NaCl($NaNO_3$ 或 Na_2SO_4)水溶液。配制结束后静置 10min 至溶液澄清，用移液管移取一定体积的上层清液，称量并转移至容量瓶中酸化定容，分析液相中各组分的含量。

(2) 将配制好的初始溶液加入平衡测试装置，置于 313.15K 下精密控温(±0.05K)的恒温水浴槽中，用搅拌器搅动。为使搅动充分，搅拌速率设为 $300r \cdot min^{-1}$。

(3) 搅拌过程中每隔 30min 取一次样，当间隔两次样品的平衡液相中各组分含量相差小于 0.5%时，可认为体系基本达到平衡。每次取样时，搅拌结束后静置 10min 至溶液澄清，用移液管移取一定体积的上层清液，称量并转移至容量瓶中酸化定容，分析确定平衡液相中各组分的含量。

(4) 按照滴定法(GB/T 15453—2018)测定 NaCl-H_2O 二元体系初始液相和平衡液相中 Cl^- 浓度，转化得到 NaCl 组分的质量分数；按照质量法(GB/T 13025.8—2012)测定 Na_2SO_4-H_2O 二元体系初始液相和平衡液相中 SO_4^{2-} 浓度，转化得到 Na_2SO_4 组分的质量分数；采用离子色谱法测定 $NaNO_3$-H_2O 二元体系初始液相和平衡液相中 NO_3^- 浓度，转化得到 $NaNO_3$ 组分的质量分数。

(5) 将饱和溶液进行过滤，固液分离后将固相置于 343.15K 恒温烘箱中，干燥 12h 后取出，采用 XRD 分析鉴定平衡固相的组成。

2. 三元体系相图测定及绘制

针对 NaCl-$NaNO_3$-H_2O、NaCl-Na_2SO_4-H_2O 及 Na_2SO_4-$NaNO_3$-H_2O 每个三元体系，从二元复体出发，按照一定比例加入第三种组分，得到新的复体，待平衡后测定其平衡液相组成，并鉴定其平衡固相，由此依次得到不同的复体，可测得一系列平衡液相点，直至复体的平衡液相组成不变，此液相点即为该三元体系的共饱和点，可通过鉴定平衡固相加以验证。其中，三元体系中初始液相、平衡液相及平衡固相的测定方法与二元体系测定方法相同。根据三元体系中单盐饱和及两盐共饱和数据，绘制三元体系正三角形等温相图。

3. 四元体系相图测定及绘制

在三元体系相图测定的基础上，按照一定比例间隔配制不同组成的饱和溶液，测定 NaCl-$NaNO_3$-Na_2SO_4-H_2O 四元体系的两盐共饱和及三盐共饱和数据。其中四元体系中平衡液相及平衡固相的测定方法与二元体系测定方法相同，通过分析测定各组分的湿基浓度及总干盐的质量分数，转化得到各组分的干基浓度[$g \cdot (100g$ 干盐$)^{-1}$]。根据三元体系的两盐共饱和数据和四元体系两盐共饱和及三盐共饱和数据，绘制四元体系的等温干基图和等温水图。

五、实验数据记录与处理

记录实验数据并将计算结果填入下列表格，绘制相应的三元、四元水盐体系平衡相图。

1. 二元体系溶解度测定

针对 NaCl-H_2O、$NaNO_3$-H_2O 及 Na_2SO_4-H_2O 二元体系，按照一定比例间隔配制不同组成的初始溶液，直至配制出饱和 NaCl($NaNO_3$ 或 Na_2SO_4)水溶液。待二元体系平衡后，测定平衡液相组成，确定是否析出固相，同时鉴定平衡固相组成，如表 3-10～表 3-12 所示。

表 3-10　NaCl-H_2O 二元体系在 313.15K 的相平衡数据

初始液相组成 *w*/%		平衡液相组成 *w*/%		是否析出固相	平衡固相组成
NaCl	H_2O	NaCl	H_2O		
5.0	95.0				
10.0	90.0				
15.0	85.0				
20.0	80.0				
25.0	75.0				
30.0	70.0				
35.0	65.0				

表 3-11　$NaNO_3$-H_2O 二元体系在 313.15K 的相平衡数据

初始液相组成 *w*/%		平衡液相组成 *w*/%		是否析出固相	平衡固相组成
$NaNO_3$	H_2O	$NaNO_3$	H_2O		
10.0	90.0				
20.0	80.0				
30.0	70.0				
40.0	60.0				
50.0	50.0				
60.0	40.0				
70.0	30.0				

表 3-12　Na_2SO_4-H_2O 二元体系在 313.15K 的相平衡数据

初始液相组成 *w*/%		平衡液相组成 *w*/%		是否析出固相	平衡固相组成
Na_2SO_4	H_2O	Na_2SO_4	H_2O		
5.0	95.0				
10.0	90.0				
15.0	85.0				
20.0	80.0				
25.0	75.0				
30.0	70.0				
35.0	65.0				

2. 三元体系相图测定及绘制

313.15K 下，以 NaCl-$NaNO_3$-H_2O 三元体系为例，从二元复体(NaCl-H_2O)出发，按照一定比例加入第三种组分 $NaNO_3$，得到新的复体，待体系平衡后测定其平衡液相组成，并鉴定平衡固相，由此依次得到不同的复体，可测得一系列平衡液相点与平衡固相点，直至得到三元体系的共饱和点。同理，从另一个二元复体($NaNO_3$-H_2O)出发，按照一定比例加入第三种组分

NaCl，也可测得一系列平衡液相点与平衡固相点，直至得到三元体系的共饱和点。由此测得三元体系在 313.15K 下的相平衡数据，如表 3-13 所示。

表 3-13　NaCl-$NaNO_3$-H_2O 三元体系在 313.15K 的相平衡数据

初始液相组成 w/%			平衡液相组成 w/%			平衡固相
NaCl	$NaNO_3$	H_2O	NaCl	$NaNO_3$	H_2O	
35.0	0.0	65.0				NaCl
35.0	10.0	55.0				NaCl
35.0	20.0	45.0				NaCl
…	…	…				NaCl
…	…	…				NaCl + $NaNO_3$
…	…	…				$NaNO_3$
4.0	60.0	36.0				$NaNO_3$
2.0	60.0	38.0				$NaNO_3$
0.0	60.0	40.0				$NaNO_3$

根据 NaCl-$NaNO_3$-H_2O、NaCl-Na_2SO_4-H_2O 及 Na_2SO_4-$NaNO_3$-H_2O 三元体系在 313.15K 的相平衡数据，完成图 3-11 所示的正三角形等温相图绘制。

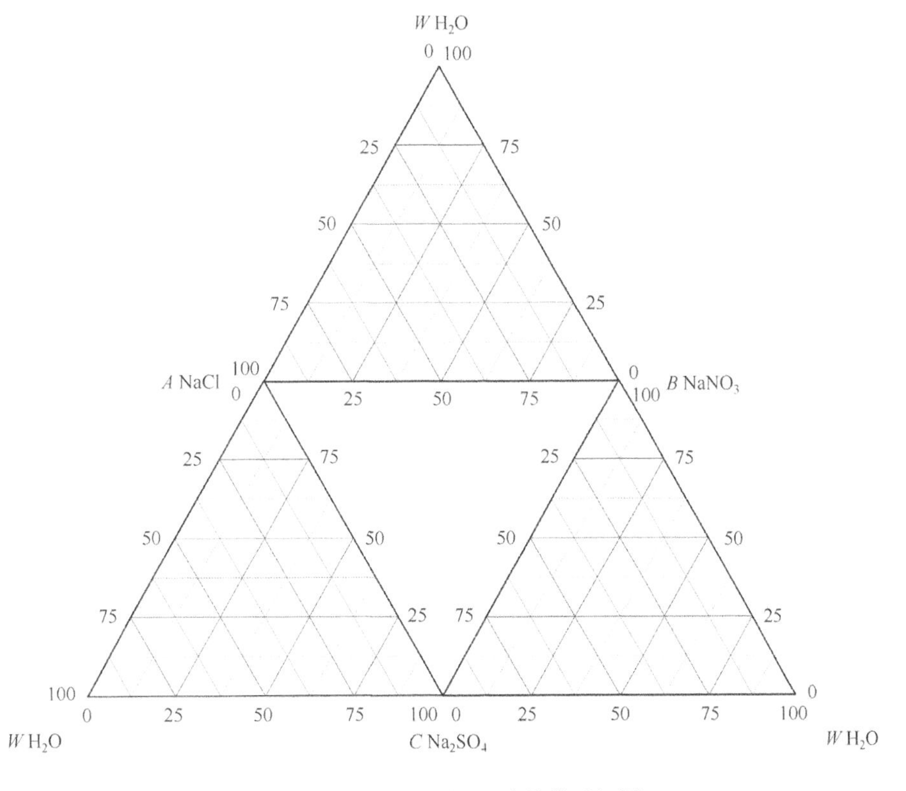

图 3-11　313.15K 下三元水盐体系相图

3. 四元体系相图测定及绘制

313.15K 下，针对 NaCl-$NaNO_3$-Na_2SO_4-H_2O 四元体系，按照一定比例间隔配制不同组成

的饱和溶液，待体系平衡后，测定各平衡湿基浓度，转化得到平衡干基浓度，同时鉴定对应的平衡固相，测得四元体系的两盐共饱和及三盐共饱和数据，如表 3-14 所示。

表 3-14　$NaCl$-$NaNO_3$-Na_2SO_4-H_2O 四元体系在 313.15K 的相平衡数据

平衡湿基浓度/%					平衡干基浓度/[g · (100g 干盐)$^{-1}$]				平衡固相
$NaCl$	Na_2SO_4	$NaNO_3$	H_2O	总干盐	$NaCl$	Na_2SO_4	$NaNO_3$	H_2O	
		0.0					0.0		$NaCl$+Na_2SO_4
									$NaCl$+Na_2SO_4
									$NaCl$+$NaNO_3$+Na_2SO_4
0.0					0.0				Na_2SO_4+$NaNO_3$
									Na_2SO_4+$NaNO_3$
									$NaCl$+$NaNO_3$
	0.0					0.0			$NaCl$+$NaNO_3$

基于 313.15K 下，$NaCl$-$NaNO_3$-H_2O、$NaCl$-Na_2SO_4-H_2O、Na_2SO_4-$NaNO_3$-H_2O 三元体系的相平衡数据，以及 $NaCl$-$NaNO_3$-Na_2SO_4-H_2O 四元体系的相平衡数据，完成图 3-12 所示的四元体系的等温干基图和等温水图绘制。

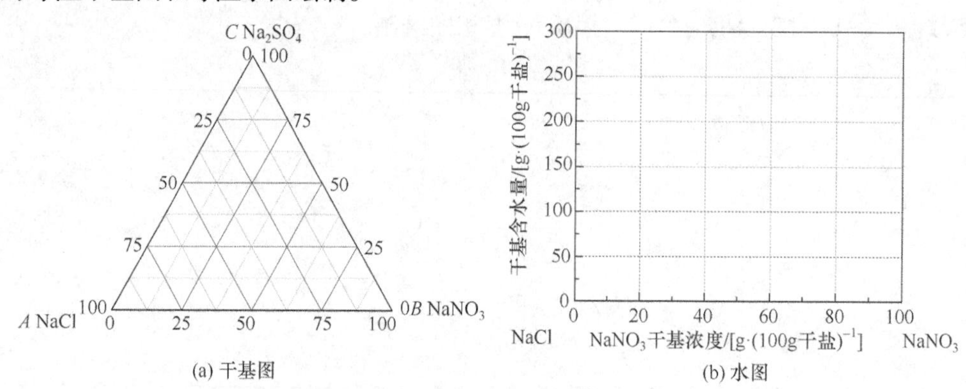

图 3-12　313.15K 下 $NaCl$-$NaNO_3$-Na_2SO_4-H_2O 四元水盐体系等温相图

六、实验注意事项

(1) 实验过程中需注意平衡装置上部液封的冷却水流量，保证冷却效果。

(2) 取液管尽可能预热至待测溶液温度以上，取样时间尽量短，防止取样过程中液相冷却析出固相。

(3) 实验过程所用恒温水浴槽的温度控制精度应达到 0.05K。

七、思考题

(1) 系统总结水盐体系相图的实验研究方法。

(2) 简述水盐体系相图的热力学预测和可视化研究方法进展。

(3) 四元水盐体系中干基浓度和湿基浓度的定义分别是什么？如何绘制四元体系的等温干基图和等温水图？

(4) 基于 $NaCl$、$NaNO_3$ 和 Na_2SO_4 溶解度随温度变化的规律，根据不同温度下 $NaCl$-$NaNO_3$-Na_2SO_4-H_2O 四元水盐体系相图，设计 $NaCl$、$NaNO_3$ 及 Na_2SO_4 的分质结晶工艺路线。

实验 4　多组分气体竞争吸附平衡参数测定

一、实验目的

(1) 掌握气体吸附分离过程的基本原理。

(2) 掌握吸附床穿透曲线测定的实验组织方法。

(3) 掌握穿透曲线确定多组分竞争吸附容量的测定方法。

二、实验原理

吸附平衡是指在一定的空间内，吸附质分子与吸附剂充分接触后，吸附质分子在气相主体和吸附相中的含量不再变化的状态。在达到吸附平衡时，单位质量吸附剂所吸附的气体分子的量称为平衡吸附量。吸附平衡是理解掌握吸附分离过程的一个重要概念，它表述吸附剂对吸附质分子的最大吸附量以及平衡选择性。作为吸附分离过程研究的重要基础数据，吸附平衡数据的测定尤为重要，包括吸附等温线、吸附等压线和吸附等量线。

多组分气体吸附等温线的测量是一个烦琐耗时的过程，一般利用单组分气体的吸附等温线及混合气体吸附理论模型预测给定操作温度和总压范围内的混合气中每一组分的平衡吸附量。为了验证混合气体吸附理论模型适用性，需要测量部分条件下的混合气体多组分竞争吸附平衡数据，而多组分竞争吸附平衡数据又可通过多组分穿透曲线确定。

穿透曲线是出口流体中被吸附物质的摩尔流率(或浓度)随时间的变化曲线。典型的双组分竞争吸附穿透曲线如图 3-13 所示，由图可见吸附质的出口浓度变化呈 S 形曲线，每一组分的竞争平衡吸附量可由穿透曲线计算得到。多组分竞争吸附中普遍存在“翻转”现象，如图中 S_2 区域所示，此区域对应的被吸附物质 A 的摩尔流率超过进料条件，这是由弱吸附组分 A 被强吸附组分 B 的竞争置换引起的。依据图 3-13 的实验数据可以计算竞争平衡吸附量，假定 $F_{0,A}$ 和 $F_{0,B}$ 分别为进料混合物中组分 A 和组分 B 的摩尔流率，当竞争吸附达到平衡时，组分 A 保留在吸附柱内的物质的量为 S_1 和 S_2 的面积之差，组分 B 保留在吸附柱内的物质的量为 S_1 和 S_3 的面积之和，最终减去吸附柱空隙中残留的各个组分的物质的量，即可得到每一组分的竞争平衡吸附量。

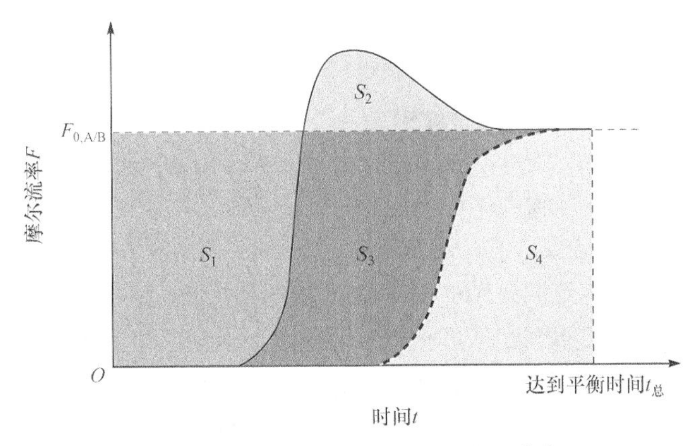

图 3-13　典型双组分竞争吸附穿透曲线

—— A; ------ B

采用穿透曲线法测量平衡吸附量时，各组分气体的平衡吸附量通过物料衡算进行计算，公式如下：

$$mq_i = \int_0^t \frac{F_{i,\text{in}}}{V_0}\text{d}t - \int_0^t \frac{F_{\text{out}} y_{i,\text{out}}}{V_0}\text{d}t - \frac{\varepsilon A_0 L p}{RT} y_{i,\text{in}} \tag{3-25}$$

式中，右边第一项为组分 i 流入吸附柱的总物质的量($S_1+S_3+S_4$)，第二项为组分 i 流出吸附柱的总物质的量(组分 A 为 $S_2+S_3+S_4$，组分 B 为 S_4)，第三项为组分 i 在床层空隙中的残留量；q_i 为组分 i 的平衡吸附量；m 为吸附剂填充质量；V_0 为标准气体摩尔体积；$F_{i,\text{in}}$ 为组分 i 流入吸附柱的体积流量；F_{out} 为出口气体总体积流量；$y_{i,\text{in}}$ 和 $y_{i,\text{out}}$ 分别为进口和出口气体中组分 i 的含量；ε 为床层空隙率；A_0 和 L 分别为吸附柱内管横截面积和吸附剂填充长度；R 为摩尔气体常量；T 和 p 分别为实验温度和总压力。

三、实验仪器与试剂

实验装置主要由配气系统、固定床吸附系统、压力调节系统、气体组成分析系统和数据采集系统五部分组成，如图 3-14 所示。

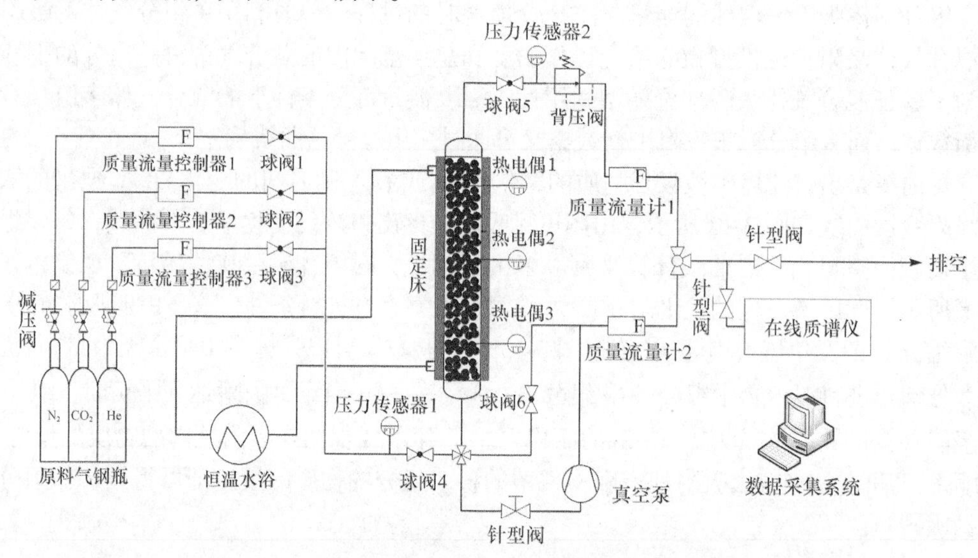

图 3-14　固定床竞争吸附穿透曲线实验装置示意图

(1) 配气系统：该系统主要包括气体钢瓶和质量流量控制器。气体钢瓶装有 N_2、CO_2 和 He，纯度分别为 CO_2>99.998%、N_2>99.995%和 He>99.999%。气体质量流量控制器用以控制气体的流量及进料气的浓度，为固定床吸附系统提供所需的原料气体。

(2) 固定床吸附系统：固定床是实验装置的核心部分。实验所用的固定床由两个同心的不锈钢管组成，内部的不锈钢管用于填充吸附剂颗粒，外部钢管与内部钢管间的环形空间作为水浴夹套，通过恒温水浴控制固定床的温度。在固定床上中下三个位置放置三个热电偶，实时监测实验过程中床层轴向位置吸附剂颗粒表面的温度变化。

(3) 压力调节系统：实验装置配气系统的压力由钢瓶减压阀调节，固定床吸附系统的压力通过背压阀进行控制，系统真空度由真空泵控制调节。另外，在固定床进料管路、塔顶出口及塔底出口分别装有压力传感器用于监测吸附系统的压力变化情况。

(4) 气体组成分析系统：实验过程中固定床出口的气体摩尔分数由在线质谱仪进行分析。固定床出口的混合气体质量流量由质量流量计进行测量，从而根据混合物的总流量和各个组分的浓度计算得到每个组分的流率。

(5) 数据采集系统：实验装置中质量流量控制器的控制及各个变量(温度、压力、出口气体浓度等)的数据采集通过计算机软件完成。

四、实验内容与步骤

以 CO_2/N_2 混合气体为实验对象，实验温度为 303K，CO_2/N_2 混合气压力为 50～150kPa，以 He 作为载气，He 与 CO_2/N_2 混合气的比例为 1∶1，实验系统总压力为 100～300kPa。CO_2/N_2 混合气的组成通过改变 CO_2 和 N_2 的流量配比进行调节，实验所选组成为 CO_2/N_2=20/80。

(1) 在实验开始前需对吸附剂进行预处理，脱除吸附剂中的杂质气体(主要为水分)。活性炭预处理在温度 423K 下进行，同时抽真空 24h 以保证床层再生干净，实验过程中的吸附剂再生只在相应测试温度下抽真空进行，不再高温加热。

(2) 检查吸附装置与计算机控制系统之间连接是否到位，数据采集软件及在线质谱仪是否工作正常。

(3) 打开钢瓶减压阀，并调节出口压力在 0.5MPa 左右。

(4) 实验进行时首先用 He 充压，通过调节背压阀使系统压力达到设定值。

(5) 调节 CO_2、N_2 和 He 的流量至设定值，通入三种气体至固定床开始吸附，同时记录出口气体流量，通过在线质谱仪检测出口气体各组分的浓度，待 CO_2 和 N_2 吸附曲线完全穿透后结束实验(此时出口气体组成与进口气体组成相同，且床层温度恢复至初始温度)。

(6) 抽真空再生吸附剂床层，调节背压阀改变系统压力，重复(4)、(5)操作步骤，进行下一轮压力对竞争吸附量影响的实验。

五、实验数据记录与处理

1. 实验数据记录

记录不同吸附系统总压条件下 N_2 和 CO_2 出口流率随时间变化的数据于表 3-15。

表 3-15　出口流率实验记录

吸附温度=__________K，总压=__________kPa，气体总流率=__________mmol · s^{-1}

序号	吸附时间/s	出口流率/(mmol · s^{-1})	
		N_2	CO_2
1			
2			
…			

2. 数据处理

根据表 3-15，分别绘制不同操作条件下的竞争吸附穿透曲线并计算每个组分的竞争平衡吸附量，记录数据于表 3-16。

表 3-16　竞争平衡吸附量实验记录

总压/kPa	流入量/mmol		流出量/mmol		保留量/mmol		吸附量/(mmol · g^{-1})	
	$S_1+S_3+S_4$	$S_1+S_3+S_4$	$S_2+S_3+S_4$	S_4	S_1-S_2	S_1+S_3		
	N_2	CO_2	N_2	CO_2	N_2	CO_2	N_2	CO_2
1								
2								
…								

六、实验注意事项

(1) 如果实验原料达不到高纯标准，实验系统需增设脱水装置。

(2) 掌握并严格按照压缩气体钢瓶使用规范进行操作。

(3) 实验完成后，将吸附柱进行真空再生，并使用氦气充压至常压。

(4) 实验结果误差与质谱分析精度直接相关，质谱的操作与标定必须规范。

七、思考题

(1) 多组分竞争吸附穿透曲线受哪些因素影响?

(2) 竞争吸附穿透曲线中 S_2 区域面积对吸附分离效果有什么影响？为什么?

(3) 吸附过程为放热过程，在本实验过程中为什么不考虑热效应?

(4) 除了确定竞争吸附量外，穿透曲线还能得到吸附分离过程中哪些重要信息?

(5) 比较质量法与穿透曲线法测量竞争吸附量的优缺点。

实验 5　偏光显微镜下矿物观测

一、实验目的

(1) 掌握偏光显微镜的基本构造及其与普通光学显微镜的区别，熟悉偏光显微镜各部分的性能和用途。

(2) 掌握利用单偏光镜和正交偏光镜观察矿物物理性质和光学性质的条件与方法，加深对矿物形貌、解理、颜色、多色性、边缘、贝克线、双晶性质的理解。

二、实验原理

本实验在偏光显微镜下分别采用单偏光和正交偏光观测矿物切片。观测内容包括矿物的形貌、解理、颜色、多色性、边缘、贝克线、双晶性质等，具体实验原理见 2.4 节。

三、实验仪器与试剂

(1) 仪器：偏光显微镜。

(2) 材料：矿物薄片、擦镜纸、石英楔、石膏试板(光程差约 550nm)、云母试板(光程差约 147nm)。

四、实验内容与步骤

1. 偏光显微镜的调节与中心校正

1) 准焦

将矿物薄片有盖玻片的一面向上，用弹簧夹固定在载物台上。从侧面观察镜头，转动粗调螺丝，使镜筒下降至最低位置(几乎和薄片贴近)。从目镜中观察，调整粗调螺丝，至视域中出现图像，并尽可能将图像调整清楚。换用微调螺丝将图像调清。

2) 中心校正

偏光显微镜在工作时，物镜中轴、载物台旋转轴必须在一条直线上。每次装卸镜头及移动显微镜，会使中轴和旋转轴不在一条直线上，需要对中心进行校正。

(1) 检查物镜是否装在正确位置上，若位置安装不对，则无法校正中心。

(2) 在视域中任选一点，移动薄片，使该点位于十字丝中心。

(3) 将载物台转动 180°，该点在视域内做圆周运动，用调节螺丝将该点向视域中心调节。调节的长度等于视域中心至转 180°后该点连线的一半。

(4) 移动薄片，使该点位于十字丝中心，转动载物台，观察该点的移动情况。若该点在十字丝中心做旋转运动，则校正完毕。若该点仍围着十字丝中心做圆周运动，则重复步骤(3)，见图 3-15。

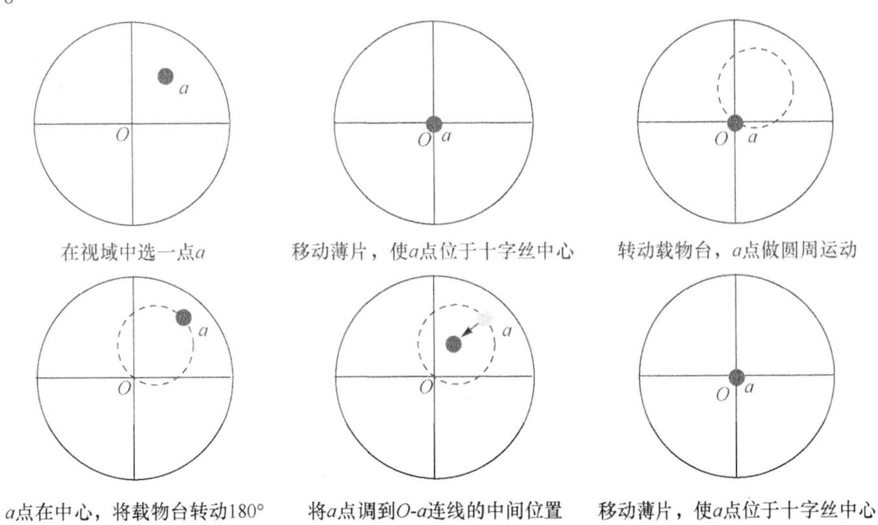

图 3-15　偏光显微镜中心校正示意图

3) 调节正交偏光镜

(1) 移去载物台上的矿物薄片。

(2) 固定下偏光镜，推入上偏光镜。

(3) 转动上偏光镜，直至视域最暗。此时上下偏光镜振动方向正交，固定上偏光镜。

2. 单偏光镜下的矿物观测

(1) 观察三种以上矿物的形态，包括单体形态和聚合体形态。

(2) 观察矿物的解理及其夹角，分别指出极完全解理、完全解理和不完全解理矿物。选择垂直于两组解理面的切角；转动载物台，使一组解理缝平行于十字丝竖丝，记录载物台读数；旋转载物台，使另一组解理缝平行于目镜竖丝，记录载物台读数，两次读数之差即为解理夹角。

(3) 观察三种以上矿物的颜色、光泽和透明度。

(4) 观察矿物多色性，转动载物台，分别观察角闪石、黑云母具有一组解理纹切面上的多色性，注意切面上颜色的变化。角闪石多色性：深绿—绿—浅黄或暗褐—褐—淡黄。黑云母多色性：黑褐—褐—淡黄。

(5) 观察贝克线。升高镜筒时，贝克线向高折射率方向移动；下降镜筒时，贝克线向低折射率方向移动。采用中倍(10×)物镜，用粗调螺丝升降镜筒。在矿物与树胶或矿物与矿物的交界处，选择较为洁净、边缘较清晰的区域观察。为使贝克线清晰可见，观察时一般缩小光圈，使视域灰暗些。无色透明矿物边缘的贝克线通常比有色矿物清晰，初学者应先观察无色透明矿物，再观察其他透明度低或不透明矿物。来回旋转(粗调或微调)螺丝，在转动中注意观察两介质边缘。贝克线的移动方向一般用“向矿物”或“向树胶”等描述，相对折射率用“$N_{矿} > N_{胶}$”或“$N_{矿} < N_{胶}$”等描述。

3. 正交偏光镜下晶体的光学性质观察

(1) 放置矿片，分别推出和推入上偏光镜，在单偏光镜下和正交偏光镜下观察矿物。旋转载物台，观察均质体和非均质体的消光现象。

(2) 分别插入石膏试板、云母试板和石英楔，观察矿物在正交偏光镜下干涉色变化，确定矿物切片干涉级序。

五、实验结果描述

根据观测图片描述所观测矿物的形貌、解理、颜色、多色性、边缘、贝克线、双晶性质等。

六、实验注意事项

(1) 持镜时不可单手提取，以免零件脱落或碰撞到其他地方；轻拿轻放，不可把显微镜放置在实验台的边缘，以免碰翻落地。

(2) 保持显微镜的清洁，光学和照明部分只能用擦镜纸擦拭，切忌口吹、手抹或用布擦；切勿使水滴、乙醇或其他药品接触镜头和镜台，如果沾污应立即擦净。

(3) 放置玻片标本时要对准通光孔，且不能反放玻片，防止压坏玻片或碰坏物镜。

(4) 要养成两眼同时睁开的习惯，左眼观察视野，右眼用以绘图。

(5) 不要随意取下目镜，以防止尘土落入物镜。

七、思考题

(1) 如何确定矿物切片的厚度？

(2) 为什么有些矿物在单偏光镜和正交偏光镜下观测的颜色不同？

(3) 角闪石具有两组解理，为什么在显微镜下可见一组、两组或无解理三种切面？

(4) 如何区分矿物的边缘和贝克线？

(5) 聚片双晶纹是不是解理？为什么？

实验 6　圆柱绕流尾涡流场的 PIV 可视化测量

一、实验目的

(1) 了解粒子图像测速(PIV)装置在复杂流场的可视化测试中的应用及其优点。

(2) 理解 PIV 的工作原理，掌握 PIV 的测量方法及图像处理方法。

(3) 测定圆柱绕流流场的分布情况，掌握圆柱绕流卡门涡街产生原理及各参数的影响。

二、实验原理

在均匀的来流流场中设置一圆柱体，圆柱体的存在改变了其附近流体流动速度的大小和方向。由于流体具有黏性，存在黏性切应力，流场在圆柱体前后分布出现不对称性。特别是当流动达到某一雷诺数后，由于边界层在压力升高区内发生分离，在尾流中会形成强烈的非定常旋涡。圆柱体前后的边界层分离大大破坏了前后压力分布的对称性，形成阻力。

影响圆柱绕流流场变化的主要因素包括流体的物性、流场的几何条件和流速等，这些因素综合成一个无量纲数——雷诺数(Re)。本实验在不同雷诺数的条件下，通过可视化流场测量技术，获得圆柱绕流流场的可视化结果。通过不同雷诺数下的尾涡结构和脱落频率，分析绕流尾涡对流动阻力的影响。测量流场中流速的原理和常用仪器见 2.5.1 节。

本实验采用二维粒子图像流场测速装置对圆柱绕流的尾涡流场进行可视化测量，可在同一时刻记录整个测量区域的相关信息，从而获得流动的瞬时平面速度场、涡量场等。实验中，通过一段时间内连续拍摄尾涡的流场图像，获得圆柱尾涡运动和脱落过程的动态变化规律，计算得到尾涡的脱落频率。

三、实验仪器与试剂

1. PIV 流场可视化测量系统

图 3-16 为 PIV 系统组成示意图，它主要由激光发射系统、图像记录系统和数据处理系统组成。激光发射系统包括大功率激光器、控制器、激光器冷却系统、透镜组和光路等；图像记录系统包括 CCD 相机和存储器；数据处理系统一般包括高速计算机、数据采集处理模块和相应数据处理软件。

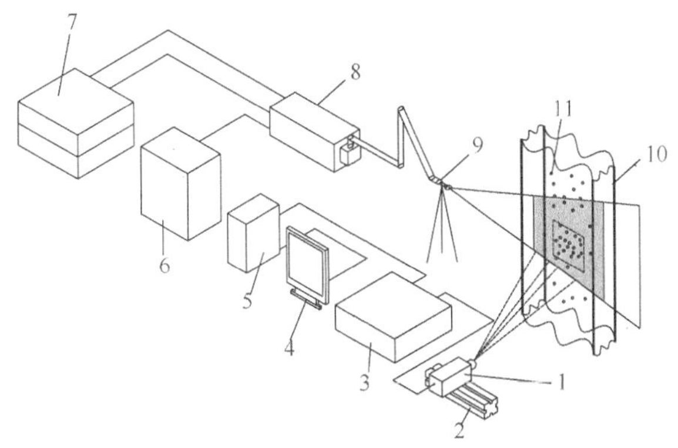

图 3-16　PIV 系统组成示意图

1. CCD 相机；2. 导轨；3. 存储器；4. 计算机显示器；5. 计算机主机；6. 激光器冷却系统；7. 激光器电源；8. 激光器及透镜组；9. 片光源；10. 水槽；11. 示踪粒子

在流场中散播示踪粒子，用脉冲激光片光源照射所要测量的流场区域。通过连续两次或多次曝光得到 PIV 图像，然后用互相关算法逐点处理图像，从而得到全流场的速度分布。PIV 技术就是通过测量示踪粒子的瞬时速度实现对二维流场的测量。

采用 CCD 相机将多次曝光的粒子位移场的瞬时信息记录下来，直接由 CCD 光电转换成数字信息输入计算机。图像处理系统用于完成从两次曝光的粒子图像中提取速度场。利用互相关算法逐个处理两幅图像，得到粒子的移动速度，进而得到速度场分布。

2. 实验装置

实验装置如图 3-17 所示。主要由循环水槽、高位水槽、循环水泵、涡轮流量计和实验测试段等部分组成，实验测试段可以根据具体测量的内容更换其内部构件。

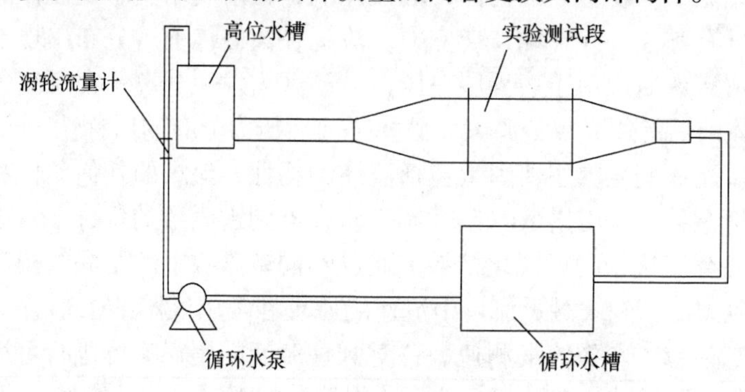

图 3-17　实验装置示意图

3. 实验物系

实验介质采用水，示踪粒子采用粒径为 10～50μm 的聚氨酯小球。

四、实验内容与步骤

1. 实验准备

(1) 检查供电是否正常(220V，15A)，检查接地是否正常。
(2) 确保工作环境达到标准实验室卫生及温度、湿度要求。
(3) 循环水槽中加满水，并加入适量示踪粒子。

2. 操作步骤

(1) 调整激光器、CCD 相机位置，做好各项准备工作。
(2) 开启激光器电源及其触发器电源。
(3) 开启 CCD 相机的控制电源。
(4) 开启 PIV 控制器。
(5) 启动计算机，进入图像采集软件，并与 PIV 控制器连接。
(6) 安装好圆柱绕流实验模块，检查循环水槽中的水位，并在循环水槽中加入示踪粒子，开启离心泵，调节流体流量到需要的大小。
(7) 在数据采集窗口设置相关参数，进行数据采集。
(8) 数据采集完成后，关闭激光器，停止循环水泵运转，整理仪器设备。

(9) 处理流动图像，获得所测流场瞬时的可视化流场分布，计算速度分布、平均速度、涡量等各项参数。

(10) 编写实验报告。

五、实验数据记录与处理

1. 数据记录

实验中应记录的数据见表 3-17。

表 3-17　数据记录

编号	圆柱直径/mm	水流量/($m^3 \cdot h^{-1}$)	水流速/($m \cdot s^{-1}$)
1			
2			
3			

2. 卡门涡街脱落频率的计算

当雷诺数 Re>40 时，圆柱绕流尾涡会从圆柱体两侧不断地交替发射旋涡，称为卡门涡街。对于圆柱体后的卡门涡街，旋涡的脱离频率 f 与来流速度 U 和圆柱直径 d 满足下列关系

$$f = St\frac{U}{d} \tag{3-26}$$

式中，St 称为施特鲁哈尔(Strouhal)数，与 Re 有关。在 $Re=1.0\times10^3 \sim 1.5\times10^5$ 范围内，St 为常数(≈ 0.21)，如果测出 f，就可以求得 U，从而可得流量 Q。将实验测定的旋涡的脱离频率 f 与计算值比较。

3. 流场测试图像的记录

在实验中，记录每组操作数据，将 PIV 测量的流场图像(包括速度矢量分布图、流线分布图和涡量图)与实验操作条件一一对应，在实验报告中提交。

六、实验注意事项

(1) PIV 装置在实验中会产生激光束，实验中应避免处于激光直射区域。

(2) 绝对避免将眼睛或皮肤直接暴露在激光或其反射光的照射下。

七、思考题

(1) PIV 的测量原理是什么?

(2) PIV 流场可视化测量技术与其他流场显示测量方法相比有什么优点?

(3) 通过圆柱绕流尾涡的流场测量，说明控制圆柱尾流中流动结构的工程应用实例。

第4章

传递与分离过程实验

能量传递、质量传递、动量传递与化学反应(三传一反)是化学工程的学科基础，是解决复杂体系物质转化与分离的工程科学。在资源加工与循环利用过程中，传递与分离技术具有特别重要的作用。从原料到反应产物，每个单元和流程都伴随着传递与分离过程。因此，本章通过开展传热系数、传质系数、返混情况等传递过程参数测定，以及固液旋流和浮选等先进分离技术实验，使学生熟练掌握资源循环利用过程中涉及的传递与分离基本理论、数学模型和应用方法，提高独立分析、解决分离过程工程问题的创新能力。

实验7　多态气固相流传热系数测定

一、实验目的

(1) 熟悉实验装置及流化床和固定床的操作特点。

(2) 掌握不同条件下气体与固体之间对流传热系数的测定方法。

(3) 认识非定态导热的特点以及毕渥数的物理意义。

二、实验原理

热量传递有传导、对流和辐射三种形式，当区域内存在温差时，热量将由高温处向低温处传递，传热过程可能以一种或多种形式进行。其中，热传导是分子传递现象的表现，导热通量与温度梯度的关系可通过傅里叶(Fourier)导热定律描述：

$$q_y = \frac{Q_y}{A} = -\lambda \frac{\mathrm{d}T}{\mathrm{d}y} \tag{4-1}$$

式中，q_y为y方向上的热流密度($\mathrm{W \cdot m^{-2}}$)；Q_y为y方向上的热流量(W)；$\frac{\mathrm{d}T}{\mathrm{d}y}$为$y$方向上的温度梯度($\mathrm{K \cdot m^{-1}}$)；$\lambda$为物体内部的导热系数($\mathrm{W \cdot m^{-1} \cdot K^{-1}}$)；$A$为传热面积($\mathrm{m^2}$)；负号表示热传导方向与温度梯度方向相反。

热对流是流体相对于固体表面做宏观运动时引起微团尺度上的热量传递过程。由于它包含流体微团间以及与固体壁面间的接触导热，因而是微观分子热传导和宏观微团热对流两者的综合过程。具有宏观尺度上的运动是热对流的实质，流动状态(层流和湍流)不同，传热的机理也就不同，强制对流比自然对流的对流传热效果好，湍流比层流的对流传热系数大。通常认为对流传热过程可以用牛顿冷却定律描述：

$$Q = qA = \alpha A\left(T_{\mathrm{w}} - T_{\mathrm{f}}\right) \tag{4-2}$$

式中，传热系数 α 是与系统物性、几何因素以及流动因素有关的参数，通常通过实验测定；T_{w}、T_{f} 分别是固体壁面与流体的温度(K)。

热辐射是指任何具有温度的物体都会以电磁波的形式向外辐射能量或吸收外界的辐射能，当物体向外界辐射的能量与其从外界吸收的辐射能不相等时，该物体与外界便产生热量传递。热辐射可以在真空中传播，无需任何介质，但与温差及两物体的绝对温度有关，因此与热传导和热对流有不同的传热规律。本实验主要测定气体与固体小球在不同环境和流动状态下的对流传热系数，应尽量避免辐射传热带来的误差。

对流传热过程可分为定态和非定态两种过程，物体的突然加热和冷却过程属于非定态导热过程，物体内的温度是空间位置和时间的函数，$T = f(x,y,z,t)$。物体与导热介质间的传热速率既与物体内部的导热系数有关，又与物体外部的对流传热系数有关。在处理工程问题时，需找出影响传热速率的主要因素，以便对过程进行简化。通常使用无量纲数毕渥数(Bi)作为传热过程简化的判据，其定义为

$$Bi = \frac{R_{\mathrm{in}}}{R_{\mathrm{out}}} = \frac{\delta / \lambda}{1/\alpha} = \frac{\alpha V}{\lambda A} \tag{4-3}$$

式中，R_{in} 和 R_{out} 分别为内部导热热阻和外部对流热阻；$\delta = V / A$ 为特征尺寸，对球体为 $R/3$，R 为球体半径。

由定义可知，Bi 是通过物体内部导热与物体外部对流热阻之比来判断影响传热速率的主要因素的。如果 Bi 值很小，$\dfrac{\delta}{\lambda} \ll \dfrac{1}{\alpha}$，表明内部导热热阻远小于外部对流热阻，此时可以忽略内部导热热阻，认为温度分布均匀，仅为时间的函数。

将直径为 d_{s}、温度为 T_0 的小钢球置于温度恒定为 T_{f} 的环境中，若 $T_0 > T_{\mathrm{f}}$，小球的瞬间温度 T 随着时间 t 的延长而降低。根据热平衡原理，球体热量随时间的变化应等于通过对流换热向周围环境的散热速率。

$$-\rho CV \frac{\mathrm{d}T}{\mathrm{d}t} = \alpha A\left(T - T_{\mathrm{f}}\right) \tag{4-4}$$

$$\frac{\mathrm{d}\left(T - T_{\mathrm{f}}\right)}{\left(T - T_{\mathrm{f}}\right)} = -\frac{\alpha A}{\rho CV}\mathrm{d}t \tag{4-5}$$

初始条件：$t = 0$，$T - T_{\mathrm{f}} = T_0 - T_{\mathrm{f}}$。积分式(4-5)，得

$$\int_{T_0 - T_{\mathrm{f}}}^{T - T_{\mathrm{f}}} \frac{\mathrm{d}\left(T - T_{\mathrm{f}}\right)}{\left(T - T_{\mathrm{f}}\right)} = -\frac{\alpha A}{\rho CV}\int_0^t \mathrm{d}t \tag{4-6}$$

$$\frac{\left(T - T_{\mathrm{f}}\right)}{\left(T_0 - T_{\mathrm{f}}\right)} = \exp\left(-\frac{\alpha A}{\rho CV}t\right) = \exp\left(Bi \cdot F_0\right) \tag{4-7}$$

$$F_0 = \frac{ht}{\left(V / A\right)^2} \tag{4-8}$$

式中，C 为小钢球质量比热容($\mathrm{J \cdot kg^{-1} \cdot K^{-1}}$)；$F_0$ 为热传导的傅里叶数，其中 $h = \dfrac{\lambda}{pC}$，代表热

扩散率，是导热系数与容积比热容之比，($m^2 \cdot s^{-1}$)。定义时间常数$\tau = \dfrac{\rho CV}{\alpha A}$，当物体与环境间的热交换经历了 4 倍于时间常数的时间后，即$t = 4\tau$，可得

$$\frac{T - T_f}{T_0 - T_f} = e^{-4} = 0.018 \tag{4-9}$$

计算表明过余温度$T - T_f$的变化已经达到 98.2%，以后的变化仅剩 1.8%，对工程计算来说，可近似作常数处理。

对于小球，$\dfrac{V}{A} = \dfrac{R}{3} = \dfrac{d_s}{6}$，代入式(4-7)，整理得

$$\alpha = \frac{\rho C d_s}{6} \cdot \frac{1}{t} \ln \frac{T_0 - T_f}{T - T_f} \tag{4-10}$$

或

$$Nu = \frac{\alpha d_s}{\lambda} = \frac{\rho C d_s^2}{6\lambda} \cdot \frac{1}{t} \ln \frac{T_0 - T_f}{T - T_f} \tag{4-11}$$

式中，λ为静止流体的导热系数。

通过实验可测得钢球在不同环境和流动状态下的冷却曲线，由温度记录仪记录T-t的关系，即可由式(4-10)和式(4-11)求出相应的传热系数α和Nu。

当气体的Re在$20 < Re < 180000$范围时，即高Re下，钢球换热经验式为

$$Nu = \frac{\alpha d_s}{\lambda} = 0.37 Re^{0.6} Pr^{1/3} \tag{4-12}$$

在静止流体中换热时，$Nu = 2$。

三、实验装置

实验装置如图 4-1 所示。

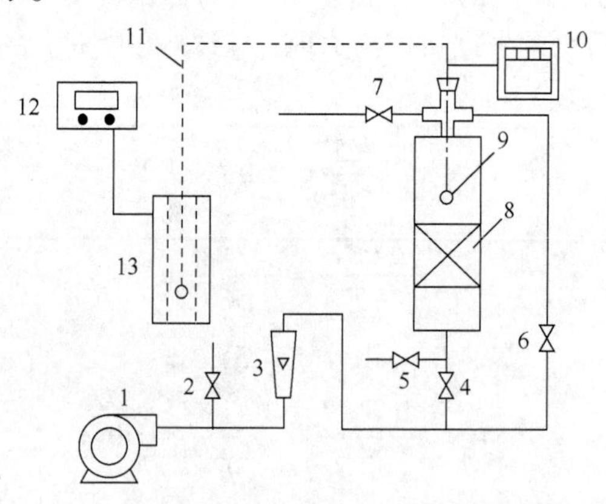

图 4-1　多态气固相流传热系数测定实验装置

1. 风机；2. 放空阀；3. 文丘里流量计；4～7. 管路调节阀；8. 沙粒床层反应器；9. 带嵌装热电偶的钢球；10. 温度记录仪；11. 钢球移动轨迹；12. 电加热炉控制器；13. 管式加热炉

四、实验内容与步骤

(1) 测定小钢球直径d_s。

(2) 打开加热炉的加热电源，调节加热温度至 673～773K。

(3) 将嵌有热电偶的小钢球悬挂在加热炉中，并打开温度记录仪，从温度记录仪上观察钢球温度的变化。当温度升至 673K 时，迅速取出钢球，在不同的环境条件下进行实验，由温度记录仪记录钢球温度随时间的变化，得到冷却曲线。

(4) 实验设置的环境条件：自然对流、强制对流(层流、湍流)，固定床传热和流化床传热。

(5) 自然对流实验：将加热好的钢球迅速取出，置于反应器空塔中，记录冷却曲线。

(6) 强制对流实验：打开装置上的阀 5、阀 6，关闭阀 4、阀 7，开启风机，通过调节放空阀 2 控制空气流量，达到实验所需值后，迅速取出加热好的钢球，置于反应器中的空塔中，记录空气流量和冷却曲线。

(7) 固定床传热实验：将加热好的钢球置于反应器的沙粒层中，其他操作同(6)，记录空气流量、反应器压降和冷却曲线。

(8) 流化床传热实验：打开阀 4、阀 7，关闭阀 5、阀 6，开启风机，通过调节阀 2 控制空气流量，达到实验所需值后，迅速将加热好的钢球置于反应器中的流化层中，记录空气流量、反应器压降和冷却曲线。

五、实验数据记录与处理

(1) 查阅数据处理所需要的物性常数。

(2) 计算不同环境和流动状态下的对流传热系数 α 和 Nu 。

(3) 计算实验用小钢球的 Bi ，确定其值是否小于 0.1。

实验记录见表 4-1。

表 4-1　多态气固相流传热系数测定实验数据

环境条件	钢球直径 d_s /mm	钢球加热温度 T_0 /K	环境设置温度 T_f /K	空气流量 F /($m^3 \cdot h^{-1}$)	反应器压降 Δh /mm	Re
自然对流						
强制对流						
固定床传热						
流化床传热						

六、实验注意事项

(1) 注意控制小钢球在实验移动时的安全性。

(2) 建议采用石英玻璃制备沙粒床层反应器。

(3) 小钢球加热温度不宜过高。

七、思考题

(1) Bi 的物理意义是什么？

(2) 本实验加热炉的温度为什么控制在 673～773K？太低或太高有什么影响？

(3) 如何避免辐射传热带来的误差？如何估计辐射传热的误差是否可以忽略？

(4) 实验加热温度选择过高或过低有什么影响？

(5) 试比较本实验的 Nu 和圆管强制湍流传热中的 Nu 的差异。

实验 8　双驱动搅拌吸收器中气液传质系数测定

一、实验目的

(1) 了解气液相吸收反应过程的原理。

(2) 掌握采用双驱动搅拌吸收器研究气液相吸收过程的方法。

(3) 掌握气液传质过程的特征。

(4) 应用化学吸收理论关联实验测定的传质系数与溶液转化度的关系，了解经验关联法在实验数据处理中的应用。

二、实验原理

气液反应是由气相主体传质、界面吸收两步构成，界面吸收过程包括物理吸收和化学吸收，化学吸收即为典型的气液非均相反应过程。工业上采用化学吸收工艺通常有两种目的：生产化学产品和实现混合气分离。为确定合适的气液传质与反应设备，优化操作条件，必须研究气液非均相传质过程特征，包括确定气体吸收过程属于气膜控制、液膜控制还是双膜控制，气液反应属于瞬时反应、快反应还是慢反应。目前，描述气液相间物质传递的理论模型主要有双膜理论、溶质渗入理论和表面更新理论，其中以双膜理论应用最为简便。

气液非均相反应器主要包括填料塔、板式塔、鼓泡塔等塔式设备和搅拌反应器两大类，搅拌反应器是研究气液吸收过程的常用实验设备。本实验选用的双驱动搅拌吸收器是一种改进型的丹克沃茨(Danckwerts)气液搅拌吸收器，其主要特点为：可独立调节气相和液相搅拌速率，分别考察气、液两相搅拌强度对吸收速率的影响，据此判断气液传质过程的控制步骤；具有稳定的气液相界面积，可实验研究吸收动力学性能，计算传质速率和传质系数。

本实验选用热钾碱(K_2CO_3)溶液吸收 CO_2，通过 K_2CO_3 与 CO_2 反应实现 CO_2 脱除分离，其总反应式为

$$K_2CO_3 + CO_2 + H_2O \rightleftharpoons 2KHCO_3 \tag{4-13}$$

其反应机理为

$$CO_2 + OH^- \rightleftharpoons HCO_3^- \tag{4-14}$$

$$CO_2 + H_2O \rightleftharpoons HCO_3^- + H^+ \tag{4-15}$$

当反应体系 pH>10 时，式(4-15)的反应速率远小于式(4-14)，水对 CO_2 吸收作用基本可以忽略，仅需考虑碱性离子的作用。对于可逆反应的吸收过程，当 K_2CO_3 浓度和 OH^- 浓度较大时，在液膜中可视为常量，二级反应简化为拟一级反应，此时用拟一级正反应速率常数 $k_1 = k_{OH^-}c_{OH^-}$ 代替一级反应速率常数。

在热钾碱溶液中，溶液的 OH^- 浓度由下列反应的平衡确定：

$$CO_3^{2-} + H_2O \rightleftharpoons HCO_3^- + OH^- \tag{4-16}$$

$$c_{OH^-} = \frac{K_w c_{CO_3^{2-}}}{K_2 c_{HCO_3^-}} \tag{4-17}$$

式中，K_w 为水的解离常数($K_w = c_{H^+}c_{OH^-}$)； K_2 为碳酸的二级解离常数 $\left(K_2 = \dfrac{c_{H^+}c_{CO_3^{2-}}}{c_{HCO_3^-}}\right)$。

Danckwerts 等提出，热钾碱溶液的转化度 f 定义为溶液中转化掉的 CO_3^{2-} 与溶液中总的 CO_3^{2-} 之比，即

$$f = \frac{c_{HCO_3^-}}{2c_{CO_3^{2-}} + c_{HCO_3^-}} \tag{4-18}$$

由此可得

$$\frac{c_{CO_3^{2-}}}{c_{HCO_3^-}} = \frac{1-f}{2f} \tag{4-19}$$

在化学吸收过程中，八田数(Hatta 数)Ha 代表液膜中化学反应与传递之间相对速率大小。通过 Ha 可判断反应是快反应还是慢反应，从而为吸收设备选型提供理论基础。如果 $Ha < 0.02$，说明膜中反应速率远小于传递速率，为极慢反应；如果 $Ha > 2$，则说明膜中反应速率远大于传递速率，为瞬时反应或快反应。因此，Ha 是判断化学反应在膜中进行还是在液相主体进行的依据

$$Ha^2 = \frac{D_{CO_2\text{-}K_2CO_3} \cdot k_1}{k_L^2} = \frac{D_{CO_2\text{-}K_2CO_3} \cdot k_{OH^-}c_{OH^-}}{k_L^2} \tag{4-20}$$

式中，k_1 为反应速率常数(s^{-1})；k_L 为传质系数($m \cdot s^{-1}$)；$D_{CO_2\text{-}K_2CO_3}$ 为 CO_2 在 K_2CO_3 溶液中的扩散系数($m^2 \cdot s^{-1}$)，可根据如下经验式进行关联计算：

$$D_{CO_2\text{-}K_2CO_3} = D_{CO_2\text{-}H_2O}\left(\frac{\mu_{H_2O}}{\mu_{K_2CO_3}}\right)^{0.82} \tag{4-21}$$

式中，$D_{CO_2\text{-}H_2O}$ 为 CO_2 在 H_2O 中的扩散系数($m^2 \cdot s^{-1}$)。

$$D_{CO_2\text{-}H_2O} = 2.35\times10^{-6}\exp\left(-\frac{2199}{T}\right) \tag{4-22}$$

$$\mu_{H_2O} = 1.86\times10^{-6}\exp\left(-\frac{16400}{RT}\right) \tag{4-23}$$

$$\mu_{K_2CO_3} = AT^2 + BT + C \tag{4-24}$$

A、B、C 按下式计算，其中 w 为溶液中 K_2CO_3 的质量分数。

$$A = 2.79\times10^{-7}w^2 - 2.04\times10^{-6}w + 9.65\times10^{-5} \tag{4-25}$$

$$B = -2.0\times10^{-4}w^2 - 1.37\times10^{-3}w - 7.23\times10^{-2} \tag{4-26}$$

$$C = 3.63\times10^{-2}w^2 - 0.225w + 13.86 \tag{4-27}$$

当转化度 f 较高时，反应(4-14)为快速反应，在拟一级反应动力学简化条件下，传质系数增强因子近似等于 Ha，即

$$\beta \sim Ha = \sqrt{\frac{D_{CO_2\text{-}K_2CO_3} \cdot k_{OH^-}c_{OH^-}}{k_L^2}} \tag{4-28}$$

相应化学吸收速率为

$$N_{CO_2}=\beta k_L\left(c_{CO_2,i}-c^*_{CO_2,l}\right) \tag{4-29}$$

若液相吸收速率以 CO_2 分压为推动力，则

$$N_{CO_2}=\beta k_L H_{CO_2}\left(p_{CO_2,i}-p^*_{CO_2,l}\right)=H_{CO_2}\sqrt{D_{CO_2\text{-}K_2CO_3}k_{OH^-}c_{OH^-}}\left(p_{CO_2,i}-p^*_{CO_2,l}\right) \tag{4-30}$$

式中，H_{CO_2} 为亨利常数的倒数。由此，以气体分压为推动力的总传质系数可表示为

$$K=\beta k_L H_{CO_2}=H_{CO_2}\sqrt{D_{CO_2\text{-}K_2CO_3}\cdot k_{OH^-}c_{OH^-}}=H_{CO_2}\sqrt{D_{CO_2\text{-}K_2CO_3}\cdot k_{OH^-}\left(\frac{K_w}{K_2}\right)\left(\frac{1-f}{2f}\right)} \tag{4-31}$$

k_{OH^-}、K_w、K_2 的值与温度密切相关，在一定温度下，可认为总传质系数 K 仅是转化度 f 的函数，即 $\lg K$ 与 $\lg\frac{1-f}{2f}$ 呈线性关系，斜率为1/2。

本实验采用纯 CO_2 为气源，使用 $1.2\text{mol}\cdot\text{L}^{-1}$ 的 K_2CO_3 溶液作为吸收液，控制吸收在333.15K 下进行。由于该温度下溶液的水蒸气分压 p_w 较大，应从气相总压 p 中减去水蒸气分压才是界面 CO_2 气体的分压 $p_{CO_2,i}$。

K_2CO_3 溶液界面的水蒸气分压与转化度 f 的关系为

$$p_w=0.01728\times(1-0.3f) \tag{4-32}$$

界面 CO_2 气体的分压为

$$p_{CO_2,i}=p-p_w=p-0.01728\times(1-0.3f) \tag{4-33}$$

界面 CO_2 的平衡分压 $p^*_{CO_2,l}$ 计算式为

$$p^*_{CO_2,l}=1.95\times10^8\times c^{0.4}\left(\frac{f^2}{1-f}\right)\exp\left(-\frac{8160}{T}\right) \tag{4-34}$$

总传质系数可表达为

$$K=N_{CO_2}/\left(p_{CO_2,i}-p^*_{CO_2,l}\right) \tag{4-35}$$

因此，只要测得瞬时吸收速率 N_{CO_2}、溶液的转化度 f，便可求得总传质系数 K。

三、实验仪器与试剂

测定热钾碱溶液吸收 CO_2 传质速率系数的实验流程示意图如图 4-2 所示。钢瓶中的纯 CO_2(＞99.8%)气体经减压阀减压后流经气体稳压管，稳压后的气体经气体调节阀调节流量并通过皂膜流量计计量后，进入水饱和器。经过水饱和器的 CO_2 气体从搅拌吸收器中部进入，经碱液吸收后的尾气从吸收器上部出口引出，经出口皂膜流量计计量后放空。吸收器前后压力分别由 U 形压力计示出，水饱和器以及吸收器的温度由恒温槽循环水控制。吸收器中气相和液相的搅拌桨速度可分别调节(转速 0～300r · min^{-1})，转速误差±1r · min^{-1}。

双驱动搅拌吸收器内设有气相和液相两个搅拌器。操作时，吸收剂由储液瓶一次性准确加入，并使液面处于液相搅拌器上桨下缘的 1mm 左右，以保证桨叶转动时正好刮在液面上，

既达到更新表面的目的，又不破坏液体表面的平稳。吸收器中部和上部分别设有气体的进、出口管，顶部有测压孔，下部与底部有加液管及取样口。

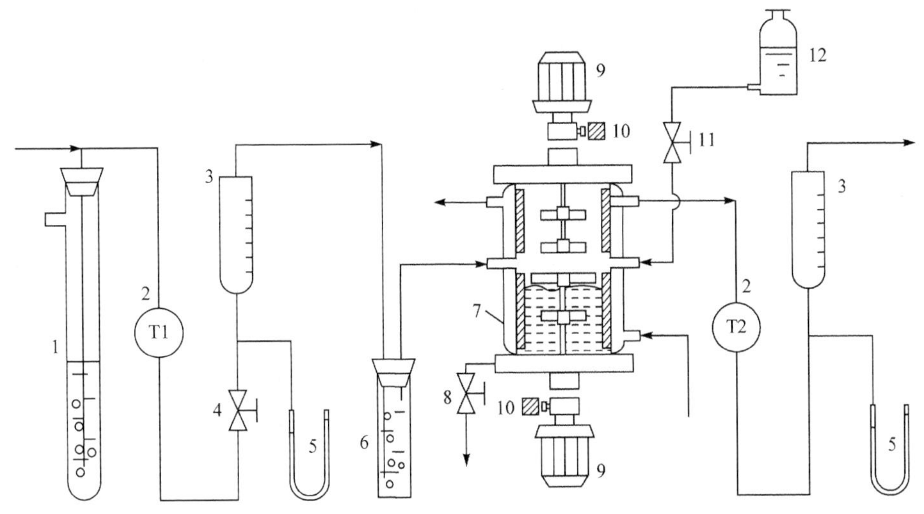

图 4-2　测定热钾碱溶液吸收 CO_2 传质速率系数实验流程示意图

1. 气体稳压管；2. 气体温度计；3. 皂膜流量计；4. 气体调节阀；5. 压差计；6. 水饱和器；7. 双驱动搅拌吸收器；8. 吸收液取样阀；9. 直流电机；10. 测速装置；11. 弹簧夹；12. 储液瓶

酸解法转化度分析装置如图 4-3 所示。

四、实验内容与步骤

实验开始时，吸收液一次性加入吸收器，在恒压下连续吸收纯 CO_2 气体。随着吸收反应的进行，溶液转化度 f 增加。在维持吸收器压力恒定条件下，用皂膜流量计测得瞬间吸收速率。吸收液的初始转化度与实验结束时的终止转化度均用酸解法测定。在吸收过程中，由吸收速率对时间的积分可求出 CO_2 累积吸收量，据此换算出转化度 f 的增加量，加上起始转化度就可得到任意瞬间吸收速率下的液相转化度。

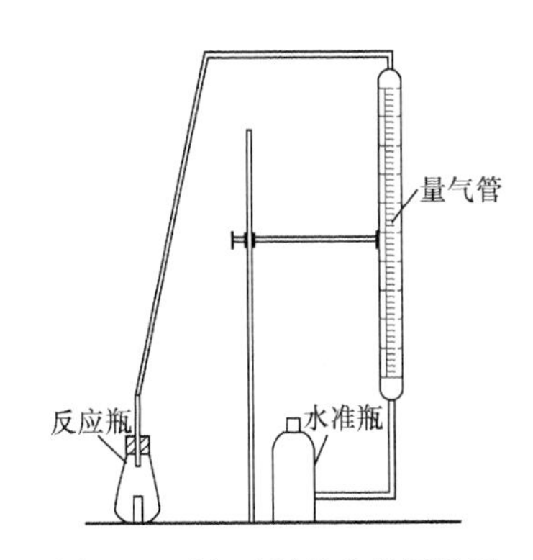

图 4-3　酸解法转化度分析装置

1. 实验操作步骤

(1) 开启总电源，同时开启恒温槽，将水浴温度调节到(333.2±0.2)K，并将恒温水打入吸收器的恒温夹套。

(2) 开启 CO_2 钢瓶总阀，调节钢瓶减压阀，控制适当的 CO_2 气体流量，置换吸收器内空气，一般置换 15min 左右即可。

(3) 空气置换完全后，调节进口 CO_2 气体流量，注意观察气体稳压管是否有均匀的气泡冒出。

(4) 取配制的 1.2mol · L^{-1} K_2CO_3 溶液 300～400mL 加热到 333K 左右，一次性加入吸收器内，保持液面在液相搅拌器上层桨叶下缘的 1mm 左右。

(5) 开启搅拌桨，调节气相与液相搅拌转速分别为 200～300r · min^{-1} 和 150r · min^{-1} 左右，液相的转速不能过大，以防止液面波动造成实验误差。

(6) 以搅拌启动时刻为起点，每 15min 用皂膜流量计测定一次进、出口 CO_2 气体流量，据此计算瞬时吸收速率，连续测定 3h 后停止实验。

(7) 停止实验后，从吸收液取样阀中迅速放出吸收液，用 250mL 量筒接取，并精确量出吸收液体积。取样分析溶液的终止转化度，并对起始转化度进行分析。

(8) 关闭吸收液取样阀门、气体调节阀、CO_2 减压阀、CO_2 钢瓶阀，关闭恒温槽电源，调节气液相搅拌器转速至“零”，关闭总电源。

2. 溶液转化度分析

热钾碱与硫酸(浓度为 $3mol \cdot L^{-1}$)反应放出 CO_2，用量气管测量放出的 CO_2 体积，即可求出溶液转化度。用移液管量取 5mL $3mol \cdot L^{-1}$ 硫酸溶液置于反应瓶外瓶中，准确吸取 1mL 吸收液置于反应瓶内瓶中。提高水准瓶，使液面升至量气筒的上部刻度区域，塞紧反应瓶塞，使其不漏气，然后举起水准瓶，使量气管内液面与水准瓶液面相平，记录量气管的读数 V_1。摇动反应瓶，使硫酸与碱液充分混合，直至反应完全无气泡发生，再次举起水准瓶，使量气管内液面与水准瓶液面相平，记录量气管的读数 V_2。

3. 计算

溶液中

$$V_{CO_2}\left(\text{mL / mL碱液}\right)=\left(V_2-V_1\right)\varphi \tag{4-36}$$

$$\varphi=\frac{p-p_{H_2O}}{101.3}\times\frac{273.2}{T} \tag{4-37}$$

式(4-37)中水蒸气分压的计算式为

$$p_{H_2O}=0.1333\times\exp\left(18.3036-\frac{3816.44}{T-46.13}\right) \tag{4-38}$$

若吸收前与吸收后 1mL 碱液分解出的 CO_2 体积分别为 V_f^0 与 V_f，则溶液总转化度为

$$f=\frac{V_f-V_f^0}{V_f^0} \tag{4-39}$$

五、实验数据记录与处理

表 4-2　实验原始数据

大气压=______ kPa，热钾碱液体积=______ mL，室温=______ K，传质面积=______ m^2

编号	时间/s	气体进口流量/($mL \cdot s^{-1}$)	气体出口流量/($mL \cdot s^{-1}$)	瞬时吸收速率/($mL \cdot s^{-1}$)
1				
2				
3				
4				
5				

结果计算：

(1) 计算 Hatta 数 Ha，判断该反应是快反应还是慢反应。

(2) 以一套数据为例，列式计算总传质系数与转化度。

(3) 绘制 $\lg K\text{-}\lg\dfrac{1-f}{2f}$ 示意图。

六、实验注意事项

(1) 提前掌握钢瓶的使用规则，掌握减压阀和总阀的开启、关闭顺序。

(2) 加热钾碱液时注意加热温度，防止加热温度过高，在热钾碱液加热、倾倒和量取过程中应小心谨慎，以防液滴飞溅。

(3) 酸解法分析转化度实验中应小心量取和转移硫酸，以防滴溅。

七、思考题

(1) 简述热钾碱溶液吸收 CO_2 的机理。

(2) 通过查阅资料和分析实验结果，选择适合该反应的反应器类型，并写出依据。

(3) 本实验中热钾碱溶液的加入量是如何确定的？为什么？

(4) 实验前为什么用 CO_2 置换实验装置中的空气？

实验 9　多釜串联反应器中返混状况测定

一、实验目的

(1) 了解连续均相流动反应器的非理想流动情况及产生返混的原因。

(2) 掌握理想全混流反应器的流动模型，通过测定流体在反应器中的停留时间分布，了解反应器内部构件、搅拌桨形式和搅拌强度对釜内混合特性的影响。

(3) 掌握脉冲示踪法测定停留时间分布的实验方法及数据处理。

二、实验原理

在连续流动的反应器内，不同停留时间的物料之间的混合称为返混。返混程度一般很难直接测定，通常是利用物料停留时间分布的测定，并借助于反应器数学模型来间接表达。

物料在反应器内的停留时间是一个随机过程，须用概率分布方法进行定量描述。所用的概率分布函数为停留时间分布密度函数 $E(t)$ 和停留时间分布函数 $F(t)$。停留时间分布密度函数 $E(t)$ 的物理意义是：同时进入的 N 个流体粒子中，停留时间介于 $t \sim t+\Delta t$ 的流体粒子所占的分数 $\dfrac{\mathrm{d}N}{N}$ 为 $E(t)\mathrm{d}t$。停留时间分布函数 $F(t)$ 的物理意义是：流过系统的物料中停留时间小于 t 的物料的分数，$F(t)$ 与 $E(t)$ 的关系为 $F(t)=\int_0^t E(t)\mathrm{d}t$。

停留时间分布的测定方法有脉冲法、阶跃法等，常用的是脉冲法。当系统达到稳定后，在系统的入口处瞬间注入一定量 N_0 的示踪物料，同时开始在出口流体中检测、记录示踪物料的浓度随时间的变化情况，即物料的停留时间分布。

由停留时间分布密度函数 $E(t)$ 的物理含义可得

$$E(t)\mathrm{d}t=\frac{Vc(t)\mathrm{d}t}{N_0} \tag{4-40}$$

式中，$c(t)$为t时刻反应器内示踪剂浓度；V为混合物的流量。

根据

$$N_0 = \int_0^{\infty} Vc(t)\mathrm{d}t \tag{4-41}$$

可得

$$E(t) = \frac{Vc(t)}{\int_0^{\infty} Vc(t)\mathrm{d}t} = \frac{c(t)}{\int_0^{\infty} c(t)\mathrm{d}t} \tag{4-42}$$

由此可见，$E(t)$与示踪剂浓度$c(t)$成正比。本实验中用水作为连续流动的物料，以饱和KCl作示踪剂，在反应器出口处检测溶液电导率。在一定范围内，电导率与KCl浓度成正比，故可用电导率来表达物料的停留时间变化关系，即$E(t) \propto \kappa(t)$，这里$\kappa(t) = \kappa_t - \kappa_{\infty}$，$\kappa_t$为$t$时刻的电导率，$\kappa_{\infty}$为无示踪剂时的电导率。

停留时间分布规律可用概率论中三个特征值表示：数学期望(平均停留时间)$\overline{t}$、方差σ_t^2和对比时间θ。

由概率论可知，停留时间分布的数学期望就是物料在反应器中的平均停留时间$\overline{t}$。$\overline{t}$是指整个物料在设备内的停留时间，而不是个别质点的停留时间。不管设备内流型如何，也不管个别质点的停留时间如何，只要物料体积流量与反应体积的比值相同，则$\overline{t}$也相同。$\overline{t}$的表达式为

$$\overline{t} = \int_0^{\infty} t \cdot E(t)\mathrm{d}t = \frac{\int_0^{\infty} t \cdot c(t)\mathrm{d}t}{\int_0^{\infty} c(t)\mathrm{d}t} \tag{4-43}$$

采用离散形式的电导率表达，并取相同时间间隔Δt，则

$$\overline{t} = \frac{\sum t \cdot c(t) \cdot \Delta t}{\sum c(t) \cdot \Delta t} = \frac{\sum t \cdot \kappa(t)}{\sum \kappa(t)} \tag{4-44}$$

方差也称离散度，用来度量随机变量与其均值的偏离程度。σ_t^2的表达式为

$$\sigma_t^2 = \int_0^{\infty} (t - \overline{t})^2 E(t)\mathrm{d}t = \int_0^{\infty} t^2 E(t)\mathrm{d}t - (\overline{t})^2 \tag{4-45}$$

采用离散形式的电导率表达，并取相同时间间隔Δt，则

$$\sigma_t^2 = \frac{\sum t^2 \cdot c(t)}{\sum c(t)} - (\overline{t})^2 = \frac{\sum t^2 \cdot \kappa(t)}{\sum \kappa(t)} - (\overline{t})^2 \tag{4-46}$$

为了消除时间单位不同而使平均时间和方差值发生变化所带来的不便，可采用无量纲对比时间$\theta = t / \overline{t}$来表示停留时间分布的数字特征，则无量纲方差$\sigma_\theta^2 = \sigma_t^2 / (\overline{t})^2$。

在测定一个系统的停留时间分布规律后，需要用反应器模型评价其返混程度，本实验采用多釜串联全混釜模型。

多釜串联全混釜模型是将一个实际反应器中的返混程度与若干个等体积全混釜串联时的返混程度等效。m个串联反应器总体积与实际反应器体积相等，因此其总平均停留时间相同，每一级平均停留时间$t_i = \overline{t} / m$。模型参数是串联级数m，找到恰当级数m，使m个等体积全混釜串联的停留时间分布与实际反应器相符。这样，由实测反应器停留时间分布规律求得无量纲方差σ_θ^2，计算模型参数m，就可进行实际反应器设计计算。

多釜串联全混釜模型的停留时间分布函数与分布密度函数计算式如下：

$$F(\theta)=\frac{c_m}{c_0}=1-\mathrm{e}^{-m\theta}\left[1+m\theta+\frac{1}{2!}(m\theta)^2+\cdots+\frac{1}{(m-1)!}(m\theta)^{m-1}\right] \tag{4-47}$$

$$E(\theta)=\frac{m^m}{(m-1)!}\theta^{m-1}\mathrm{e}^{-m\theta} \tag{4-48}$$

进而可求得对应的无量纲方差 σ_θ^2：

$$\sigma_\theta^2=\frac{\int_0^\infty(\theta-1)^2E(\theta)\mathrm{d}\theta}{\int_0^\infty E(\theta)\mathrm{d}\theta}=\int_0^\infty\theta^2E(\theta)\mathrm{d}\theta-1=\int_0^\infty\frac{\theta^2m^m\theta^{m-1}}{(m-1)!}\mathrm{e}^{-m\theta}\mathrm{d}\theta-1=\frac{1}{m} \tag{4-49}$$

当 $m=1$，$\sigma_\theta^2=1$ 时，为全混釜反应器特征；当 $m\to\infty$，$\sigma_\theta^2\to0$ 时，为平推流反应器特征。这里 m 为模型参数，是虚拟釜数，并不限于整数。

因此，通过实验测定停留时间分布，可求得无量纲方差 σ_θ^2，进而求得模型参数 m，从而判断返混程度。

本实验采用脉冲法测定停留时间分布，得到停留时间分布密度函数。分析停留时间分布规律时，主要考虑出口的浓度变化曲线。首先，选定一个足够小的时间间隔 Δt，在 t 到 $t+\Delta t$ 时间内示踪剂的浓度 $c(t)$ 可视为常数，在 t 到 $t+\Delta t$ 之间离开反应器的示踪剂的量为

$$\Delta N=c(t)v\Delta t \tag{4-50}$$

式中，v 为流体的体积流率；ΔN 为反应器内停留时间在 t 到 $t+\Delta t$ 之间的示踪剂的量。

式(4-50)两边分别除以注入反应器内的示踪剂总量 N_0，得

$$\frac{\Delta N}{N_0}=\frac{c(t)v}{N_0}\Delta t \tag{4-51}$$

此式表示停留时间介于 t ～ $t+\Delta t$ 的示踪剂所占的比例。

三、实验仪器与试剂

(1) 设备：实验装置如图 4-4 所示，由单釜与三釜串联两个系统组成，并在每个反应釜出

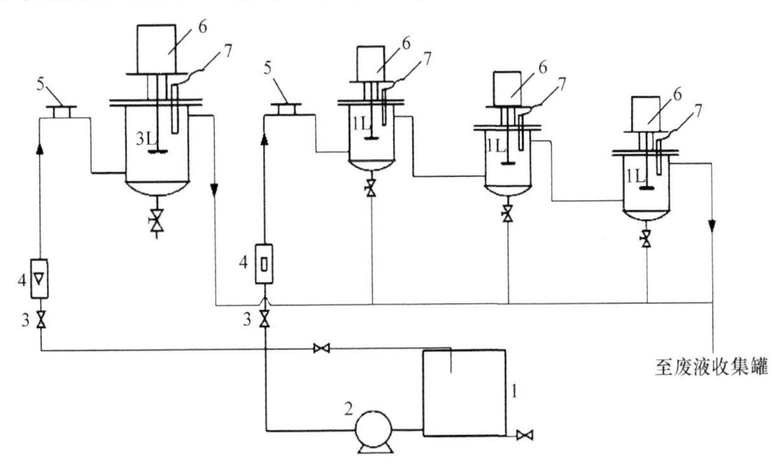

图 4-4　实验装置图

1. 水箱；2. 水泵；3. 调节阀；4. 转子流量计；5. 示踪剂入口；6. 电机；7. 电导电极

口安装电导率测试仪。三釜串联反应器中每个反应釜的体积为 1L，单釜反应器体积为 3L，用可控硅直流调速装置调速。

(2) 试剂：KCl 饱和溶液、水。

四、实验内容与步骤

(1) 实验准备工作。开启进水开关，用水注满单釜和三釜两个系统的反应釜，调节进水流量均为 $20\text{L}\cdot\text{h}^{-1}$，保持流量稳定；打开计算机软件，设定记录时间间隔；打开电导率仪并完成校准，以备测量；开启搅拌装置，转速应大于 $300\text{r}\cdot\text{min}^{-1}$。

(2) 反应釜出口电导率测定。待系统稳定后，在两个系统的入口处用注射器分别快速注入 0.5～1mL 等量示踪剂，由每个反应釜出口处电导电极检测出口处物料的电导率；同时开始记录电导率数据，当数据稳定 2min 后停止测量。改变搅拌速率或进水流量，重复实验。

(3) 关闭仪器、电源、水源，排净釜中料液，结束实验。

五、实验数据记录与处理

根据实验结果获得单釜和三釜的停留时间分布曲线，电导率κ变化对应示踪剂浓度的变化。用离散化计算方法，在相同时间间隔取点，一般取约 20 个数据点，再由式(4-44)和式(4-46)分别计算各自的$\bar{t}$ 和σ_t^2，由$\sigma_\theta^2 = \sigma_t^2 / (\bar{t})^2$ 计算无量纲方差。通过多釜串联模型，利用式(4-49)求出相应的模型参数m，随后根据m确定单釜和三釜系统的返混程度，对实验结果进行讨论。

六、实验注意事项

(1) 实验前期的准备工作中，调节反应釜进水量在 $20\text{L}\cdot\text{h}^{-1}$ 左右，同时保证反应釜进水流量稳定后再进行下一步实验。

(2) 为满足反应釜近似于全混流反应器的实验要求，在实验过程中需要保证足够大的搅拌速率。

(3) 为减小示踪剂注入时间对停留时间分布结果的影响，注入示踪剂时要迅速。

七、思考题

(1) 产生返混的原因是什么？将计算得到的单釜和三釜系统的平均停留时间与理论值进行比较，分析偏差原因。

(2) 全混流反应器应具有什么特征？如何用实验的方法判断是否达到全混流反应器的模型要求？

(3) 测定停留时间分布的方法有哪些？

(4) 比较各种反应器结构形式及流场特征。全混流反应器放大设计的主要准则是什么？常用搅拌桨有几种形式？

实验 10　矿石粉碎与筛分

一、实验目的

(1) 掌握粉碎与筛分技术的基本理论和基础知识。

(2) 了解颚式破碎机、辊式破碎机、锤式破碎机、行星式球磨机和锥形球磨机的工作原理、基本结构和适用范围，了解影响破碎和磨矿效果的主要因素与调节方法。

(3) 通过实验掌握用标准筛筛分物料的粒度组成特性的方法、实验数据的处理及粒度特性曲线的绘制方法。

(4) 掌握求解磨矿动力学方程参数的方法。

二、实验原理

1. 粉碎

粉碎是资源加工过程中最常见的单元操作之一，对于体积过大、不适宜使用的固体原料或不符合要求的半成品，其利用机械力克服固体原料质点间的内聚力而使大块原料分裂成小块固体颗粒。通过粉碎对固体原料的尺寸和形状进行控制，有利于固体原料的资源化和减量化。粉碎又可以细分为两种方式：①破碎，大多数原料在应用之前都需要破碎，使大块物料简单地变成小块物料；②磨碎，将原料研磨成非常细小的颗粒，用以解离矿物、增加比表面积等，磨碎根据工艺要求有干磨和湿磨两种方法。

在粉碎过程中，入料粒度与产物粒度的比值称为破碎比，用来表征物料破碎的程度。破碎的能量消耗与处理能力均与破碎比有关。破碎比常用入料最大颗粒直径 D 与产物最大颗粒直径 d 的比值 D/d 确定。

破碎机的类型有很多：颚式破碎机、辊式破碎机、锤式破碎机等。各类破碎机的结构、规格不同，所适应的物料不同。因此，一定要根据物料的特性选择破碎设备。磨碎机的类型有行星式球磨机和锥形球磨机等。

1) 颚式破碎机

颚式破碎机俗称颚破，由静颚板和动颚板组成，利用两颚板对物料的挤压和弯曲作用实现破碎，适用于粗碎或中碎各种硬度物料。颚破虽然破碎后粒形较差，针片状含量多，但是具有结构简单、维修方便、破碎板易更换等优点，广泛应用于采矿、化工、环境等行业中各种矿石与大块物料的破碎，至今仍是破碎硬物料最有效的设备。

颚破的典型结构如图 4-5 所示，静颚板垂直(或上端略外倾)固定在机体前壁上，动颚板位置倾斜，与静颚板形成上大下小的破碎腔(工作腔)。利用偏心轴的偏心作用，传动轴每转一圈，推力杆就上下运动一次，动颚板也就完成向前向后各摆一次的动作循环，破碎腔内的物料被破碎并排出。

2) 辊式破碎机

辊式破碎机又称对辊破碎机，其入料粒度大，出料粒度可调，适用于进料粒度小于 80mm、成品粒度要求 20mm 的细碎作业。

辊式破碎机(图 4-6)利用两个相向旋转的辊子将物料轧碎，由电动机、支架、固定辊子、活动辊子和安全弹簧等组成。活动辊子的轴承可以沿机架移动，并用强力安全弹簧顶住，遇到特别坚硬的物件掉入时可以移开轴承，吐出物件。正常作业以前，两辊之间要调整间隙，以保证破碎比。

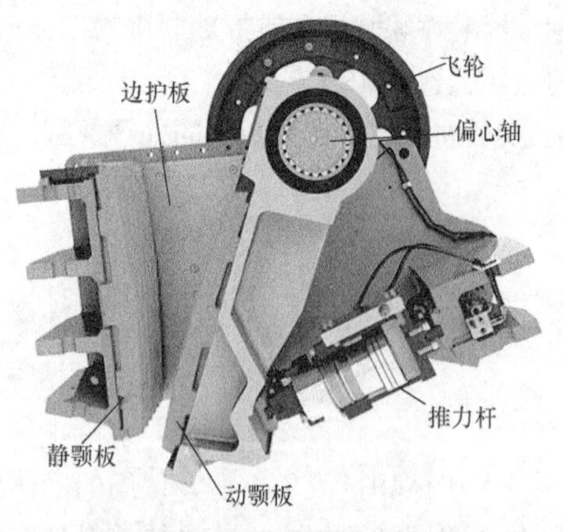

图 4-5　颚式破碎机结构示意图

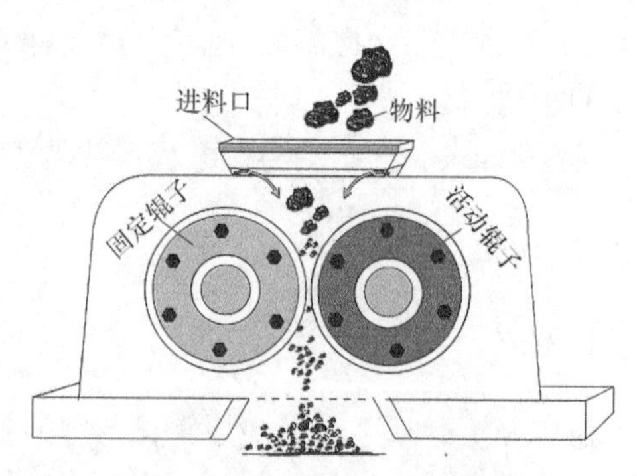

图 4-6　辊式破碎机示意图

3) 锤式破碎机

锤式破碎机具有破碎比大、排料粒度均匀、能耗低等优点。但由于锤头磨损较快，在硬物料破碎的应用中受到限制。另外，由于筛板怕堵塞，不宜用于破碎湿度大和含黏土的物料，因此常用于破碎中硬以下的脆性物料。锤式破碎机结构见图 4-7。

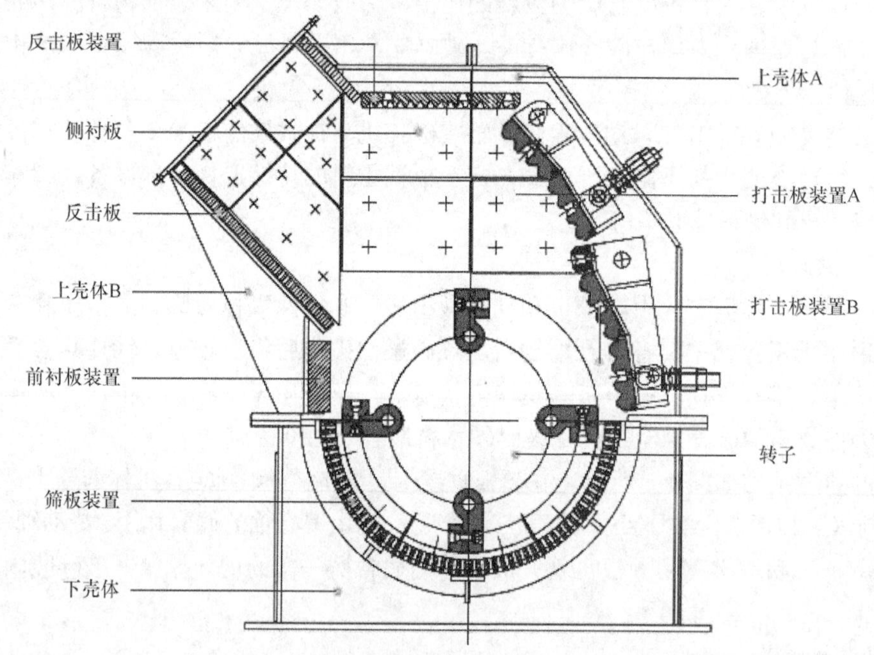

图 4-7　锤式破碎机结构示意图

4) 行星式球磨机

行星式球磨机是实验室最常用的球磨机，主要用于原料的磨细、混合、分散等。其工作原理是利用磨料与试料在研磨罐内高速翻滚，对物料产生强力剪切、冲击、碾压，达到粉碎、研磨、分散物料等目的。行星式球磨机在同一转盘上装有四个球磨罐，当转盘转动时，球磨罐在绕转盘轴公转的同时又围绕自身轴心自转，做行星式运动，如图 4-8 所示。罐中磨球在高速运动中相互碰撞，研磨和混合样品。行星式球磨机能用干、湿两种方法研磨和混合粒度不同、材料各异的产品，研磨产品最小粒度可至 0.1μm。

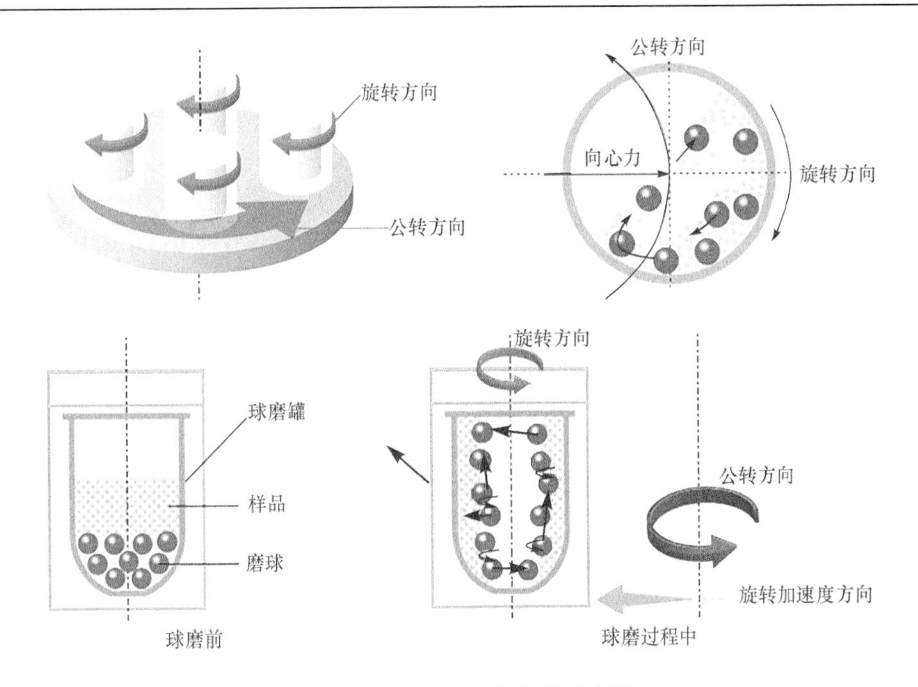

图 4-8　行星式球磨机结构示意图

5) 锥形球磨机

锥形球磨机是工业上广泛使用的高细磨机械之一，其锥形结构能自然分离粉磨介质，大球位于筒体最大直径段，即给料端，小球位于圆锥段，即排料端，见图 4-9。较粗的物料在给料端大球的作用下获得大的冲击能量，完成粗碎作业。小球位于排料圆锥端，以获得更多的表面积进行细磨。锥形球磨机的特点是相当于在磨机筒体内安装了分级机，物料依粒度不同排列在筒体内，越细越靠近出料口，不会产生过磨，降低了无用功，从而达到节能降耗的目的。

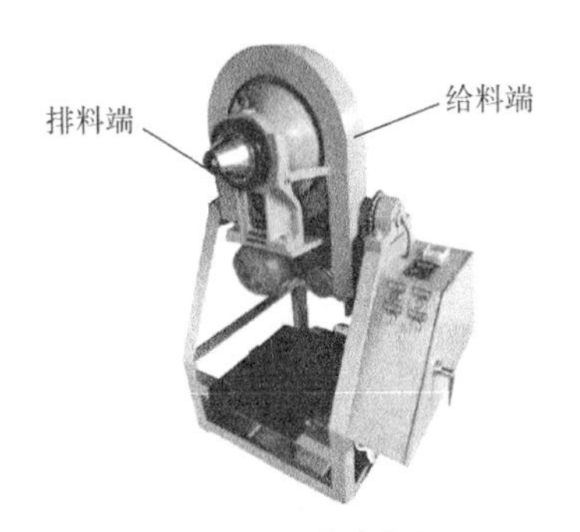

图 4-9　锥形球磨机

2. 筛分

选矿生产和选矿研究中，常用的粒度分析方法见 2.1.1 节，其中在实际生产中，筛分分析法应用最广。

筛分分析法通常简称为筛析法，是利用一套筛孔尺寸不同的筛网对物料进行粒度分析的方法。采用 n 层筛网可以把物料分成 $n+1$ 个粒级，每个粒级的粒度上限是该粒级中所有颗粒都能通过的(上一层筛网)方形筛孔的边长(b_1)，而它的粒度下限则是其中的所有颗粒都不能通过的(下一层筛网)方形筛孔的边长(b_2)。于是两层筛网之间这一粒级的粒度可以表示为 $-b_1 \sim +b_2$ 或 $b_1 \sim b_2$。筛分分析适用的物料粒度范围很宽，当物料粒度较大(如大于 0.1mm)时多采用干筛，当物料粒度较小(如 0.04～0.1mm)常采用湿筛，当物料中含有较多颗粒(如–0.074mm 含量大于 20%)时则可以采用干、湿联合筛析。

3. 磨矿动力学

在磨矿初期，磨矿产品中粗级别含量的减少速度很快；随着磨矿时间的延长，粗级别含量的减少速度逐渐变慢。这是由于物料磨细后，颗粒上面存在的裂隙和缺陷会减少，颗粒越细，这种裂隙和缺陷就越少，因此越细越难磨。一般可用经验方程表达磨矿动力学性能：

$$R = R_0 \mathrm{e}^{-kt^m} \text{ 或 } \frac{R_0}{R} = \mathrm{e}^{kt^m} \tag{4-52}$$

式中，R 为经过磨矿时间 t 后物料中指定粗级别含量(%)；R_0 为 $t=0$ 时物料中指定粗级别含量(%)；k 为与磨矿条件有关的参数；m 为与物料性质有关的参数。

从式(4-52)可以看出，对于某种物料，它的粗级别残留量除与磨矿时间 t 有关外，还与磨矿条件和物料性质有关。在磨矿条件和物料性质不变时，k 和 m 为常数。因此，通过磨矿实验取得数据求出 k 和 m 值，即可以得到具体磨矿条件的磨矿动力学方程。对式(4-52)取二次对数得

$$\ln\left(\ln\frac{R_0}{R}\right) = m\ln t + \ln k \tag{4-53}$$

式(4-53)为线性方程，其截距为 $\ln k$，斜率为 m。根据五组实验数据对曲线进行拟合，可得到截距 $\ln k$ 和斜率 m，即可获得实验条件下的磨矿动力学方程。

三、实验仪器与试剂

(1) 仪器：颚式破碎机、辊式破碎机、行星式球磨机、锥形球磨机、振动筛分机、标准筛、电子天平、激光粒度仪。

(2) 试剂：矿石样品、水。

四、实验内容与步骤

1. 破碎实验

(1) 根据矿石尺寸和破碎比，调整颚式破碎机或辊式破碎机排矿口至适当尺寸，颚式破碎机破碎比一般选用为 3～6。

(2) 检查破碎机运转是否正常。

(3) 称取 1kg 左右矿样均匀放入破碎机给矿口内。

(4) 测量产物粒度，若粒度>2mm，则根据破碎比重新调整排矿口尺寸，重复上述步骤，如图 4-10 所示。

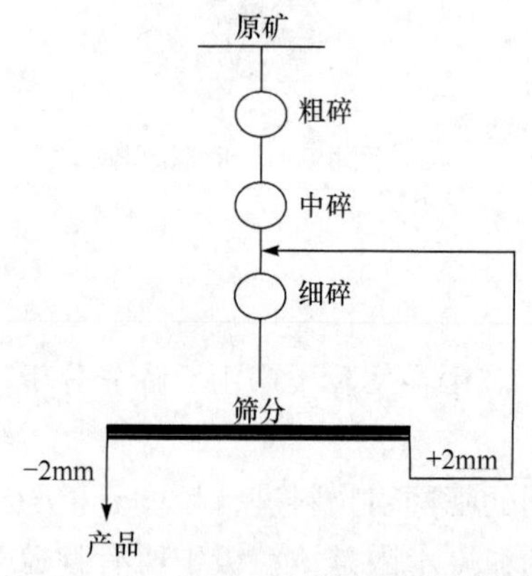

图 4-10　粉碎-筛分流程图

2. 筛分分级实验

(1) 将标准筛筛面清理干净，按筛孔尺寸从上至下逐渐减小的顺序装好标准筛，并记下筛序，装上筛底。

(2) 将待分析物料倒到最上层筛面上，盖上筛盖，放到振动筛分机上并固定。

(3) 检查振动筛分机运转是否正常。

(4) 启动振动筛分机，记录筛分时间。10min 后停止筛分，并将套筛从振动筛分机上取下。

(5) 检查筛分质量：取下最下层筛网，放在干净的筛底上并盖上筛盖，用手摇动筛网进行手动筛分。若 1min 内筛下量小于 1%筛上量，即可认为筛分进行到终点，否则应继续筛分。

(6) 确认筛分结束后，从上到下将各层筛网依次取下，将各粒级产品称量后装入试料袋内。将筛析结果记入表中。

3. 行星式球磨机和锥形球磨机实验

(1) 检查球磨机是否正常。
(2) 称取–60 目～+100 目试样 6 份，每份 100g。
(3) 将取好的各份试样分别按 2.5min、5min、7.5min、10min 和 12.5min 磨矿。
(4) 将磨好的矿样分别用激光粒度仪测试粒度分布曲线，获得+0.074mm 含量和–0.074mm 含量，绘制粒度变化曲线。

五、实验数据记录与处理

1. 破碎及筛分实验记录

表 4-3　破碎及筛分实验数据记录与处理

矿物名称____________________，产物总质量=____________kg

筛孔尺寸/mm	粒级/mm	质量/kg	粒级产率/%	累计产率/%
0.833	+0.833			
0.246	–0.833～+0.246			
0.175	–0.246～+0.175			
0.147	–0.175～+0.147			
0.074	–0.147～+0.074			
	–0.074			

绘制以筛孔尺寸为横坐标，以粒级产率为纵坐标的部分粒度特性曲线和以累积产率为纵坐标的累积粒度测定曲线。

2. 磨矿实验记录

表 4-4　不同磨矿时间实验结果

时间/min	粒级/mm				D[50]/mm	D[84]/mm	D[16]/mm	CV
	+0.074		–0.074					
	质量/g	产率/%	质量/g	产率/%				
0								
2.5								
5.0								
7.5								
10.0								
12.5								
合计								

绘制产率随磨矿时间变化的曲线，获得与磨矿条件有关的参数 k 和与物料性质有关的参数 m，根据式(4-52)求解磨矿动力学方程。

从各球磨时间的粒度分布图中读取 D[50]、D[84]、D[16]等数据，计算变异系数 CV。

六、实验注意事项

(1) 所有破碎机在未完全停止运行前，不能进行取样、放样、调整等操作。

(2) 使用颚式破碎机时，需根据实验采用的矿石大小调整排矿口尺寸。

(3) 在使用行星式球磨机时，应保证每个球磨罐中料球比和质量一致。

(4) 测定遮光度需满足激光粒度仪测定要求，过高或过低都会影响测量精度。

(5) 在使用激光粒度仪时，测试完成后需及时清洁系统，避免长时间污染。

七、思考题

(1) 破碎操作时如何确定多级破碎?

(2) 粒度、粒级和粒度分布的含义各是什么?

(3) 磨矿产物粒度随磨矿时间延长的规律性如何?

(4) 试分析料球比对行星式球磨效率的影响。

(5) 从原理上分析 $D[4,3]$、$D[3,2]$和 $D[50]$表示颗粒平均粒度上的差异。

实验 11　固液真空带式过滤分离

一、实验目的

(1) 通过真空带式过滤分离实验，深入认识过滤操作的基本原理。

(2) 熟悉连续真空带式过滤机的结构、操作和基本特性。

(3) 掌握过滤常数的测定方法。

二、实验原理

过滤是以多孔物质作为介质处理悬浮液的单元操作，被广泛应用于工业的固液分离操作中。根据过滤推动力的形式，可以分为加压过滤、真空过滤、重力过滤、离心过滤等。其中，加压过滤和真空过滤都是在压力差下的过滤操作，处理量大，在工业中广泛采用。在压力差推动下，悬浮液中液体通过介质的孔道而固体颗粒被截留下来，从而实现固液分离。加压过滤可在较高压差下操作，设备结构紧凑，适用于过滤比阻力较大的悬浮液体系，但滤饼的卸除不易实现连续操作。真空过滤则是在滤液一侧抽真空来形成过滤的压力差，但压力差有限(极限值 0.1MPa)，需要较大的过滤面积，适用于过滤比阻力较小、处理量大的体系，滤饼可以连续卸除，因而可连续操作。

影响过滤速度的主要因素除了压力差、滤饼厚度外，还有滤饼和悬浮液的性质、悬浮液温度、过滤介质的阻力等因素。从流体流动的角度进行分析，过滤操作本质上是黏性流体通过固体颗粒床层的流动。固体颗粒床层简化为在固体中均匀、平行排列的小孔，过滤过程即滤液在压力差推动下穿过小孔的过程。滤液穿过小孔的流速可以用 Hagen-Poiseuille 方程表示：

$$u = \frac{d^2}{32\eta}\frac{\Delta p}{l} \tag{4-54}$$

式中，u 为流速；d 为孔的直径；η 为滤液动力黏度；Δp 为过滤过程的压力差；l 为小孔的长度。

根据以上分析，对于形成不可压缩滤饼的过滤过程，过滤速度可以表示为

$$u = \frac{\Delta p}{\eta(R_m + R_c)} \tag{4-55}$$

式中，R_m 为滤布造成的过滤阻力；R_c 为滤饼构成的阻力，R_c 正比于滤饼的厚度 l。当过滤面积为 F，而收集的滤液体积为 V 时，滤饼厚度可以用 $\frac{V}{F}$ 表示；作为类比，与 R_m 相对应的虚拟滤饼厚度为 l_e，可以认为对应于虚拟滤液体积为 V_e，$l_e = \frac{V_e}{F}$。

令 r_0 为滤饼的比阻力，x 为单位体积滤液的滤渣体积，则有

$$R_c = r_0 x l = \frac{r_0 x V}{F}, \quad R_m = \frac{r_0 x V_e}{F}$$

在某一时刻的滤速可以表示为 $u = \frac{1}{F}\frac{dV}{dt}$。通过对式(4-55)中各项参数的整理变形，可以得到有实用意义的过滤方程

$$\frac{dV}{dt} = \frac{\Delta p F^2}{\eta r_0 x (V + V_e)} \tag{4-56}$$

式(4-56)可变形为

$$\frac{1}{F}\frac{dV}{dt} = \frac{\Delta p}{\eta r_0 x \left(\frac{V}{F} + \frac{V_e}{F}\right)} \tag{4-57}$$

过滤开始时，$t = 0$，$V = 0$。以此为初始条件，对式(4-56)积分，可得

$$\frac{Ft}{V} = \frac{\eta r_0 x}{2\Delta p}\frac{V}{F} + \frac{\eta r_0 x}{\Delta p}\frac{V_e}{F} \tag{4-58}$$

令 $A = \frac{\eta r_0 x}{2\Delta p}$，$B = \frac{\eta r_0 x V_e}{\Delta p F}$，代入式(4-58)得

$$\frac{Ft}{V} = A\frac{V}{F} + B \tag{4-59}$$

由过滤实验数据，以 Ft/V 对 V/F 作图。图中过滤操作线的斜率为 A，$r_0 = \frac{2\Delta p A}{\eta x}$；过滤操作线的截距为 B，对应于过滤介质的阻力，$r_0 = \frac{B\Delta p F}{\eta x V_e}$。当过滤介质阻力较小而可以忽略时，$B \approx 0$。

三、实验仪器与试剂

1. 设备

本实验主体设备为带式真空过滤机，其结构如图 4-11 所示，由进料系统、过滤系统、洗涤系统、滤布的张紧和纠偏系统、真空系统等部分组成。主要部件包括：滤布、滤带、淋洗装置、真空过滤盒、摩擦带、纠偏装置、清洗装置、水环真空泵、气液分离器、返水泵和自动控制系统等。

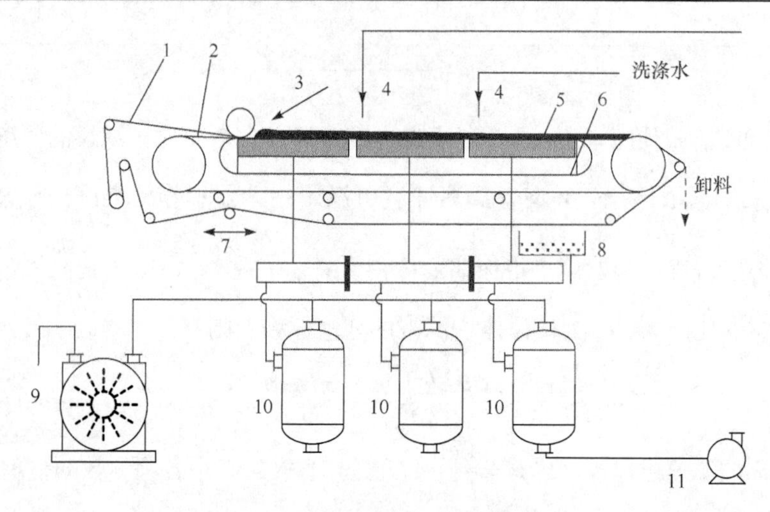

图 4-11　带式真空过滤机结构示意图

1. 滤布；2. 滤带；3. 加料点；4. 淋洗装置；5. 真空过滤盒；6. 摩擦带；7. 纠偏装置；8. 清洗装置；9. 水环真空泵；10. 气液分离器；11. 返水泵

(1) 真空过滤盒分段设计，满足物料分段进行过滤、洗涤、吸干的要求。待过滤的固液混合物料浆在滤带上按以下次序操作：进料→过滤→滤饼洗涤→吸干→卸料，滤液和清洗液分别收集。滤饼厚度、洗涤水量、真空度和过滤时间等操作参数可以调节。

(2) 带式过滤机驱动部分。380V 三相主电机，由动力柜供电，通过减速机驱动滤带转动。电机的风扇也是三相驱动，用于对电机进行空气冷却。

滤布的张紧和纠偏装置都由压缩空气驱动。本实验中，压缩空气通过空气压缩机产生。开机前，首先开启空压机，待压力基本稳定后(指示值达到 4atm 以上，1atm=101325Pa)，再开启主电机。滤布的转速可通过变频机调节。一般情况下，尽量保持较低的滤布移动速度。

(3) 带式过滤机附属部分。水环真空泵，型号 2BV5121，抽气量 $4.5m^3 \cdot min^{-1}$，功率 5kW。水环真空泵以自来水作为工作介质。真空泵连通进水管路，进气口连接气液分离器。气液分离器两个一组并联使用，都与过滤机真空过滤盒的出口连通。有关管路的连接如图 4-12 和图 4-13 所示。

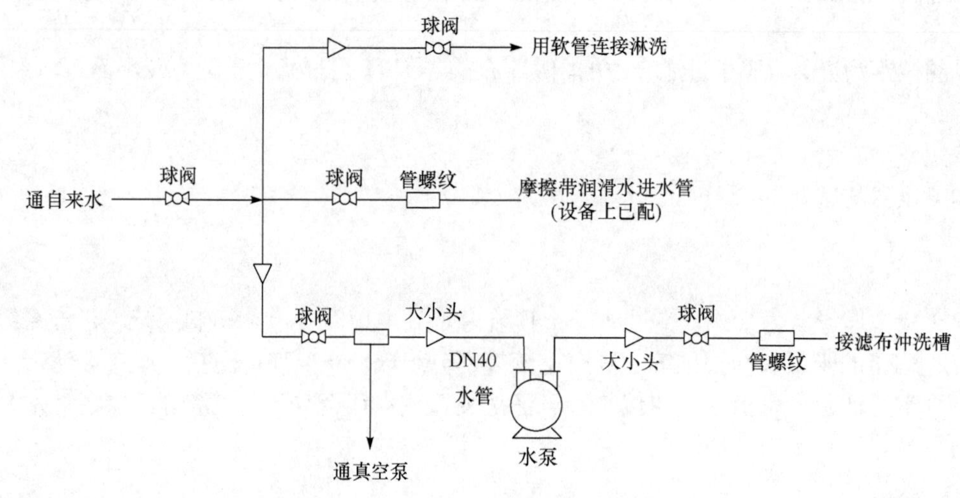

图 4-12　带式真空过滤机用水管路

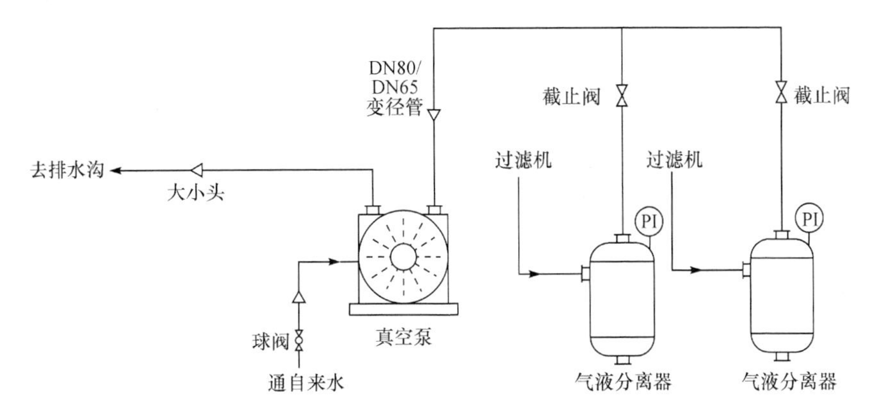

图 4-13　过滤机水环真空系统的连通管路

(4) 摩擦带组件。带式真空过滤机中移动的橡胶带与固定的摩擦块之间有两条两面摩擦系数不同的摩擦带，摩擦带与安装在真空过滤盒上的摩擦块之间的密封采用水密封结构。在摩擦块的沟槽中通入低压水，既起到密封作用，又起到润滑作用，以确保真空密封与减少摩擦块和摩擦带的磨损。

(5) 滤布洗涤。利用反冲洗泵的承压水对滤布进行有效冲洗。滤布堵塞不明显，且物料在滤布上附着不强时，也可以只对滤布简单刷洗。

2. 材料

黄沙或 $CaCO_3$ 等、水。

四、实验内容与步骤

1. 带式真空过滤机操作实验

(1) 加入计量后的水和黄沙，开启悬浮液配料槽，配制成质量分数为 20%的水悬浮液。

(2) 启动带式真空过滤机的驱动电机，使滤带开始运转；调节电机输入频率，使开始时滤布以低速移动，速率在 $1cm \cdot s^{-1}$ 左右。打开摩擦带润滑水的进水管球阀，利用水的润滑作用减少摩擦带移动阻力，并起到密封带与滤布、真空过滤盒接触面之间的密封作用。

(3) 打开真空泵给水阀门，待出口有水流出时，开启真空泵。开始由悬浮液配料槽向过滤机进料，当系统压力显著下降、系统真空度趋于稳定时，调节滤带速率旋钮，使滤布以合适的速率移动(速率在 $3cm \cdot s^{-1}$ 以上)。记录真空系统压力 p_1 和滤饼厚度、滤带移动速率。过滤压力差为 $\Delta p = p_0 - p_1$ (p_0 为大气压力)。在滤带真空段的尾端(靠近卸料口处)对滤饼取样，用于分析湿分含量 W_{H_2O} 。

(4) 调节滤带速率旋钮，通过变频机的输出频率改变滤带的移动速率和过滤时间；重新在真空段尾端取湿滤饼样，并分析湿分含量 W_{H_2O} 。

(5) 滤饼中湿分含量的测定：湿饼称量后，置于烘箱中，在 393K 下干燥 0.5～1h，冷却，称量，计算其中的水分含量。

2. 过滤常数测定

在小试系统中，用砂浆为原料，用布氏漏斗进行抽滤实验(事先测量过滤面积)：将20%砂浆加入布氏漏斗(勿溢出)，开动水冲真空泵，并开始计时；在抽干前某一时刻t_1，停止抽滤，量取过滤清液的体积V_1，并记录抽滤压力Δp。继续抽滤，至无液滴漏下，测定滤液的总体积；取样，分析其中的水分含量。

滤饼中湿分含量的测定：湿饼称量后，置于烘箱中，在393K下干燥0.5～1h，冷却，称量，计算其中的水分含量。

五、实验数据记录与处理

表4-5　带滤实验数据

带滤机过滤面积F=_______m^2，操作压差Δp=_______MPa

序号	变频指示/Hz	过滤时间Δt/min	滤饼水含量		
			湿滤饼质量/g	干滤饼质量/g	W_{H_2O}/%
1					
2					
3					
4					
5					

表4-6　比阻参数数据

过滤面积F=_______m^2，压力Δp=_______MPa

序号	过滤时间Δt/min	滤液累积量/mL	滤饼水含量		
			湿滤饼质量/g	干滤饼质量/g	W_{H_2O}/%
1					
2					
3					
4					
5					

以式(4-59)为依据，整理表4-6中滤速与时间的关系，得到相应滤饼的比阻参数。

六、实验注意事项

(1) 操作时注意带式过滤机的运转，不要被设备夹伤。

(2) 不要抛弃滤饼和滤液，最后要回收到配料槽，重新用于悬浮液的配料。

(3) 实验中，启动真空泵后，需检查真空度是否达到要求(26kPa以上)。真空度过低时，检查设备中各潜在漏气点位置，逐个予以排除解决。

(4) 在开启驱动电机前，检查滤布张紧的气动系统是否正常，确保滤布处于张紧状态。

七、思考题

(1) 过滤过程的主要影响因素有哪些？

(2) 滤浆浓度和操作压力对过滤常数值有什么影响？

(3) 为什么过滤开始时滤液常有些浑浊，过段时间后才变清？

(4) 滤饼的可压缩性是什么原因造成的？在过滤基本方程中，滤饼的可压缩性是如何表征的？

(5) 对于本实验所用的模拟悬浮液体系(黄沙或 $CaCO_3$)，过滤后滤饼是可压缩的，还是不可压缩的？

实验 12　固液旋流分离分级技术

一、实验目的

(1) 了解旋流分离器的工作原理和结构特点，掌握旋流分离器的基本操作。

(2) 掌握旋流分离器流量-压力曲线、分离效率和分股比的测定方法。

(3) 了解不同尺寸旋流分离器的分离特性。

二、实验原理

固液旋流分离是依靠连续相(流体)与分散相(固体颗粒)之间的密度差进行多相分离的技术，分离原理如图 4-14 所示。混合物以一定的压力(或初速度)由切向进料口进入旋流分离器，流体的压力能转化为流体的动能，利用流体在旋流体内高速旋转产生很强的离心力场，使分散相在离心力的作用下在旋转运动的同时向下、向外运动，最终形成外旋流以底流形式从底流口排出；而连续相在旋转运动的同时向上、向内运动，最终形成内旋流以溢流形式由溢流口排出，实现分散相从连续相中的分离，达到脱除流体中夹带的固体颗粒或者分级固体颗粒的目的。

常规固液旋流分离器主要由四部分组成(图 4-15)。

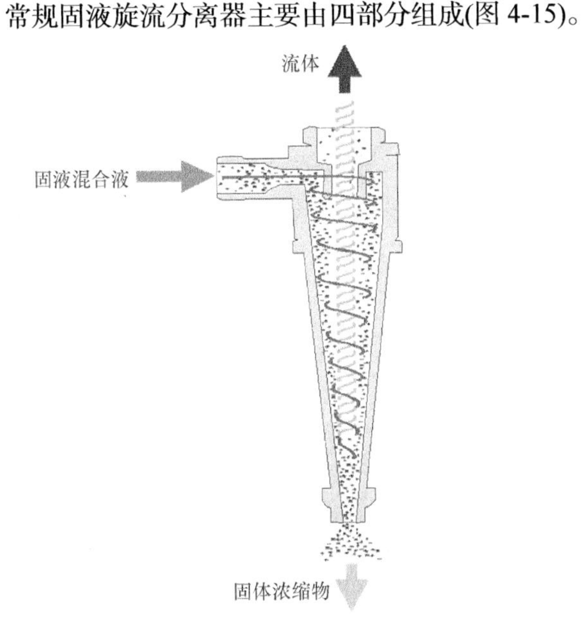

图 4-14　固液旋流分离原理

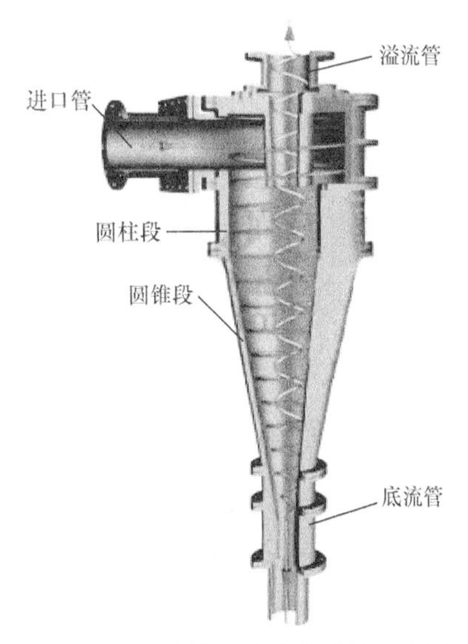

图 4-15　固液旋流分离器结构示意图

(1) 旋流体：旋流分离器的主要部分，由上部的圆柱段与下部的圆锥段组成。表征旋流体的结构参数主要有旋流体圆柱段直径和圆锥段的锥角，其中圆柱段直径决定旋流器的处理能力，圆锥段的锥角大小与旋流器分离固体颗粒的分离精度密切相关。

(2) 旋流器进口：在旋流体的切向方向与旋流体相连，结构参数主要包括进口管数量、进口形式和进口横截面等。

(3) 溢流管：轻相物料的出口，位于旋流体顶部的中心处。通常情况下将其伸入旋流体内，以降低短路流对旋流分离效率的影响。

(4) 底流管：重相物料的出口，位于圆锥段的下方。

处理量、压降、分离效率和分股比是固液旋流分离器主要工艺指标。进口料液流量标志着旋流分离器处理料液的能力，决定内流场的强度，直接影响旋流分离器的性能。流量较小时，旋流分离器内流速较小，离心力也较小，不足以对混合物进行有效的分离；流量较大时，通过旋流分离器的压降会增大，而颗粒的夹带量也会增大。压降是进口处压力和溢流出口压力之差，是旋流分离器给料泵功率的选择依据，它决定能量消耗，同时影响旋流分离器生产能力和分离粒度。旋流分离器的尺寸决定压降与流量之间的关系。

分离总效率 ε 是被旋流分离器分离出来的分散相量占进料中分散相总量的比，计算式如下

$$\varepsilon = \frac{M_u}{M_i} = \frac{c_u G_u}{c_i G_i} = \frac{(c_i - c_o)c_u}{(c_u - c_o)c_i} \tag{4-60}$$

式中，M_i、M_u 分别为进口、底流口分散相质量流率($kg \cdot s^{-1}$)；G_i、G_u 分别为进口、底流口总质量流率($kg \cdot s^{-1}$)；c_i、c_o、c_u 为进口、溢流口和底流口分散相质量浓度。

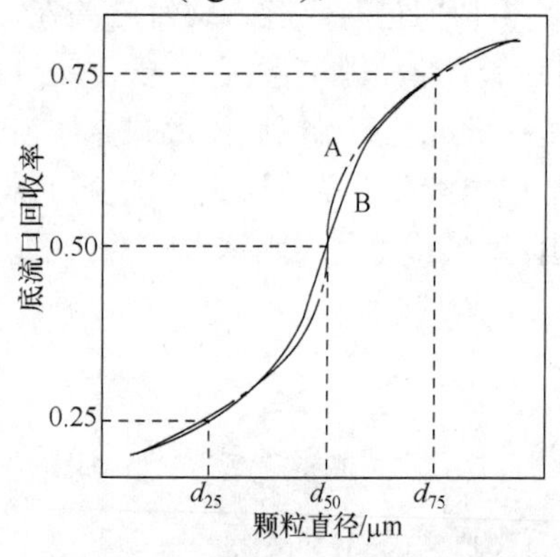

图 4-16　旋流分离器分离效率曲线

与分离总效率 ε 类似，某一粒径(或粒径区间) n 的颗粒在底流的回收率称为该粒径颗粒的分级效率 ε_n。通过计算不同粒度物料在底流口的回收率绘制得到分离效率曲线，如图 4-16 所示。分离效率曲线表示进料中不同粒度物料进入底流口的质量分数与各相应粒度间的关系，可以根据分离效率曲线的形状判定颗粒分级过程进行的完善程度。分离效率为 25%、50%和 75%对应的颗粒尺寸分别记为 d_{25}、d_{50} 和 d_{75}，其中 d_{50} 通常称为分割粒度，表示这种粒度的颗粒从底流口与溢流口排出旋流分离器的概率各占 50%。

分股比 F 是指底流体积流量与溢流体积流量之比，它是影响旋流分离器分离性能的重要参数。分股比计算式如下：

$$F = \frac{Q_u}{Q_o} \times 100\% \tag{4-61}$$

式中，Q_o、Q_u 分别为溢流口和底流口体积流量($m^3 \cdot h^{-1}$)。

三、实验仪器与试剂

(1) 仪器：实验流程图如图 4-17 所示，原料在物料罐内混合均匀，混合物料由离心泵从物料罐泵出，经由自力式稳压阀稳定压力，并进入缓冲罐，观察压力表，待进口压力进一步稳定。根据工况，调节阀门，分别分配物料进入不同直径的三个旋流分离器。经过旋流分离器分离后的溢流和底流分别汇集返回至物料罐，循环进行，在旋流分离器的进出口设采样接

口。其中，流量测量使用涡轮流量计，压力测量使用隔膜压力表。设备工况主要通过各阀门调节控制。

(2) 试剂：石英砂和清水。

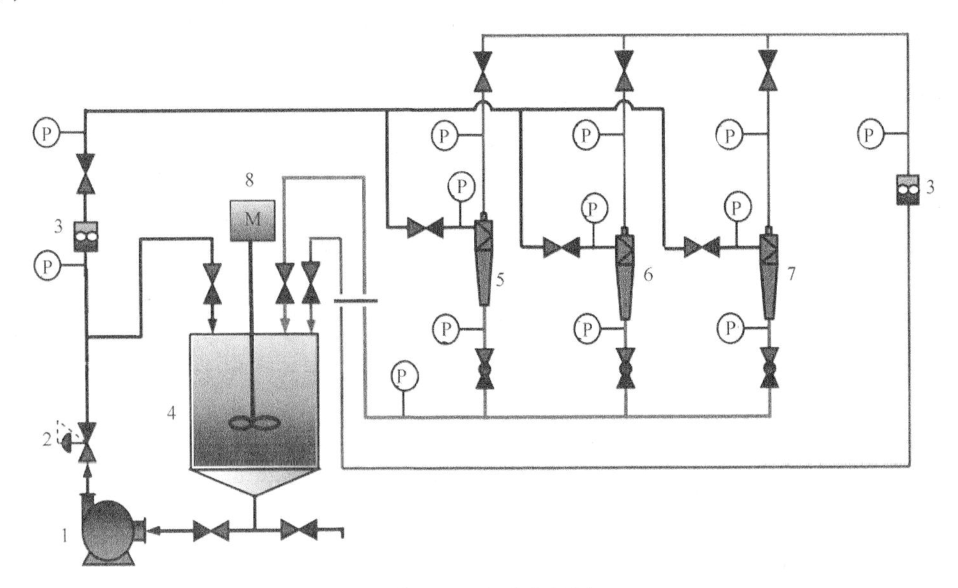

图 4-17　实验流程图

1. 离心泵；2.自力式稳压阀；3. 涡轮流量计；4. 物料罐；5. 10mm 旋流分离器；6. 25mm 旋流分离器；7. 50mm 旋流分离器；8. 搅拌装置

四、实验内容与步骤

1. 实验准备

(1) 装置检查。检查各压力表是否归零，检查各阀门开关状态是否正确，检查涡轮流量计电池电量是否充足或是否接通外接电源。

(2) 装置调试。向物料罐中加入一定量的清水，在离心泵出口阀关闭情况下启动离心泵，开启离心泵出口阀，检查装置是否有泄漏；通过阀门调试，检查各压力表是否正常，检查涡轮流量计是否正常。完成实验准备后，保持设备运行。

2. 实验步骤

(1) 关闭所有旋流分离器入口阀，将泵回流阀开到最大。

(2) 取一定量的颗粒物料做粒度分布分析。

(3) 开启搅拌装置，将颗粒物料加入物料罐中配制悬浮液，保持设备运行 5min，使颗粒在水中充分分散，形成均匀的浆料，取样、过滤、称量，确定进料固含量。

(4) 选取 50mm 旋流分离器，将选定的旋流分离器的溢流和底流调节阀全开，由小到大调节进口调节阀的开度，使旋流分离器进口压力逐渐增大。若调节进口调节阀时进口压力不再升高，可适当减小泵回流阀开度。

(5) 调节进口压力，范围为 0～0.3MPa，每次调节量为 0.02MPa，待压力稳定后采样。

(6) 记录不同进口压力下进口和溢流流量，绘制流量-压力曲线，计算分股比。对溢流和底流样品过滤称量，确定溢流和底流固含量，计算分离总效率。

(7) 分析溢流和底流固体颗粒粒度分布，计算不同粒级颗粒分级效率，绘制分离效率曲线。

(8) 选取 25mm 和 10mm 旋流分离器，重复步骤(4)～(7)。

(9) 完成停车。关闭设备电源，打开物料罐的排料口阀门，排净系统中的物料。

五、实验数据记录与处理

表 4-7　分股比数据

________mm 旋流分离器

序号	进口压力 p_i/MPa	进口流量 Q_i/($m^3 \cdot h^{-1}$)	溢流流量 Q_o/($m^3 \cdot h^{-1}$)	底流流量 Q_u/($m^3 \cdot h^{-1}$)	分股比 F/%
1	0.02				
2	0.04				
3	0.06				
4	0.08				
5	0.10				
…					

表 4-8　固体颗粒分离总效率数据

________mm 旋流分离器，进口固含量 c_i：________

序号	进口压力 p_i/MPa	溢流固含量 c_o	底流固含量 c_u	分离总效率 ε
1	0.02			
2	0.04			
3	0.06			
4	0.08			
5	0.10			
…				

表 4-9　颗粒分级实验数据

________mm 旋流分离器，进口压力 p_i=________MPa

序号	颗粒粒级/μm	进口固含量 c_{in}	溢流固含量 c_{on}	底流固含量 c_{un}	分级效率 ε_n
1					
2					
3					
4					
5					
…					

绘制分离效率曲线，分割粒度 d_{50}=________ μm。

六、实验注意事项

(1) 实验前应充分了解旋流分离器设备结构及其操作方法。

(2) 本实验固含量一般小于 10%，如果处理固含量高的体系，应选用渣浆泵。

七、思考题

(1) 如何判断旋流分离器是否进入稳定工作状态?
(2) 简述旋流分离器进口压力与处理量的关系。
(3) 简述旋流分离器进口压力与底流固含量的关系。
(4) 简述旋流分离器压降与分股比的关系。
(5) 简述旋流分离器尺寸对压力-流量、分离效率和分股比的影响。

实验 13　细粒矿物摇床分选

一、实验目的

(1) 了解摇床的结构和分选原理，熟悉摇床的基本操作和调节过程。

(2) 考察不同密度和粒度的颗粒物料在摇床上的分布规律，观察实验过程中不同颗粒物料在床面上的扇形分布。

(3) 掌握摇床各操作参数对分选指标的影响规律。

二、实验原理

摇床是分选细颗粒物料应用最广的重力选矿设备之一。摇床主要有两个特征：一是床面纵向设置床条或者刻槽，二是床面做往复不对称运动。

1. 摇床分选主要过程

1) 物料在床面上的松散分层

摇床分选过程中，水流沿着摇床床面发生横向流动，不断跨越床面的床条，每经过一个床条即发生一次水跃。在水跃的影响下，床面上的物料受到水流不同方向的推力而变松散并按沉降速度分层。同时，床面的纵向往复不对称运动也会使物料松散并发生析离分层。经过沉降分层和析离分层的联合作用，粗轻颗粒在最上层，其次是细轻颗粒，再次是粗重颗粒，最底层为细重颗粒。颗粒物料在摇床表面运动示意如图 4-18 所示。

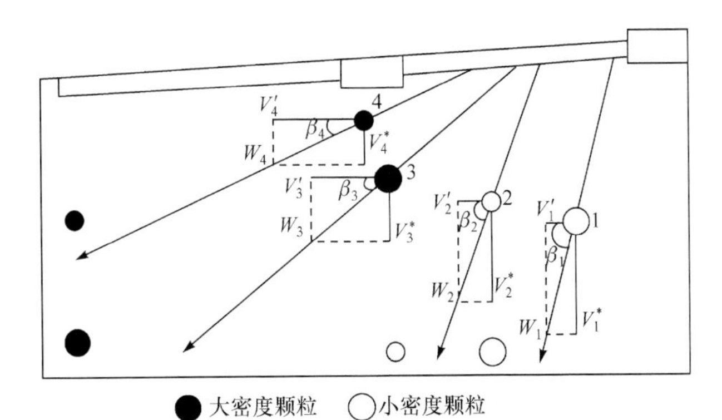

图 4-18　颗粒物料在摇床表面运动示意图

2) 物料在床面上的运搬分带

横向水流包括入料悬浮液中的水和冲洗水两部分。由于横向水流的作用，位于同一高度层的颗粒，粒度小的比粒度大的运动快，密度小的比密度大的运动快。这种运动差异又由于分层后不同密度和粒度的颗粒占据不同的床层高度而更加明显。通过不断地用水流冲洗，将细粒轻产物和粗粒重产物逐步分离。

由于床面存在往复不对称运动，颗粒沿床面纵向的运动速度也不同。特别是颗粒群分层以后，加剧了不同密度和粒度的颗粒沿床面的纵向运动差异：底层密度较大的颗粒，由于与床面间的摩擦系数较大，在床面的带动下，向前移动的距离也大；位于上层的颗粒，由于水的润滑及所具有的相对松散的状态，摩擦力较小，随床面一起运动的趋势较弱，因而向前移动的距离相对较小。这样不同密度和粒度的颗粒物料在床面上分层、运动的结果，就形成了颗粒物料在床面上的扇形分布。

摇床外形和分选原理如图 4-19 和图 4-20 所示。

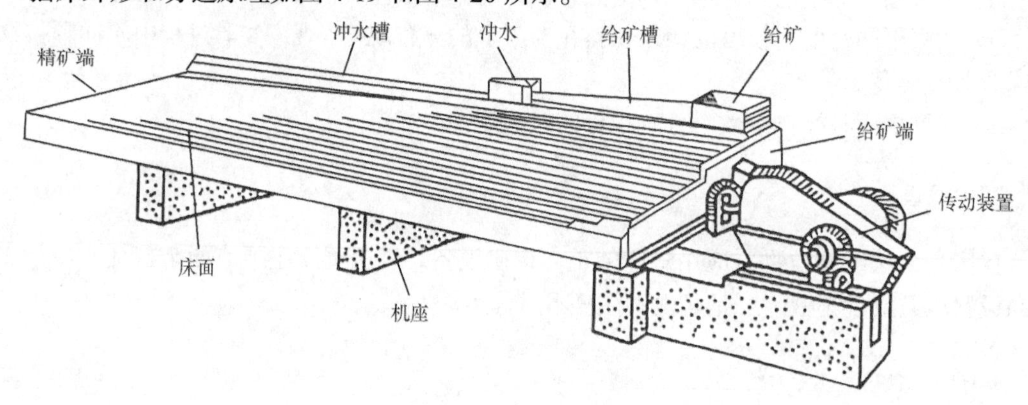

图 4-19 摇床外形图

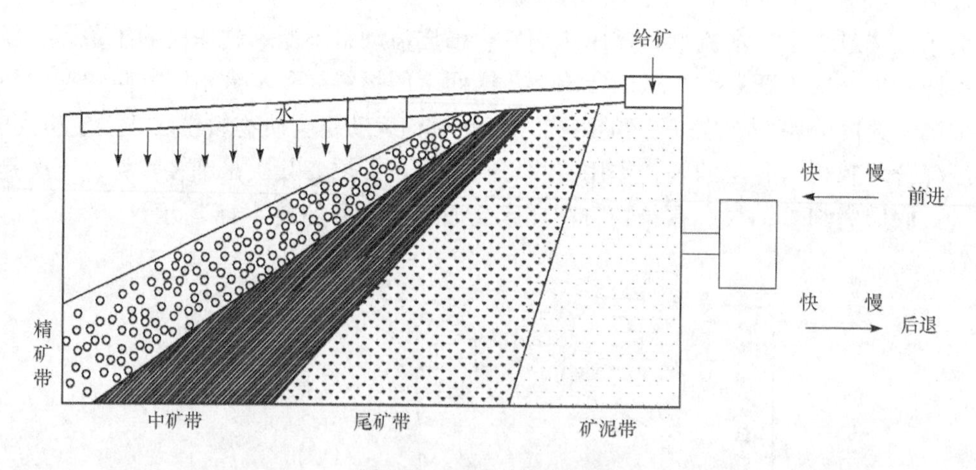

图 4-20 摇床分选原理图

2. 影响分选的主要因素

摇床的分选指标除与摇床本身的结构有关外，在设备已定的条件下，主要取决于摇床的操作因素，包括摇床的冲程、冲次、冲洗水、床面的横向坡度、给矿浓度、给矿的粒度组成及给矿量等。

1) 冲程、冲次

摇床的冲程和冲次综合决定床面运动的速度和加速度。为使床层在运动中达到适宜的松散度，床面应有足够的运动速度，而从颗粒物料分选来看，床面还应有适当的正、负加速度差值。适宜的冲程、冲次主要与入选物料的粒度有关。冲程增大，水流的垂直分速以及由此产生的上浮力也增大，保证较粗较重的颗粒能够松散。冲次升高，则降低水流的悬浮能力。因此，分选粗粒物料用低冲次、大冲程，分选细粒物料用高冲次、小冲程。

2) 横向坡度与冲洗水

冲洗水的大小和床面的横向坡度共同决定横向水流的流速。横向水流的流速一方面要满足床层松散的需要，并保证最上层的轻矿物颗粒能被水流带走；另一方面又不宜过大，否则不利于重矿物细颗粒的沉降。分选粗粒物料时，既要求有大水量又要求有大坡度，而分选细粒物料时则相反。分选同一种物料时，“大坡小水”和“小坡大水”均可使矿粒获得同样的横向速度，其中“大坡小水”的操作方法有助于节水，但此时精矿带将变窄，而不利于提高精矿质量。因此，用于粗选的摇床宜采用“大坡小水”的操作方法，用于精选的摇床则应采用“小坡大水”的操作方法。

3) 给矿性质

给矿性质包括：给矿的粒度组成、给矿浓度和给矿量等。给矿量和给矿浓度在操作中应保持稳定。给矿量和给矿浓度的变化影响物料在床面上的分层、分带状况，因而直接影响分选指标。当给矿量增大，矿层厚度增大，析离分层的阻力也增大，从而影响分层速度。同时，因横向矿浆流速增大，尾矿损失增加。如果给矿量过少，在床面上难以形成一定的床层厚度，也会影响分选效果。适宜的给矿量还与物料的可选性和给矿的粒度组成有关。当给矿粒度小、含泥量高时，应控制较小的给矿浓度，正常的给矿浓度一般为 15%～30%。

三、实验仪器与试剂

(1) 仪器与设备：实验室小型摇床、标准筛、电子天平、烘箱、测角仪、转速表、量筒、秒表。

(2) 材料：磁铁矿、石英砂颗粒物料。

四、实验内容与步骤

(1) 观察实验室小型摇床的结构，练习冲程、冲次和床面横向坡度的调节方法。

(2) 用 40 目筛对石英砂和磁铁矿进行筛分，获得小于 40 目的两种物料，将两种物料按照一定比例进行混合，获得待分离的混合矿样。

(3) 称取矿样 3 份，每份 1kg，分别用水润湿调匀。

(4) 启动摇床，并在床面上调好调浆水和冲洗水，取一份试样在 4min 内均匀给入，同时逐步调整床面的横向坡度、冲程等参数，以矿粒在床面呈扇形分布为宜，记录此时的水量及摇床参数，然后将床面及接矿槽清洗干净。

(5) 固定以上条件，将一份试样按步骤(4)进行正式分选实验；调整原矿比例，重复步骤(4)，可重复实验以加深掌握。

(6) 分别收集粗轻颗粒、细轻颗粒、粗重颗粒、细重颗粒和矿泥 5 种物料进行称量、记录，理解不同密度和粒度的物料在摇床上的分布规律。

(7) 分别对收集的 5 种矿粒进行筛分，获得分选后矿物的粒度组成。

(8) 将选出细重矿粒(精矿)和粗重矿粒(精矿)、细轻矿粒(中矿)、粗轻矿粒(尾矿)4 个产品分别烘干、称量、计算品位。如果产品量较大，则将产品缩分为 100g 样品用于计算品位。产品的品位(纯度)为单位体积或单位质量颗粒物中有用组分的含量，一般以质量百分比表示。

(9) 4 个产品分别用磁铁吸出磁铁矿，将磁铁矿和石英砂分别称量，计算产品品位。

(10) 实验结束后清理实验设备、整理实验场所。

五、实验数据记录与处理

(1) 将实验条件与分选数据记录于表 4-10～表 4-13。

(2) 进行数据处理，分析实验条件与分选结果间的关系。

(3) 根据数据，计算精矿回收率(%)。

表 4-10　分选原料组成

序号	石英砂/g	磁铁矿/g	磁铁矿品位/%
1			
2			
3			

表 4-11　摇床操作参数

序号	处理量/(kg · h^{-1})	床面横向坡度/(°)	冲水量/(L · min^{-1})	冲次/min^{-1}	冲程/mm
1					
2					
3					

表 4-12　摇床分选数据

产品	质量/g	接料点距床尾距离/mm	–40～+60 目物料质量/g	–60～+80 目物料质量/g	–80 目物料质量/g
细重矿粒					
粗重矿粒					
细轻矿粒					
粗轻矿粒					
合计					

表 4-13　选矿综合技术指标

产品	磁铁矿质量/g	石英砂质量/g	品位/%
细重矿粒			
粗重矿粒			
细轻矿粒			
粗轻矿粒			

六、实验注意事项

(1) 实验过程需要验证摇床分选物料的扇形分布规律，注意调节摇床操作参数，使得扇形分布明显。

(2) 加强摇床分选原理的学习，分析冲洗水在分选过程中的作用。

七、思考题

(1) 设想床条的高度沿纵向不变会发生什么现象？为什么？

(2) 摇床分选过程中哪种类型颗粒容易发生错配？

(3) 影响摇床分选指标的主要因素有哪些？通过哪些操作可以提高分选指标？

(4) 摇床分选过程中冲洗水如何促进颗粒的分选？

(5) 摇床分选过程中颗粒都受到哪些力的作用？

实验 14　矿物浮选分离

一、实验目的

(1) 了解浮选原理与浮选药剂作用。

(2) 了解浮选设备结构，熟悉实验室小型单槽浮选机结构与操作。

(3) 了解影响浮选效率的主要工艺操作参数，基本掌握浮选技术的研究方法。

二、实验原理

矿石浮选主要利用矿物表面物理化学性质的差异，特别是表面亲、疏水性的差异，在固液气三相界面选择性富集一种或几种目标矿物颗粒，以气泡作为载体，使疏水性强的矿物颗粒选择性地向气泡附着，而亲水性矿物留在矿浆中，实现不同矿物颗粒物的分离。

自然界中的固体颗粒物绝大多数可浮性差，在浮选过程中往往通过添加浮选药剂或调整工艺操作，强化不同矿物颗粒间的表面性质差异性，选择性地改变颗粒物的可浮性，可以增强一种矿物或某几种矿物的可浮性，也可以减弱某种固体颗粒物的可浮性。因此，研究浮选工艺过程需从三方面着手：

(1) 浮选药剂的有效筛选及复配。浮选药剂从功能上主要分为捕收剂、起泡剂和调整剂。捕收剂的作用是能选择性地作用于矿物表面并使其疏水；起泡剂能使空气在矿浆中弥散，增加分选气液界面，提高升浮过程中气泡的机械强度；调整剂主要包括抑制剂、活化剂、分散剂、絮凝剂、pH 调整剂等，能够起到调整浮选体系条件，强化捕收剂、起泡剂功能的作用。控制浮选药剂在提高浮选速度和选择性方面起着重要的作用，因此如何通过筛选与复配得到适合特定矿物体系的高性能浮选药剂，决定着浮选技术应用效果的好坏。

(2) 矿物颗粒度的选择。进行矿物浮选时，磨矿是必不可少的一道准备作业，粒度需要达到一定的要求，才能使绝大部分有用的矿物从镶嵌状态中以单体解离出来，并且能够利用泡沫进行负载上浮。矿物颗粒的大小与选矿成本、浮选效率、产品纯度等方面直接相关。实践证明，各种粒度的浮选行为是有显著差别的，因此，针对不同矿物，确定其最优的浮选粒度范围是浮选技术应用的前提。

(3) 浮选工艺操作优化。浮选基本工艺操作过程可以划分为浮选原料的预处理、浮游分选和排出产品三个步骤。经过磨矿得到合适粒度的矿浆，然后送入搅拌槽中并添加浮选药剂，搅拌一段时间后，送入浮选机中，再引入空气介质，形成适当气泡，在药剂作用下，疏水性矿物附着气泡上升，刮出泡沫，亲水性矿物随底流流走，最终使泡沫产品得以与底流产品分离。在实际浮选操作过程中，入料浓度、药剂用量、充气量、矿化时间、泡沫厚度、主轴转速、浮选次数等各种因素均对浮选的成本、操作的可控性与安全性、产品的产率与纯度具有重要的影响，因此，在实验或生产过程中不断优化浮选工艺操作条件，对提高矿物的浮选效果具有重要意义。

浮选过程一般包括以下几个步骤：

(1) 原料准备。主要包括磨矿、调浆、加药、搅拌等环节。原矿被磨细后，颗粒物与浮选介质配成适宜浓度的矿浆，按合适的顺序添加浮选药剂并搅拌，使浮选药剂与矿粒表面充分作用，通过调整目标颗粒物与非目标颗粒物的可浮性，强化不同颗粒物表面可浮性的差别。

(2) 搅拌充气。依靠浮选机的搅拌充气器进行搅拌并吸入空气，也可以设置专门的压气装置将空气压入。其目的是使矿粒呈悬浮状态，同时产生大量尺寸适宜且较稳定的气泡，增加矿粒与气泡接触碰撞的机会。

(3) 气泡矿化。经与浮选药剂作用后，矿浆中的疏水性颗粒与气泡发生碰撞、附着，形成矿化气泡，表面亲水性矿粒不能附着于气泡而存留在矿浆中。

(4) 矿化泡沫的刮出。矿化气泡上升到矿浆的表面，形成矿化泡沫层，通过适当的方式及时排出矿化泡沫，此产品称为泡沫精矿，而留在矿浆中然后排出的产品称为尾矿。

浮选效率可以用产品的品位(纯度)和产品的收率表征。

$$\text{产品收率} = \frac{\text{产品中有用组分的质量}}{\text{原料中有用组分的质量}} \times 100\%$$

三、实验仪器与试剂

(1) 设备与仪器：单槽浮选机(图 4-21)、烘箱、移液管。

(2) 原料与试剂：矿样、浮选药剂(具体视试样种类而定)。

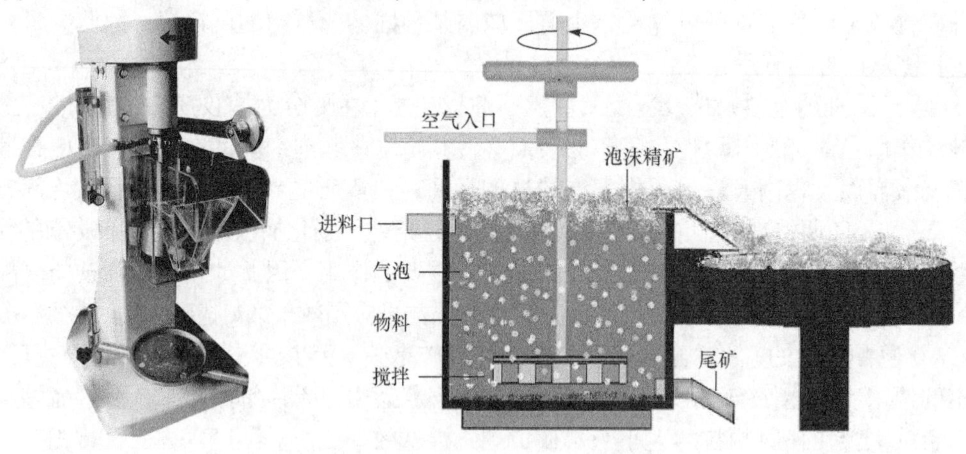

图 4-21 单槽浮选机及其原理示意图

四、实验内容与步骤

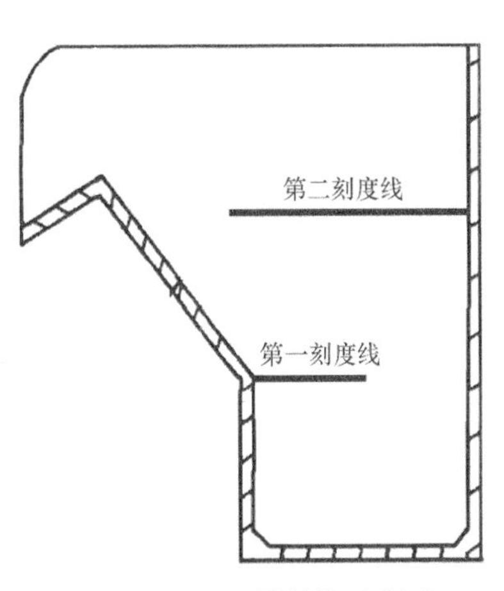

图 4-22　浮选槽结构示意图

(1) 学习操作规程，熟悉浮选设备的结构，了解操作要点；检查、清洗浮选槽，并安装就位、试运转，确保实验顺利进行和人机安全。

(2) 称取已磨细的矿样，计算浮选药剂所需量。

(3) 关闭进气阀，向浮选槽中加入浮选介质至第一刻度线，见图 4-22。

(4) 将矿样加入浮选槽，待矿浆搅拌均匀后，加水至第二刻度线。

(5) 向矿浆中加入所需用量的捕收剂，搅拌若干分钟。

(6) 向矿浆中加入所需用量的起泡剂，搅拌均匀后，打开充气开关向矿浆中充气；随即开启刮泡机，刮取泡沫并全部接取。

(7) 随着浮选的进行，浮选槽中的液位逐渐降低，为了保证均匀刮泡，需要用洗瓶不断补加澄清母液，同时冲洗黏附在搅拌轴、槽壁上的颗粒，母液补加量以不积压泡沫、不刮水为准。

(8) 待浮选过程无泡沫或泡沫基本为水泡后，关闭充气开关，停机；将边壁黏附的颗粒冲入槽中，将溢流口及刮板上的颗粒冲入精矿；排出槽中尾矿。

(9) 将分选产物过滤、脱水、烘干至恒温，然后冷却至室温并称量，制样，进行分析检测。

(10) 改变入料浓度，重复实验。

(11) 清洗实验设备，整理实验场所。

五、实验数据记录与处理

表 4-14　矿物浮选实验数据

实验序号	入料浓度 $/(g\cdot L^{-1})$	起泡剂用量 $/(g\cdot t^{-1})$	捕收剂用量 $/(g\cdot t^{-1})$	充气流量 $/(m^3\cdot m^{-2}\cdot min^{-1})$	主轴转速 $/(r\cdot min^{-1})$
1					
2					
3					

表 4-15　矿物浮选实验数据处理

产品	质量/g	纯度/%	收率/%
精矿			
尾矿			
合计			

六、实验注意事项

(1) 补加澄清母液时要均匀，刮泡时不刮水、不压泡，保证矿浆液面的恒定。

(2) 清洗过程要将设备、器具清洗干净。

七、思考题

(1) 简述浮选药剂的种类与作用。

(2) 影响浮选效果的主要因素有哪些?

(3) 在调浆过程中加入捕收剂后，其与矿粒作用阶段为什么不充气?

(4) 简述捕收剂和起泡剂的作用机理，尝试改变捕收剂、起泡剂用量，实验考察浮选效果的变化。

第5章

资源循环利用工艺实验

我国矿物资源利用过程效率低，大宗工业废弃物无害化、减量化、资源化程度差，在造成资源浪费的同时带来严重的环境污染问题。资源循环利用面对的问题往往由单一命题转化成多因素交叉命题，过程复杂，约束因素多，常需外加能量，一个新技术成功与否还与经济指标和环境指标直接相关。要综合解决资源循环利用问题，除需借助化学工程、矿物加工工程、环境工程、生物工程的基本理论、方法与手段外，还需要各个学科的交叉创新和多种反应分离技术耦合，并依靠现代表征技术帮助分析微观机理与工程现象本质。本章共设计 9 个实验，目的在于突出浸取、萃取、热解、吸附、分质结晶、生物氧化、膜分离等先进单元分离技术及其相互耦合在解决资源循环利用工程技术命题中的重要作用，提高学生理论联系实际的能力，做到举一反三，在实验中学习关注设备的选型设计。

实验 15　煤矸石浸取铝镓资源工艺过程

一、实验目的

(1) 了解煤矸石的来源和组成。

(2) 了解煤矸石的活化原理。

(3) 掌握煤矸石浸取过程的操作方法。

二、实验原理

煤矸石的主要来源包括：露天剥离以及井筒和巷道掘进过程中开凿排出的矸石，主要包含泥岩、砂岩、页岩、砾岩、粉砂岩和石灰岩；煤层开采过程中，夹在煤层之中的矸石；在选煤过程中排出的洗矸；发热量很低的劣质煤炭。

煤矸石为多种矿岩组成的混合物，属沉积岩。煤矸石的岩石组成与煤田地质条件有关，也与采煤技术密切相关。根据煤矸石中 Al_2O_3 含量和 Al_2O_3/SiO_2 含量比值可以将煤矸石分为高铝质、黏土岩质和砂岩质三大类，这三类煤矸石相应的化学成分见表 5-1。

表 5-1　煤矸石化学成分(%)

类型	Al_2O_3	SiO_2	K_2O	TiO_2	Fe_2O_3	CaO	MgO	Na_2O
高铝质	37～44	42～54	0.1～0.9	0.1～1.4	0.2～0.5	0.1～0.7	0.1～0.5	0.1～0.9

续表

类型	Al_2O_3	SiO_2	K_2O	TiO_2	Fe_2O_3	CaO	MgO	Na_2O
黏土岩质	14～34	24～56	0.3～3	0.4～1	1～7	0.5～9	0.5～6	0.2～2
砂岩质	0.4～20	53～88	0.1～5	0.1～0.6	0.4～4	0.3～1	0.2～1.2	0.1～1

露天堆放的煤矸石经长期风化、淋溶、自燃等物理化学作用，会出现一系列环境问题，因此对煤矸石的处理和综合利用引起了人们的广泛重视。高铝煤矸石作为铝土矿潜在的替代资源，提取铝系化工产品是其资源化利用的重要途径。一些地区富镓煤矸石的镓含量也达到开采品位(金属镓含量大于 30g · t^{-1})。目前世界上还未发现以镓为主要成分的矿藏，其制备基本从提取铝、锌后的废料中获得，除此以外就是从含镓的煤基固废中提取。

煤矸石的活化和浸取过程是提取铝镓资源的关键步骤。煤矸石的活化途径主要有热活化、机械活化和复合活化等。热活化是通过对原料进行焙烧，使原料脱水、脱碳，破坏其内部晶体结构，形成游离态的 SiO_2、Al_2O_3 等无定形混合物，从而提高铝镓等元素的浸取率；机械活化是利用机械粉碎过程中，煤矸石固体受机械力作用而发生的颗粒和晶粒的细化、无定形化、脱水、脱羟基等一系列复杂的物理化学过程，进而提高铝、稼等元素的浸取率；复合活化是采用多种方法相结合的活化途径。浸取是指在一定温度和压力条件下，利用酸/碱将有价元素溶解转入溶液，使不溶物进入滤渣。以硫酸浸取为例，经活化的煤矸石酸浸发生的主要反应有

$$Al_2O_3 + 3H_2SO_4 \longrightarrow Al_2(SO_4)_3 + 3H_2O \tag{5-1}$$

$$Fe_2O_3 + 3H_2SO_4 \longrightarrow Fe_2(SO_4)_3 + 3H_2O \tag{5-2}$$

$$Ga_2O_3 + 3H_2SO_4 \longrightarrow Ga_2(SO_4)_3 + 3H_2O \tag{5-3}$$

煤矸石浸取液再经过结晶、除杂、煅烧等后续分离加工过程可制备铝盐、氧化铝等多种下游产品，经过吸附、萃取、电沉积等后续分离加工过程可制备金属镓。

三、实验仪器与试剂

(1) 仪器与设备：行星式球磨机、马弗炉、浸取反应器、机械搅拌器、恒温槽、电子天平、分光光度计、X 射线荧光光谱仪(XRF)、电感耦合等离子体发射光谱仪(ICP-OES)、烘箱、坩埚、冷凝管、温度计、锥形瓶、容量瓶、烧杯、移液管、酸式滴定管、量筒、抽滤瓶，浸取实验装置见图 5-1。

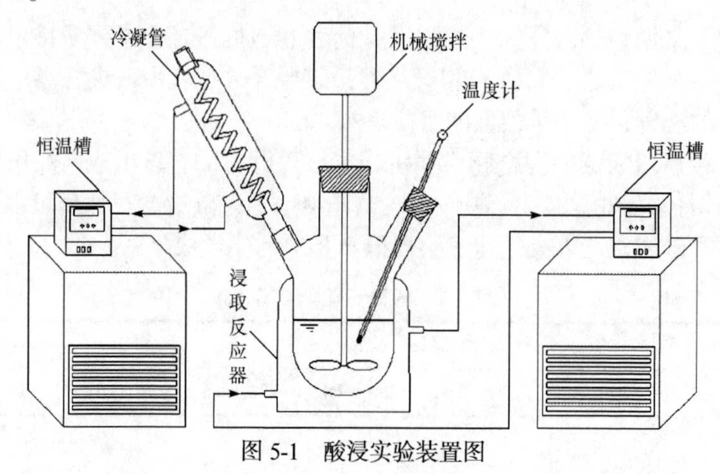

图 5-1　酸浸实验装置图

(2) 原料与试剂：煤矸石、硫酸、碳酸钠、35%盐酸、氢氧化钾、钼酸铵、三乙醇胺、乙酸锌、氟化钾、乙醇、乙二胺四乙酸钠(EDTA)、冰醋酸、钛铁试剂、二甲酚橙指示剂、无水乙酸钠。

四、实验内容与步骤

1. 溶液准备

配制 50%(质量分数，下同)、30%、10%硫酸。按照国标 GB/T 1574—2007《煤灰成分分析方法》配制分析试剂。

2. 未经活化煤矸石浸取实验

(1) 未经活化煤矸石成分分析。按照国标 GB/T 1574—2007《煤灰成分分析方法》或使用 X 射线荧光光谱仪分析煤矸石样品的化学成分。

(2) 煤矸石浸取。浸取反应温度由数控恒温槽控制，设置温度为 393K，实验中使用冷凝管防止溶剂挥发。称取 10～20g 煤矸石粉末放入 250mL 浸取反应器内，按液固比 5∶1(mL/g)加入已预热的 50%硫酸，开启搅拌至一定转速并计时，浸取时间 1h。实验操作流程见图 5-2。

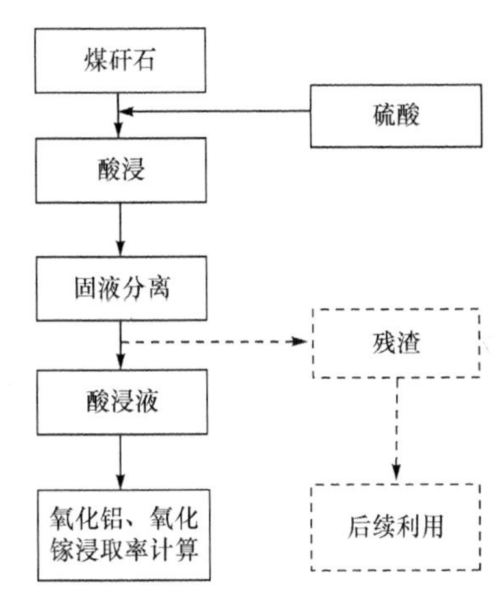

图 5-2　未经活化煤矸石浸取实验操作流程

(3) 固液分离。反应完的产物进行抽滤，收集滤液。

(4) 浸取液分析。按照国标 GB/T 1574—2007《煤灰成分分析方法》或使用电感耦合等离子体发射光谱仪分析浸取液中铝、镓等元素的含量，并计算煤矸石中氧化铝、氧化镓的浸取率。

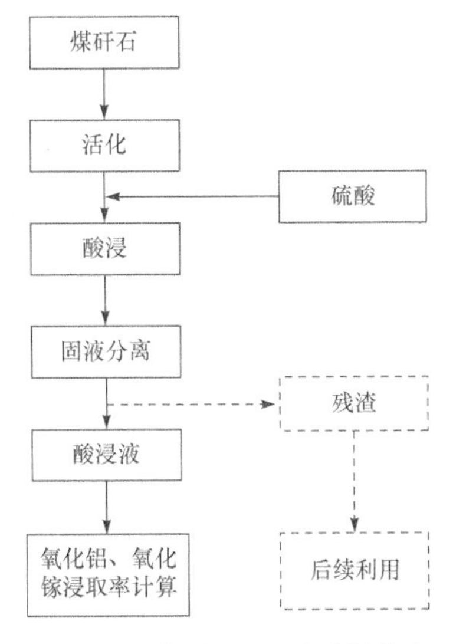

图 5-3　活化煤矸石浸取实验操作流程

3. 活化煤矸石浸取实验

(1) 煤矸石复合活化。将煤矸石样品置于行星式球磨机(钢罐)研磨 4h 进行机械活化，然后将煤矸石样品置于马弗炉中于 923K 下保温 4h，制得活化样。活化好的样品在室温下自然冷却。

(2) 煤矸石活化灰渣成分分析。按照国标 GB/T 1574—2007《煤灰成分分析方法》或使用 X 射线荧光光谱仪分析煤矸石样品的化学成分。

(3) 煤矸石浸取。浸取反应温度由数控恒温槽控制，设置温度为 393K。实验中使用冷凝管防止溶剂挥发。称取 10～20g 煤矸石活化粉末放入 250mL 浸取反应器内，按液固比 5∶1(mL/g)加入已预热的 50%硫酸，开启搅拌至一定转速并计时，浸取时间 1h。实验操作流程见图 5-3。

(4) 固液分离。反应完的产物进行抽滤，收集滤液。

(5) 浸取液分析，见 2 中(4)。

(6) 改变浸取温度为 363K、333K，重复步骤(4)和步骤(5)，计算不同浸取温度条件下氧化铝、氧化镓的浸取率。

(7) 改变硫酸浓度为 30%、10%，重复步骤(4)和步骤(5)，计算不同硫酸浓度条件下氧化铝、氧化镓的浸取率。

(8) 实验完毕，清洗整理实验装置。

五、实验数据记录与处理

(1) 煤矸石化学组成见表 5-2。

表 5-2　煤矸石化学组成(质量分数：%)

组分	SiO_2	Al_2O_3	Na_2O	Fe_2O_3	CaO	TiO_2	K_2O	MgO	SO_3	Ga_2O_3
未活化煤矸石										
活化煤矸石										

(2) 浸取液分析见表 5-3 和表 5-4。

表 5-3　未经活化煤矸石浸取实验记录

灰渣质量/g	浸取温度/K	硫酸浓度/%	浸取液[Al^{3+}]/($mg \cdot L^{-1}$)	浸取液[Ga^{3+}]/($mg \cdot L^{-1}$)	氧化铝浸取率/%	氧化镓浸取率/%

表 5-4　活化煤矸石浸取实验记录

灰渣质量/g	浸取温度/K	硫酸浓度/%	浸取液[Al^{3+}]/($mg \cdot L^{-1}$)	浸取液[Ga^{3+}]/($mg \cdot L^{-1}$)	氧化铝浸取率/%	氧化镓浸取率/%

六、实验注意事项

(1) 酸浸实验必须在通风橱内且在通风橱正常运行条件下进行。

(2) 不要随意触摸实验样品，防止烫伤或灼伤。

(3) 活化煤矸石灰渣与浓硫酸混合过程有明显温升效应。

(4) 固液分离需采用尼龙等耐强酸过滤材料，滤饼用去离子水洗涤，洗涤液与滤液一并收集转移至容量瓶。

七、思考题

(1) 未经处理的煤矸石自然堆放会产生哪些环境危害？

(2) 煤矸石提取有价元素为什么需要活化？

(3) 影响浸取速率的主要因素有哪些？

(4) 分析复合活化方法的不足，尝试单独使用机械或高温手段活化煤矸石，对比氧化铝、氧化镓的浸取率。

(5) 对比分析采用盐酸、硫酸浸取的利弊。

实验 16　冶金尾矿/难处理矿生物氧化过程

一、实验目的

(1) 了解生物冶金的基本工作原理。

(2) 了解和掌握冶金微生物的种类、培养方法、生长、形态、代谢特征以及对低品位矿石生物氧化过程的特征。

(3) 了解和掌握实验室生物冶金反应器的基本操作和维护技术。

(4) 了解生物反应器放大的基本准则和一些关键参数的检测方法。

二、实验原理

如何实现冶金尾矿/难处理矿的资源循环是目前人类社会发展过程中所面临的重大问题，实现无废料排放是矿产资源利用和生态环境保护的追求目标。选矿过程分选作业的产物中有价组分含量较低而无法用于生产的部分称为尾矿。通过开发新的生产技术，可以实现尾矿的综合利用，生物方法就是目前广受关注的新技术方法之一。难处理矿同样也有很多采用生物的方法进行处理。

黄金矿藏资源有约 1/3 属于难处理金矿，所谓“难处理”是指用传统的氰化浸取不能有效地提取其中的金。常见的难处理金精矿中，金以微细粒或显微状态包裹在硫化矿物中或浸染在硫化矿晶体中，用机械磨矿方法不能使其暴露，以致不能与浸取剂接触，故不能有效进行浮选或直接用氰化物浸取，必须进行氧化预处理。预处理的实质是使载金矿体发生某种变化，使包裹在其中的金解离或暴露出来，为下一步的氰化浸取创造条件。

酸性氧化亚铁硫杆菌(*Acidithiobacillus ferrooxidans*，以下简称 *A. ferrooxidans* 菌)是生物冶金中应用最为广泛的微生物，多存在于土壤、海水、淡水、垃圾、硫磺泉和沉积硫内，尤以金属硫化矿和煤矿等酸性矿坑水($pH < 4$)中最为常见。*A. ferrooxidans* 菌通常以单个、双个或呈链状分布。在显微镜下观察，单个细菌呈短杆状，长约 1.0μm，宽约 0.5μm，两端钝圆，有鞭毛，能活泼运动。

A. ferrooxidans 菌一般具有以下五种特性：

(1) 化能营养。生长与维持的能源来自 Fe^{2+}的氧化或还原状态的硫化物。有些菌株甚至能依靠氢的氧化得以生长。

(2) 自养。二氧化碳是细胞的碳源，该菌可以通过自身作用固定二氧化碳合成生长所需的物质。氮、磷以及微量元素钾、镁、钠、钙和钴也是细胞生长和合成所需的营养物质，来自培养基中的无机物。

(3) 好氧。氧气作为电子受体，该细菌需要在严格好氧的条件下才能生长。

(4) 嗜温。温度在 298～313K 适宜其生长，超过最适温度后生长和氧化速率会急剧下降。

(5) 嗜酸。pH 范围在 1.0～4.8 适宜其生长，最佳值为 1.5～2.5。当 pH 超过 6.0 或低于 1.0 时，菌体较难存活。

A. ferrooxidans 菌为革兰氏阴性、嗜酸性化能自养细菌，能利用二价铁离子、元素硫及金属硫化物作为生命活动的能源，利用卡尔文循环固定二氧化碳，氧气作为氧化剂和氧化过程的最终电子受体。*A. ferrooxidans* 菌的生长繁殖遵循一般微生物的生长规律，具有延滞期、指数生长期、稳定期和衰亡期。为了使 *A. ferrooxidans* 菌生长繁殖和提高氧化效率，必须使用合适的培养基。目前普遍采用 9K 培养基和 Leathen 培养基。

在金属硫化物矿物的微生物浸取过程中，*A. ferrooxidans* 菌的作用主要表现在两个方面，即直接作用和间接作用。直接作用是指吸附于矿物颗粒表面的细菌直接氧化硫化物矿物，以黄铁矿为例，*A. ferrooxidans* 菌能通过如下反应直接氧化黄铁矿：

$$4FeS_2 + 15O_2 + 2H_2O \xrightarrow{A.ferrooxidans} 2Fe_2(SO_4)_3 + 2H_2SO_4 \tag{5-4}$$

间接作用是指细菌氧化作用的产物 Fe^{3+} 对金属硫化物矿物按如下反应进行的化学氧化作用：

$$FeS_2 + Fe_2(SO_4)_3 \longrightarrow 3FeSO_4 + 2S \tag{5-5}$$

上述反应产生的 Fe^{2+}和单质 S 接着又可被细菌氧化：

$$4Fe^{2+} + O_2 + 4H^+ \xrightarrow{A.ferrooxidans} 4Fe^{3+} + 2H_2O \tag{5-6}$$

$$2S + 3O_2 + 2H_2O \xrightarrow{A.ferrooxidans} 4H^+ + 2SO_4^{2-} \tag{5-7}$$

反应(5-4)产生的 Fe^{3+}按反应(5-5)又可氧化更多的黄铁矿。直接作用如反应(5-4)所描述，需要细菌与目的矿物直接接触；间接作用是由 Fe^{3+}完成对硫化物矿物的氧化，如反应(5-5)，在这个过程中不需要微生物与矿物颗粒直接接触。

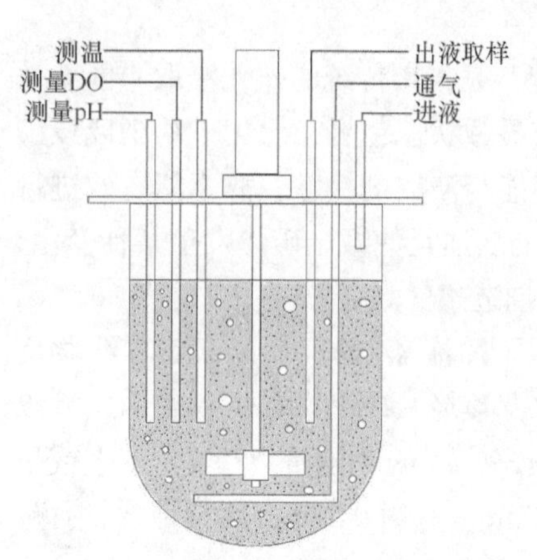

图 5-4　实验用生物反应器示意图

釜式搅拌通气反应器是目前生物氧化技术工业生产中最常见和高效的装置类型。图 5-4 为实验用生物反应器示意图。控制和检测的基本参数有温度、溶氧、氧化还原电位 E_h、pH 和铁离子浓度等。

对于冶金微生物氧化过程，从反应(5-4)、反应(5-6)和反应(5-7)可以看到，反应过程需要大量的氧气，放大过程通常需要保持氧体积质量传递系数($K_l a$)恒定，因此在生物反应器放大过程中，针对氧传递的相关参数检测显得尤为重要。

摄氧率(oxygen uptake rate，OUR)、氧传质速率(oxygen transfer rate，OTR)和气体体积质量传递系数

(K_la)可采用动态法测定，对微生物氧化的批培养过程，氧的质量衡算式为

$$\frac{\mathrm{dDO}}{\mathrm{d}t}=\mathrm{OTR}-\mathrm{OUR}=K_la(\mathrm{DO}^*-\mathrm{DO})-\mathrm{OUR} \tag{5-8}$$

式中，DO^* 为与空气平衡的饱和水中溶氧浓度；DO 为实时水中溶氧浓度。动态法测量分为出气、进气两个阶段。在出气阶段，夹紧进气管截断进气，并在培养基上方通入氮气，以消除表面通气的影响。此时，OTR 为零，所以

$$-\frac{\mathrm{dDO}}{\mathrm{d}t}=\mathrm{OUR} \tag{5-9}$$

即根据浸取液中 DO 变化速率可以求出菌体摄氧率。将该阶段曲线拟合直线，斜率即为 OUR，如图 5-5(a) Ⅰ 段中所示。

当溶氧电极示数下降一定数值(高于限制性溶氧浓度)后，松开进气管，恢复通气，则浸取液中 DO 又逐渐升高，直至恢复原来水平，如图 5-5(a) Ⅱ 段中所示，根据式(5-9)可得

$$\mathrm{OTR}=\frac{\mathrm{dDO}}{\mathrm{d}t}+\mathrm{OUR} \tag{5-10}$$

$$\mathrm{DO}=-\frac{1}{K_la}\left(\frac{\mathrm{dDO}}{\mathrm{d}t}+\mathrm{OUR}\right)+\mathrm{DO}^* \tag{5-11}$$

对恢复通气后 DO 的变化曲线进行二项式拟合，求导得到 DO 与时间的关系，然后将 $\left(\frac{\mathrm{dDO}}{\mathrm{d}t}+\mathrm{OUR}\right)$ 对 DO 作图，进行直线拟合，如图 5-5(b)所示，其斜率即为 $-\frac{1}{K_la}$。

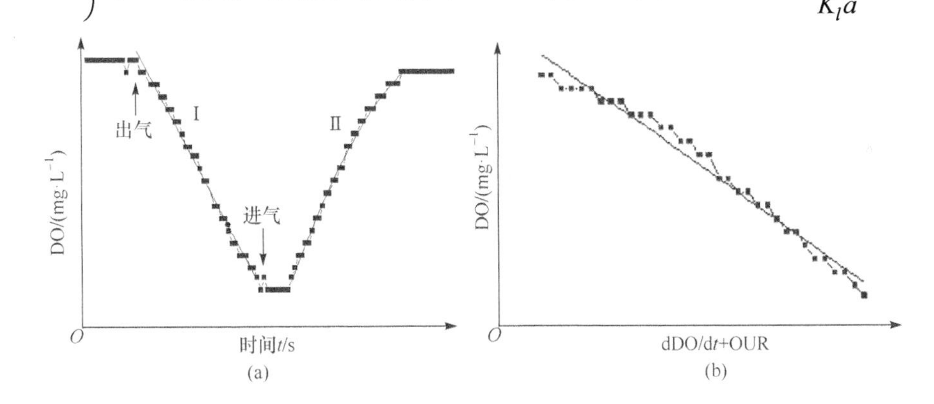

图 5-5　动态法测定时 DO 的变化曲线(a)和 K_la 的线性拟合图(b)

三、实验仪器与试剂

(1) 仪器：实验用生物反应器、显微镜、pH 计、离心机、振荡培养箱等。

(2) 试剂：配制 9K 培养基的化学试剂以及铁离子分析检测用的试剂。

实验用矿样为伴生黄铁矿的低品位含金矿石，矿样细磨后筛分使其粒径为 100～200μm；实验菌株为以酸性氧化亚铁硫杆菌和钩端螺旋菌为主的混合菌群。

四、实验内容与步骤

1. 实验内容

(1) 生物冶金反应器的操作与维护。

(2) 冶金微生物的培养和生长动力学性能检测。

(3) 矿石生物氧化过程动力学及相关参数(如Fe^{2+}和Fe^{3+}浓度、pH及氧化还原电位等)变化检测。

2. 实验步骤

(1) 培养基的配制。浸矿培养基采用无铁9K培养基加矿石，培养基的组成为3.00g·L^{-1} $(NH_4)_2SO_4$、0.50g·L^{-1} K_2HPO_4、0.10g·L^{-1} KCl、0.50g·L^{-1} $MgSO_4·7H_2O$、0.01g·L^{-1} $Ca(NO_3)_2$，用1∶1 H_2SO_4溶液调节pH至1.4，加蒸馏水定容至1000mL。

所配制的培养基分装入250mL三口烧瓶，每瓶100mL，在393K温度下灭菌30min后待用。

培养时用5%金矿粉(50g·L^{-1})代替9K培养基中的$FeSO_4$。

(2) 矿石预处理。将已筛选的金矿粉用蒸馏水清洗5次，再用1.0mol·L^{-1}盐酸溶液清洗5次，用pH为2.0的硫酸溶液洗涤5次，最后用丙酮清洗5次，干燥保存。

(3) 种子活化。称取5g金矿粉加入含100mL培养基的三口烧瓶内，接入菌种，置于摇床内培养，在314K、200r·min^{-1}条件下培养7天。

(4) 传代培养。用移液管均匀吸取培养的混合物10mL，接入100mL新鲜培养基中，摇床培养。

(5) 反应器培养。反应器内加入2000mL培养基和100g矿粉，接种200mL种子液，培养温度314K，搅拌转速200r·min^{-1}，pH=1.4，通气200～600mL·min^{-1}。

(6) 取样。每天取样检测游离菌数量、Fe^{2+}和Fe^{3+}浓度、氧化还原电位、pH变化，以待分析。

3. 检测方法

(1) Fe^{2+}浓度测定。菌液中Fe^{2+}浓度采用重铬酸钾滴定法进行测定。重铬酸钾是一种常用的强氧化剂，在酸性溶液中可氧化许多还原性物质如Fe^{2+}，反应式如下

$$Cr_2O_7^{2-} + 6Fe^{2+} + 14H^+ \longrightarrow 2Cr^{3+} + 6Fe^{3+} + 7H_2O \tag{5-12}$$

反应时加入硫磷混酸。加入硫酸是为了调节溶液的酸度，加入磷酸可以使磷酸与Fe^{3+}生成络合物$[Fe(HPO_4)_2]^-$或$[Fe(PO_4)_2]^{3-}$，有两方面作用：①减少溶液中的Fe^{3+}浓度，降低Fe^{3+}/Fe^{2+}的电位，增大突跃范围，提高反应完全程度；②由于生成的络合物$[Fe(HPO_4)_2]^-$或$[Fe(PO_4)_2]^{3-}$是无色的，消除Fe^{3+}在溶液中的黄色，有利于观察终点时颜色变化。反应后生成的Cr^{3+}本身虽显绿色，但不能用来指示终点，需用二苯胺磺酸钠作指示剂。滴定终点时，溶液呈紫蓝色。

本方法的具体操作步骤为：取1mL样品，加入3mL硫磷混酸(浓硫酸∶浓磷酸=1∶1)，混合均匀。加2滴0.2%二苯胺磺酸钠指示剂，摇匀，然后用0.8827g·L^{-1}重铬酸钾溶液进行滴定，当溶液变为紫蓝色时即为终点。

(2) Fe^{3+}浓度测定。菌液中Fe^{3+}浓度采用乙二胺四乙酸二钠(EDTA)溶液络合滴定法进行测定。原理如下：在磺基水杨酸移入菌液之后，在pH=1～3的酸性介质中，Fe^{3+}与磺基水杨酸形成紫红色络合物。而当用乙二胺四乙酸二钠溶液滴定时，磺基水杨酸与铁形成的络合物没有乙二胺四乙酸二钠与铁形成的络合物稳定，因而滴定时磺基水杨酸铁络合物中的铁被EDTA逐步夺取出来。滴定终点时磺基水杨酸全部游离出来，溶液的紫红色变为淡黄色(铁含量低时呈无色)。

本方法的具体操作步骤为：取2mL样品，加入3mL磺基水杨酸(4g·L^{-1})，混合均匀，溶液

呈紫红色。然后用 6.6917g · L^{-1} 乙二胺四乙酸二钠标准溶液进行滴定，当溶液变为淡黄色时即为终点。

五、实验数据记录与处理

表 5-5　细菌生长和铁离子浓度变化

取样时间	细菌数/(10^6 个 · mL^{-1})	Fe^{2+}浓度/(g · L^{-1})	Fe^{3+}浓度/(g · L^{-1})	总铁离子浓度/(g · L^{-1})	氧化还原电位	pH

六、实验注意事项

(1) 实验所用培养基 pH 为 1.4，酸性较强，具有一定的腐蚀性。

(2) 矿石粉相对密度较大，易沉降，因此在细菌传代操作和取样操作时需摇匀。

七、思考题

(1) 微生物浸取过程中直接作用和间接作用的机理是什么?

(2) 生物氧化预处理与传统的化学氧化预处理相比有哪些优点?

(3) 影响生物氧化预处理过程的主要因素有哪些?

(4) 简要分析在浸矿体系中加入不同能源物质对浸矿效果的影响。

(5) 生物反应器放大需要遵循哪些基本准则? 如何测定 $K_l a$ 并将其应用于生物反应器的放大设计?

实验 17　废弃有机玻璃热解回收甲基丙烯酸甲酯

一、实验目的

(1) 了解高分子聚合物回收单体的过程及废弃物资源化的意义。

(2) 熟悉实验流程以及设备的使用和基本特性，并根据实验目标进行装置及反应条件的优化设计和分析。

(3) 通过废弃有机玻璃热解产物的分析检测，掌握气相色谱的操作方法、分析原理及应用。

二、实验原理

1. 聚甲基丙烯酸甲酯的热解反应机理

聚甲基丙烯酸甲酯(PMMA)俗称有机玻璃，是一种高透明无定形热塑性塑料，被广泛应用于建筑、照明、航空以及医疗等行业中，由甲基丙烯酸甲酯(MMA)聚合而成。随着其生产规模和应用领域的扩大，产生大量难以在自然条件下降解的废弃物，为环境带来巨大压力。

热解是废塑料资源化的一个途径，是一种在缺氧或无氧条件下的燃烧过程。研究发现，PMMA 在隔绝空气环境中加热至 643～673K 可发生热解反应，生成 MMA。工业上通过此法可实现单体 MMA 回收率达到 90%以上，为其废料的资源化处理提供了有效途径。

PMMA 的热解反应是一个自由基反应，该反应活化能仅为 $125.2kJ\cdot mol^{-1}$。在 573～673K 下，PMMA 通过自由基链反应的热分解通常可以按照式(5-13)的反应途径进行。反应从大分子的末端开始断裂，生成活性较低的自由基，随后按照连锁机理迅速逐一脱除单体。

$$-CH_2-\underset{COOCH_3}{\overset{CH_3}{\underset{|}{\overset{|}{C}}}}-CH_2-\underset{COOCH_3}{\overset{CH_3}{\underset{|}{\overset{|}{C}}}}-CH_2-\underset{COOCH_3}{\overset{CH_3}{\underset{|}{\overset{|}{C}}}}\cdot \xrightarrow{\text{加热}} -CH_2-\underset{COOCH_3}{\overset{CH_3}{\underset{|}{\overset{|}{C}}}}\cdot + CH_2{=}\underset{COOCH_3}{\overset{CH_3}{\underset{|}{\overset{|}{C}}}} \tag{5-13}$$

2. 气相色谱分析原理

热解是复杂的化学反应过程，不仅包括大分子的化学键断裂、异构化，也包括小分子聚合反应。因此，实际产物除单体外还包括低聚物、烃及其衍生物等。在本实验中，裂解得到以甲基丙烯酸甲酯单体为主体的各类液体产物，产品经称量后通过气相色谱进行成分分析，根据分析结果中的峰面积与对应的停留时间得到甲基丙烯酸甲酯的产量和纯度。

气相色谱法是一种利用气体作流动相的色层分离分析方法。气化的试样被载气(流动相)带入色谱柱，柱中的固定相与试样中各组分分子作用力不同，使各组分在色谱柱中停留时间形成差异，组分彼此分离。检测器将各组分的浓度或质量的变化转化成输出信号，即色谱峰。根据各组分保留时间和峰高或峰面积，便可进行定性和定量分析。

气相色谱法中最常用的有热导检测器(TCD)与火焰电离化检测器(FID)。TCD 可以用于检测除了载气之外的任何物质(只要它们的热导性能在检测器检测的温度下与载气不同)，FID 则主要对烃类响应灵敏，但不能用于检测水。在本实验中采用 FID 进行产物的分析。

气相色谱仪由五大系统组成，分别是载气系统、进样系统、分离系统、检测系统和温控系统，其仪器构造如图 5-6 所示。

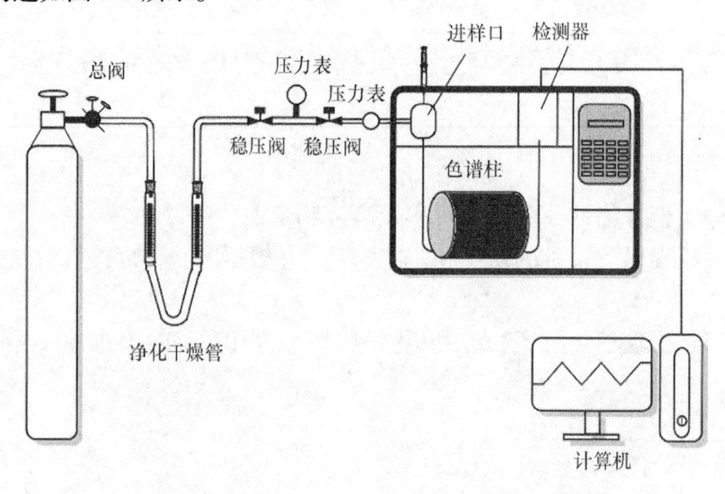

图 5-6 气相色谱分析装置示意图

气相色谱通常有三种定量分析方法：归一法、外标法和内标法。本实验采用归一法进行数据处理。

归一法具有简便准确的特点，进样量的多少和操作条件的变动对测定结果影响不大，适用于多组分同时测定。适用条件如下：①试样中所有组分必须全部出峰；②相同浓度下，峰面积的比值等于浓度的比值；③预先测定每种物质的定量校正因子。

将组分的色谱峰面积乘以各自的定量校正因子，然后按式(5-14)计算组分含量：

$$W_i = \frac{A_i f_i'}{\sum A_i f_i'} \times 100\% \tag{5-14}$$

式中，若 f_i' 为质量校正因子，可得到质量分数；若 f_i' 为摩尔校正因子，则得到摩尔分数或体积分数；A_i 为峰面积。

三、实验仪器与试剂

(1) 仪器：三口烧瓶、蒸馏头、冷凝管、接引管、烧杯、圆底烧瓶、锥形瓶、温度计、磁力搅拌加热套、恒温干燥箱、电子天平、气相色谱仪。实验装置如图 5-7 所示。

(2) 原料和试剂：废弃有机玻璃、去离子水、无水乙醇。

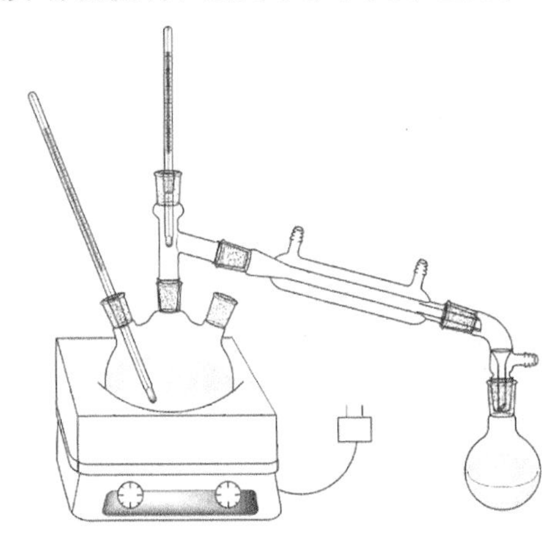

图 5-7　废弃有机玻璃热解实验装置

四、实验内容与步骤

1. 实验准备与装置搭建

1) 馏分收集装置的搭建

熟悉废弃有机玻璃热解实验装置与实验流程。用自来水、去离子水彻底洗净实验所需玻璃仪器(100mL 三口烧瓶、100mL 烧杯、100mL 圆底烧瓶、100mL 锥形瓶、冷凝管、接引管、蒸馏头)，并放入烘箱中干燥。搭建铁架台，将蒸馏头、温度计、冷凝管、接引管和烧瓶连接、固定。

检查气相色谱仪并确定气相色谱仪工作状态：柱温是否达到预设温度，色谱柱是否点火成功，色谱基线是否走直。

2) 实验原料的预处理

将废弃有机玻璃破碎成直径约 10mm 的颗粒或使用锉刀将有机玻璃研磨成粉末状，用自来水、去离子水彻底洗涤后放入烧杯备用。将装有有机玻璃颗粒的烧杯放入恒温干燥箱中，调节恒温干燥箱的温度为 45～60℃，使有机玻璃彻底干燥。使用电子天平称取干燥后的有机玻璃约 18g(质量记为 m)，并缓慢加入三口烧瓶中，与已搭建的馏分收集装置连接，检查装置气密性是否良好。

2. 热解实验流程

1) 升温过程

打开冷却水开关并调节冷却水流量至适宜大小，待冷凝管中完全充满水后打开磁力搅拌加热套电源，调节加热套的电压使其以较快的速率升温。

观察三口烧瓶底部温度和冷凝管入口处蒸气温度，并记录烧杯中的馏出物颜色和形态。当三口烧瓶底部温度升高至 393～413K 温度区间时，有液态产物生成。此时调节加热套的电压使升温速率控制在 5～10K · min^{-1}。当蒸气温度达到 373K 左右时，出料管内开始缓慢出现无色透明馏出物，为前馏分。

2) 热解反应过程

继续进行上述升温操作，当馏出物由无色透明液体变为浅黄色液体时，更换出料口处的圆底烧瓶以接收馏分，调节磁力搅拌加热套的电压将加热温度控制在 543～563K，并开始计时，每 10min 收集一次馏出物并更换接引管下方圆底烧瓶。注意升温过程中收集得到的前馏分不得随意丢弃，需转移至指定的废弃物容器中，此外尽快清洗、烘干被更换的圆底烧瓶，以用于下一轮馏分的收集。将收集的馏分转移至锥形瓶(空瓶质量为 m_0)中，并记录此时馏分与锥形瓶的总质量 m_1、反应经过的时间 t 与对应的釜底温度 T，共记录 5～6 组数据。

3. 实验结束步骤

当收集到足够量的馏分后，调节磁力搅拌加热套的电压使其适度升温，使原料裂解完全，注意釜底温度不要超过 563K。当出料口馏出物由淡黄色转变成深棕色时，表明热解反应达到终点。

缓慢停止加热，先关闭磁力搅拌加热套电源，当三口烧瓶内温度降低至 373K 以下且不再有更多馏分产生时，关闭冷却水开关，将烧瓶中剩余反应物倒入废料桶。拆卸、清洗玻璃仪器，用恒温干燥箱彻底烘干后摆放至指定位置。

4. 产物结果分析

1) 气相色谱仪分析

使用气相色谱仪进样针头抽取少量馏分，将针头插入气相色谱仪的进样口并快速拔出，点击气相色谱仪操作程序的进样按钮，开始进行样品分析。操作中需注意，如果进样速度过慢，会使样品的扩散时间延长，峰形加宽，精度下降。此外，少部分样品滞留在针芯中，如果进样后不立即拔出针，余样将继续进入气化室，会导致出峰存在重影。以上两种情况都不利于精确分析产物的组成。数分钟后计算机端气相色谱分析软件将自动给出气相色谱分析结果，记录 PMMA 对应的停留时间和峰面积 A_i。

2) 产量、收率的计算

产品甲基丙烯酸甲酯的纯度可根据给出的峰面积 A_i 由归一化法即式(5-14)计算：

$$W_i = \frac{A_i f_i'}{\Sigma A_i f_i'} \times 100\%$$

以质量为基准的产品甲基丙烯酸甲酯的产量 m_{MMA} 可由式(5-15)计算：

$$m_{\mathrm{MMA}} = (m_1 - m_0) \times W_i \tag{5-15}$$

以物质的量为基准的产品甲基丙烯酸甲酯的产量 N_{MMA} 可由式(5-16)计算：

$$N_{\mathrm{MMA}} = \frac{m_{\mathrm{MMA}}}{M} \tag{5-16}$$

式中，m_0、m_1 分别为锥形瓶空瓶和含产品的锥形瓶质量(g)；W_i 为样品纯度(%)；M 为 MMA 摩尔质量(100.12g · mol^{-1})。

裂解过程中甲基丙烯酸甲酯的损失量可由式(5-17)计算：

$$m' = m - \sum m_{\mathrm{MMA},i} \tag{5-17}$$

式中，m 为称取的干燥 MMA 的总质量(g)；$m_{\mathrm{MMA},i}$ 为各馏分的 MMA 实际产量(g)。

以质量表示的甲基丙烯酸甲酯的收率可由式(5-18)计算：

$$H = \left(1 - \frac{m'}{m}\right) \times 100\% \tag{5-18}$$

五、实验数据记录与处理

表 5-6　热解回收实验原始数据记录

时间/min	气相温度/K	液相温度/K	产量/g	纯度/%	备注

六、实验注意事项

(1) 固废 PMMA 必须粉碎均匀，多次清洗直至干净。

(2) 升温速率不得过快，保持温度缓慢上升。

(3) 仔细观察馏出液的颜色变化以区分各个组分。

(4) 仔细观察三口烧瓶中物料及温度的变化以确定裂解终点。

七、思考题

(1) 废弃有机玻璃热解反应的原理是什么？

(2) 废弃有机玻璃热解过程中调节温度的原因是什么？

(3) 废弃有机玻璃热解过程中气相、液相温度的变化趋势是什么？

(4) 如何确定定量校正因子？

实验 18　盐湖卤水萃取提锂工艺过程

一、实验目的

(1) 掌握溶剂萃取原理与萃取剂筛选的基本原则。

(2) 掌握溶剂萃取工艺与萃取设备的基本实验操作。

(3) 掌握脉冲筛板塔工作原理，了解传质单元数与传质单元高度的计算。

二、实验原理

镁锂分离是卤水锂资源开发所面临的关键技术。现阶段卤水提锂工艺主要有化学沉淀法、溶剂萃取法、吸附法和膜组合分离法，其中溶剂萃取法因其锂资源回收率高、杂质元素选择性分离效果好而备受关注，是高镁锂比卤水锂资源高效开发利用的重要方法之一。

溶剂萃取是利用溶质在互不相溶的两相间的分配差异实现物质分离的方法，其过程实质是溶质在水相和有机相之间的传递分配。高性能萃取剂是工业萃取分离的重要基础，工业萃取剂一般应满足如下要求：①萃取容量高；②萃取选择性高；③易于反萃和再生；④理化性能好；⑤水溶性小；⑥安全性好且环境友好；⑦工业上廉价易得。在萃取剂的筛选过程中，通常用分配比、萃取率和分离系数衡量有机溶剂萃取效果，其定义分别为

$$D = \frac{c_{\mathrm{org}}}{c_{\mathrm{aq}}} \tag{5-19}$$

$$E = \frac{RD}{RD+1} \tag{5-20}$$

$$\beta_{ij} = \frac{D_i}{D_j} \tag{5-21}$$

式中，c_{aq} 和 c_{org} 分别为水相和有机相的溶质浓度；D 为分配比；E 为萃取率；R 为油水体积比；β_{ij} 为组分 i 和 j 的分离系数，其值越大表示分离效果越好，$\beta_{ij}=1$ 表示该萃取剂无法实现组分的选择性分离。

萃取剂在应用过程中常面临黏度高、密度大等问题，对相间传质与分相操作产生不利影响。对此，实际应用的有机萃取溶剂通常需要加入稀释剂。此外，萃合物大多具有较强极性，当有机溶剂极性较弱时，萃取体系非常容易产生第三相，因此还需要加入改性剂以避免第三相的产生。在有机溶剂复配过程中，萃取剂、稀释剂、改性剂的配比组成主要根据萃取分离要求与体系物性综合确定。目前，盐湖卤水萃取提锂主要采用磷酸三丁酯(TBP)作为萃取剂，$FeCl_3$ 为共萃剂，稀释剂主要包括烃类、酯类、酮类等溶剂，其萃取反应方程式为

$$\mathrm{LiCl(aq)} + \mathrm{FeCl_3(org)} + n\mathrm{TBP(org)} \longrightarrow \mathrm{LiFeCl_4} \cdot n\mathrm{TBP(org)} \tag{5-22}$$

对于确定的溶剂萃取体系，两相操作相比与完成分离任务所需的理论级数是萃取工艺的核心参数，通常采用 Mccabe-Thiele 图解计算确定。如图 5-8 所示，图中平衡线表示萃取过程水相与有机相的平衡浓度关系，主要由实验测定，同时萃取过程的两相溶质分配满足质量守恒定律，由此可通过物料衡算获得萃取操作线：

$$c_{\mathrm{org}} = c_{\mathrm{org,in}} + \frac{c_{\mathrm{aq}} - c_{\mathrm{aq,raf}}}{R} \tag{5-23}$$

式中，$c_{\mathrm{org,in}}$ 为入口有机相浓度，采用新鲜有机萃取溶剂时其值为 0；$c_{\mathrm{aq,raf}}$ 为水相萃余液浓度。

由此可知，萃取操作线斜率即为水相与油相的体积比，利用 Mccabe-Thiele 图解计算可获得完成分离任务所需的萃取理论级数。

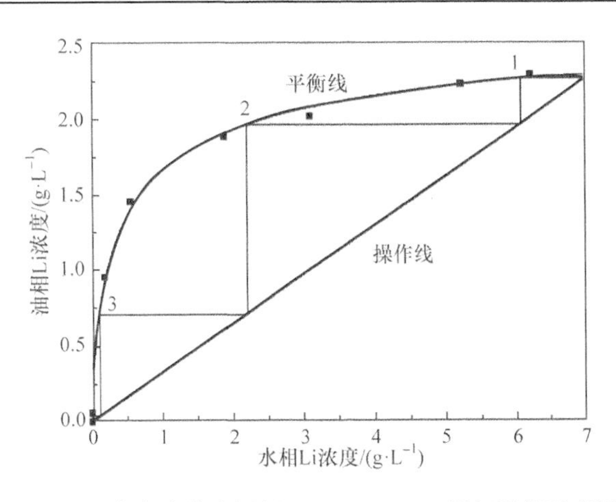

图 5-8　盐湖卤水萃取提锂 Mccabe-Thiele 图解计算示意图

目前，工业应用的萃取装备主要有逐级接触式和微分逆流接触式两大类。逐级接触设备主要由一系列独立的接触级组成，两相在各级间依次完成混合传质-分相澄清的操作，其典型代表为混合澄清槽和离心萃取器。除工业应用外，小型化的混合澄清槽和离心萃取器还常用于实验室萃取循环工艺的优化与长周期验证。微分逆流接触设备中，连续相与分散相逆流接触并发生传质过程，两相浓度连续变化，但并不达到真正的平衡，各类塔式萃取设备多属于这一类。逐级接触设备的优点在于级效率高，单级效率接近 100%，放大设计方法相对简单可靠，但存在分散相滞留量大、投资较高等缺点；微分逆流接触的塔式萃取设备结构简单紧凑，萃取效率高，处理能力大，但对于低密度差、高相比等萃取体系的适用性相对较差，放大设计方法复杂。

脉冲筛板塔是盐湖卤水萃取提锂的重要装备，该设备选型符合卤水提锂快速反应萃取的动力学特征，且设备密闭性好，塔内无运动部件，能有效避免萃取体系对传动部件的腐蚀。目前，脉冲筛板塔主要有机械脉冲和空气脉冲两种操作形式，工业上通常采用空气脉冲操作，如图 5-9 所示，其中的换向阀为四通结构，在电机驱动下依次开关，当换向阀开启时，压缩空

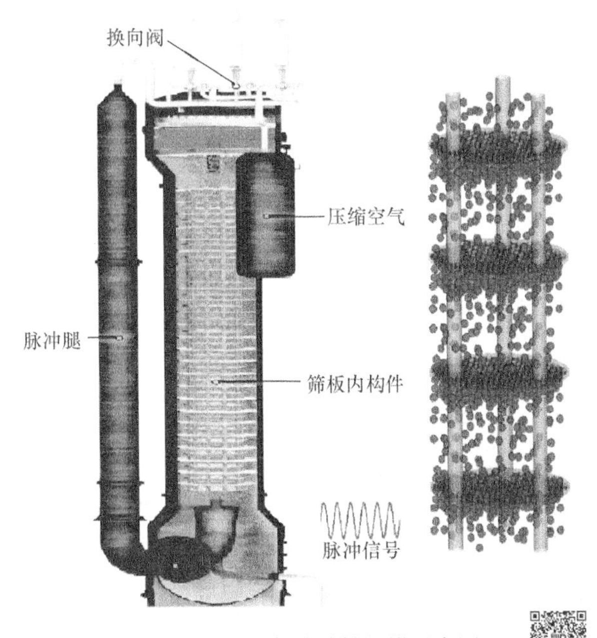

图 5-9　工业空气脉冲筛板塔示意图

气进入脉冲腿，使得塔内物料处于上冲程阶段，当换向阀关闭时，塔内物料在重力作用下向下运动，处于下冲程阶段，由此实现脉冲操作。在不同两相通量与脉冲强度条件下，脉冲筛板塔具有不同的操作特性，并由此划分为五个操作区域：脉冲强度不足引起的液泛区、混合-澄清区、分散区、乳化区、脉冲强度过大引起的液泛区。在分散区内，筛板塔两相流量较大，脉冲强度较高，分散相在脉冲作用下从筛孔喷出，均匀分散于连续相内，两相在筛板间不形成明显分层，传质效率高，操作稳定，是脉冲筛板塔的理想操作区域。

目前，工程中的脉冲筛板塔通常采用孔径 3.2mm、开孔率 23%、板间距 50mm 的标准板段，在此基础上，以传质单元数 NTU_{OCP} 和传质单元高度 HTU_{OCP} 为核心的塔高计算是脉冲筛板塔放大设计的关键，其定义分别为

$$NTU_{OCP} = \int_{y_1}^{y_2} \frac{dy}{y_e - y} \tag{5-24}$$

$$HTU_{OCP} = \frac{u_c}{K_c a} = \frac{u_d}{K_d a} \tag{5-25}$$

$$H = NTU_{OCP} \cdot HTU_{OCP} \tag{5-26}$$

式中，y 为操作线所对应的有机相操作浓度；y_e 为平衡线所对应的有机相平衡浓度；y_1 和 y_2 分别为萃取塔进、出口的有机相浓度；u 表示两相表观速度；K 表示传质系数；下标 c 和 d 分别表示连续相和分散相；a 为两相界面积；H 为萃取塔有效高度。

萃取平衡线为直线时，NTU_{OCP} 可采用对数平均推动力法计算。平衡线为曲线时，通常采用 Simpson 法则求积计算，即将 y_1～y_2 区间作偶数 n 等分，对于每个 y 值计算相对应的 $f_y=1/(y_e-y)$，而后按下式进行求积计算：

$$NTU_{OCP} = \int_{y_1}^{y_2} \frac{dy}{y_e - y} = \frac{y_2 - y_1}{3n}\left(f_0 + 4f_1 + 2f_2 + 4f_3 + 2f_4 + \cdots + 2f_{n-2} + 4f_{n-1} + f_n\right) \tag{5-27}$$

由于 NTU_{OCP} 是基于萃取平衡浓度的计算结果，对应的 HTU_{OCP} 又称表观传质单元高度，但萃取塔内通常存在明显的轴向扩散作用，实际有机相浓度小于平衡浓度，因此真实传质单元数 NTU_{OC} 大于 NTU_{OCP}，真实传质单元高度 HTU_{OC} 小于 HTU_{OCP}。在萃取塔放大设计过程中，通常采用真实传质单元高度 HTU_{OC} 和分散单元高度 HTU_{OCD} 之和来计算表观传质单元高度 HTU_{OCP}，并结合平衡萃取的传质单元数 NTU_{OCP} 进行塔高的设计计算。结合相应的经验关联研究，表观传质单元高度 HTU_{OCP} 可按如下经验式进行估算：

$$HTU_{OCP} = HTU_{OC} + HTU_{OCD} \tag{5-28}$$

$$HTU_{OC} = 25.8 \times \frac{u_c}{\varphi(1-\varphi)^{1.5}} \tag{5-29}$$

$$HTU_{OCD} = 0.14\left(\frac{A_f}{u_c}\right)^{0.44}\left(\frac{u_c}{u_d}\right)^{0.57}(1-\varphi)^{1.5} \tag{5-30}$$

式中，φ 为分散相滞存率；A_f 为脉冲强度。

三、实验仪器与试剂

(1) 仪器与设备：分液漏斗振荡器、分液漏斗(聚四氟乙烯塞)、电子天平、电感耦合等离子体发射光谱仪(ICP-OES)、超声波清洗器、容量瓶、烧杯、移液枪、量筒、抽滤瓶、布氏漏

斗、搅拌器、脉冲筛板塔实验装置(图 5-10)。

(2) 试剂：LiCl、NaCl、KCl、$MgCl_2$、$MgSO_4$、盐酸、$FeCl_3·6H_2O$、磷酸三丁酯、磺化煤油、异辛醇、乙酸丁酯、二异丁基酮。

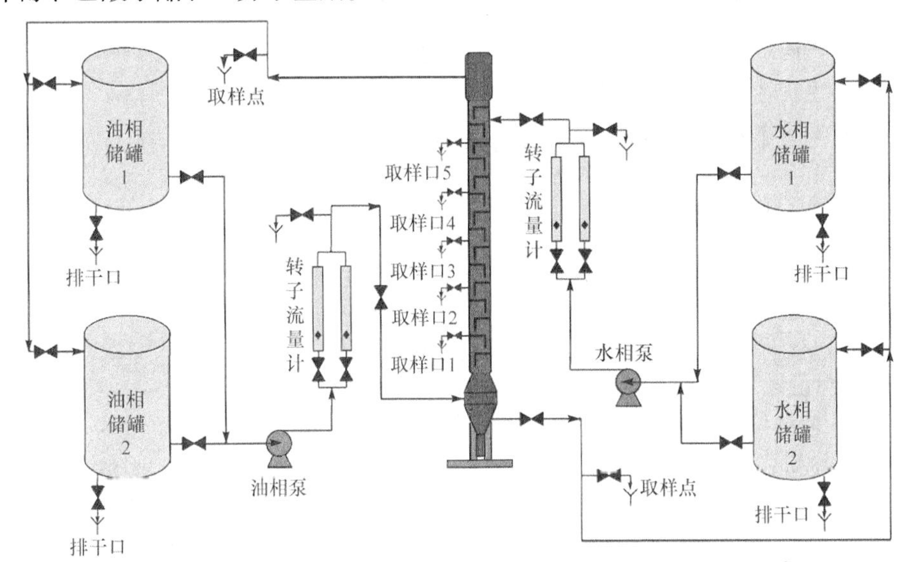

图 5-10 卤水脉冲筛板塔萃取提锂实验装置示意图

四、实验内容与步骤

1. 盐湖卤水萃取提锂稀释剂对比筛选与平衡线测定

(1) 模拟卤水的配制与前处理。根据盐田浓缩的盐湖卤水组成配制模拟卤水，其具体组成为 LiCl 42.5g · L^{-1}、NaCl 10.6g · L^{-1}、KCl 7.0g · L^{-1}、$MgCl_2$ 270.0g · L^{-1}、$MgSO_4$ 27.3g · L^{-1}，采用盐酸调节模拟卤水 pH 至 1 以下，充分搅拌，待盐析完全后真空抽滤。

(2) 有机萃取溶剂的配制。以磷酸三丁酯为萃取剂，分别以磺化煤油、异辛醇、乙酸丁酯、二异丁基酮为稀释剂配制有机萃取溶剂，其中萃取剂与磺化煤油体积比为 8∶2，萃取剂与其余稀释剂体积比为 6∶4。同时按 0.4mol · L^{-1} 浓度加入 $FeCl_3·6H_2O$，充分搅拌溶解后真空抽滤。

(3) 不同稀释剂的对比筛选。按油水相比 3∶1、铁锂摩尔比 1.2 进行卤水萃取提锂，量取 30mL 有机萃取溶剂与 10mL 卤水加入 250mL 分液漏斗中，塞紧瓶塞，放置于分液漏斗振荡器中充分振荡 15min，静置 30min 后进行分相处理。

(4) 萃取平衡线的测定。以二异丁基酮为稀释剂，配制不同 $FeCl_3$ 浓度的有机萃取溶剂，在 10∶1～1∶10 范围内按不同油水体积比量取有机萃取溶剂和卤水，并确保铁锂比为 1.2，将两相置于 250mL 分液漏斗中，塞紧瓶塞后在分液漏斗振荡器中充分振荡 15min，静置 30min 后进行分相处理。

(5) 取样处理。用移液枪移取 0.1mL 水相样品至 100mL 容量瓶中，用 0.1mol · L^{-1} 盐酸定容；移取 0.1mL 油相样品至 10mL 容量瓶中，加入 2mol · L^{-1} 盐酸至容量瓶 1/3 体积处，超声 15min 以保证油相反萃完全，用 2mol · L^{-1} 盐酸定容，充分静置后取水相分析。

(6) 样品分析。配制 0～100ppm(1ppm=10^{-6})的混标溶液，用 ICP-OES 分析样品中 Li、Mg、Na、K 元素含量，并根据稀释倍数计算萃取后两相平衡浓度。

2. 盐湖卤水脉冲筛板塔萃取提锂实验

(1) 配制模拟卤水，调节 pH 至 1 以下，静置后取清液置于水相储罐中；以磷酸三丁酯为萃取剂、二异丁基酮为稀释剂，按萃取剂与稀释剂体积比 6∶4 配制有机萃取溶剂，按 $0.4mol \cdot L^{-1}$ 浓度加入 $FeCl_3 \cdot 6H_2O$，静置后取清液置于油相储罐中。

(2) 开启水相进料泵，将配制的模拟卤水输送至萃取塔，使卤水充满整个萃取塔，同时调节塔底水相出口阀门开度，保持液位在塔顶澄清段内并处于油相出口下方。

(3) 开启有机萃取溶剂进料泵，按油水体积比 3∶1 将有机萃取溶剂输送至萃取塔，有机萃取溶剂经分布器分散后与水相逆流接触发生传质，在塔顶澄清段汇集后流出。

(4) 开启机械脉冲泵，观察塔内液滴运动状态的变化，逐渐增强脉冲强度，观察脉冲筛板塔混合-澄清区、分散区、乳化区和液泛区的操作区域变化。维持固定相比，同时改变筛板塔两相操作流量，观察筛板塔操作区域的变化。在此过程中，需注意维持塔顶两相界面位置稳定，并做好实验记录。

(5) 调整脉冲强度与两相操作通量，使脉冲筛板塔位于分散区的操作区域内，待系统运行稳定后，在各取样口取样，按前述取样处理流程对水相进行稀释，对油相进行反萃，并用 ICP-OES 分析样品中 Li、Mg、Na、K 元素含量。

(6) 待传质实验取样分析结束后，关闭筛板塔两相进出口阀门，待筛板塔内物料完全分相后测量水相和油相的液柱高度，计算塔内分散相滞存率。

(7) 实验完毕，清洗整理实验装置。

五、实验数据记录与处理

1. 稀释剂对比筛选与平衡线测试实验

表 5-7　不同稀释剂萃取效果

稀释剂	相比	水相浓度/($g \cdot L^{-1}$)				油相浓度/($g \cdot L^{-1}$)				Li 分配比	分离系数		
		Li	Mg	Na	K	Li	Mg	Na	K		Li-Mg	Li-Na	Li-K

依据表 5-8 实验数据绘制 Mccabe-Thiele 图，计算不同相比条件下实现锂萃取率 96%时所需的理论平衡级数。

表 5-8　TBP-$FeCl_3$-二异丁基酮萃取提锂平衡实验记录

相比	水相浓度/($g \cdot L^{-1}$)				油相浓度/($g \cdot L^{-1}$)				Li 分配比	分离系数		
	Li	Mg	Na	K	Li	Mg	Na	K		Li-Mg	Li-Na	Li-K

2. 脉冲筛板塔萃取实验

表 5-9　脉冲筛板塔操作区域实验记录

连续相通量		分散相通量		(u_c+u_d)/ $(m \cdot s^{-1})$	脉冲强度/$(cm \cdot s^{-1})$	操作区域
操作流量 Q_c /$(L \cdot h^{-1})$	表观流速 u_c /$(m \cdot s^{-1})$	操作流量 Q_d /$(L \cdot h^{-1})$	表观流速 u_d /$(m \cdot s^{-1})$			

表 5-10　脉冲筛板塔两相浓度分布实验记录

取样口编号	水相浓度/$(g \cdot L^{-1})$				油相浓度/$(g \cdot L^{-1})$			
	Li	Mg	Na	K	Li	Mg	Na	K
0								
1								
2								
3								
4								
5								
6								
7								
分散相滞存率:								

依据表 5-8 两相平衡浓度与表 5-10 实测两相浓度分布分别计算传质单元数 NTU_{OCP} 和真实传质单元数 NTU_{OC}，并依据实验脉冲筛板塔的有效高度分别计算表观传质单元高度 HTU_{OCP} 和真实传质单元高度 HTU_{OC}。根据实测分散相滞存率，采用经验式计算表观传质单元高度 HTU_{OCP} 和真实传质单元高度 HTU_{OC}，并与实验值进行对比。

六、实验注意事项

(1) 实验现场需具备完善的通风设施，保证现场良好的通风环境。

(2) 脉冲筛板塔两相流量采用针型阀调节，球阀主要用于管路的开启与关闭。

(3) 萃取体系具有强腐蚀性，实验结束需充分清洗设备，以防机械脉冲腔室的腐蚀泄漏。

七、思考题

(1) 分析异辛醇作为稀释剂时萃取效果较差的原因。

(2) 尝试配制磷酸三丁酯与磺化煤油体积比为 6∶4 的有机萃取溶剂，观察不同相比条件下的萃取实验现象，分析萃取体系出现第三相的原因。

(3) 综合对比不同稀释剂的优劣并说明原因。

(4) 依据计算的表观传质单元高度 HTU_{OCP} 和真实传质单元高度 HTU_{OC}，对比分析两者差异原因。

(5) 结合分散单元高度 HTU_{OCD} 分析影响脉冲筛板塔传质效率的关键因素。

实验 19　高盐废水分质结晶介稳区与初级成核动力学

一、实验目的

(1) 掌握结晶过程原理及介稳区基本理论。

(2) 掌握介稳区宽度测量的基本原理与实验方法。

(3) 掌握初级成核动力学理论及其模型拟合分析。

二、实验原理

煤化工高盐废水成分复杂，除 Na_2SO_4、NaCl、$NaNO_3$ 等典型无机组成外，还包含各类重金属离子及难降解有机污染物，因此对于高盐废水无机盐的分质结晶资源化利用，相关结晶过程研究显得尤为重要，尤其是以大颗粒晶体为目标的结晶过程控制能有效提高晶体过滤性能，降低母液夹带作用，保障产品质量。

溶液过饱和度是结晶过程的推动力。如图 5-11 所示，以溶解度曲线和超溶解度曲线为划分依据，溶液存在稳定态、介稳态和不稳定态三种状态。在稳定态区域(稳定区)，溶液处于未饱和状态，无法发生溶质结晶过程；随着过饱和度的产生，溶液进入介稳态区(介稳区)，并可细分为第一介稳区和第二介稳区，第一介稳区内溶液基本不可能发生自发成核，第二介稳区溶液浓度已达到自发成核水平，但相关结晶成核需要一定诱导期；随着过饱和度的进一步增加，溶液进入不稳定态区(不稳定区)，此时溶液迅速发生结晶，容易爆发成核。对于高盐废水分质结晶，其重要原则是确保结晶操作位于介稳区，以避免爆发成核带来的过滤难题与母液夹带问题。因此，相关介稳区宽度的测量与成核动力学研究对于实际分质结晶过程操作具有重要指导意义。

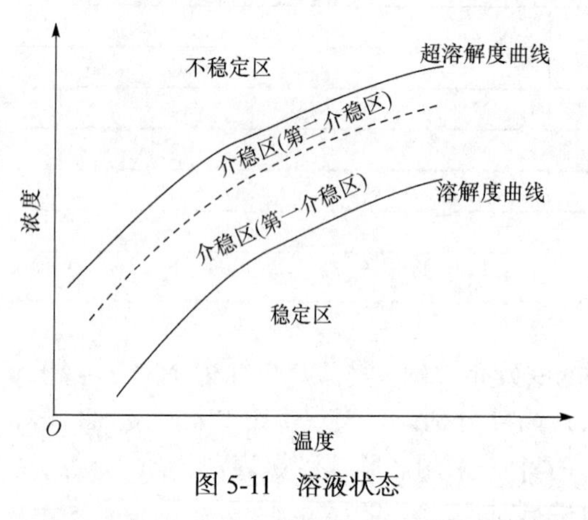

图 5-11　溶液状态

介稳区宽度指体系超溶解度曲线与溶解度曲线之间的距离，在一定的温度、压力条件下，特定体系的溶解度曲线是确定的，而超溶解度曲线却受诸多因素的影响，如搅拌强度、降温速率、pH、晶种添加、颗粒杂质、外加物理场等。介稳区宽度测量的关键在于如何快速、准确地检测首批晶核出现的时刻，依据监测方式的不同，目前介稳区宽度测量技术主要包括两大类。一类以聚焦光束反射测量仪(FBRM)、浊度检测器和颗粒计数器为代表，主要通过监测溶液中颗粒浓度的变化以确定成核点，由于仪器通常只能探测到 1μm 以上的晶体颗粒，因此实际测量结果存在一定滞后性。另一类检测器以超声浓度计和傅里叶变换衰减全反射红外光谱仪(ATR-FTIR)为代表，主要通过监测溶液浓度变化以确定成核点，但实际初次成核的晶体颗粒尺寸非常小，对溶液浓度的影响相对有限，相关方法同样存在一定滞后性。基于此，仪器监测信号对研究体系的灵敏度是选择介稳区宽度测量方法的重要参考，如对于超声速率信号敏感性高的溶液体系，采用超声浓度计具有明显优势。

以 Na_2SO_4 结晶过程为例，在 305.53～373.15K 温度范围内 Na_2SO_4 溶解度随温度升高而降低，其典型的超声浓度计介稳区宽度原始测量结果如图 5-12 所示。图中结果显示，低温状态下溶液处于未饱和状态，随着温度的升高，溶液超声速率发生相应改变，并于某一时刻发生急剧变化，如图 5-12 中点 1 所示。该时刻即认为是 Na_2SO_4 的成核点，相对应的温度为成核温度 T_{lim}；在降温过程中，超声速率随着温度的降低逐渐回升，并与升温过程的超声速率监测曲线发生重合，如图 5-12 中点 2 所示。该重合点意味着 Na_2SO_4 完全溶解，相对应的温度为饱和温度 T_0；成核温度与饱和温度的差值 ΔT_{max} 即为该条件下 Na_2SO_4 结晶的介稳区宽度。

对于晶体成核，相关过程主要包括无晶种条件下的初级成核和晶种诱导条件下的二次成核。已有研究结果表明，晶体二次成核主要包括破碎成核、磨损成核、剪切成核、接触成核、晶种成核和针状成核，通常认为剪切成核和接触成核是晶体二次成核的主要作用机制，但相关过程非常复杂，尚未形成完善的理论体系。相比之下，初级成核的理论研究相对成熟，并形成了以自洽 Nývlt-like 模型和三维经典成核理论为代表的动力学理论模型。

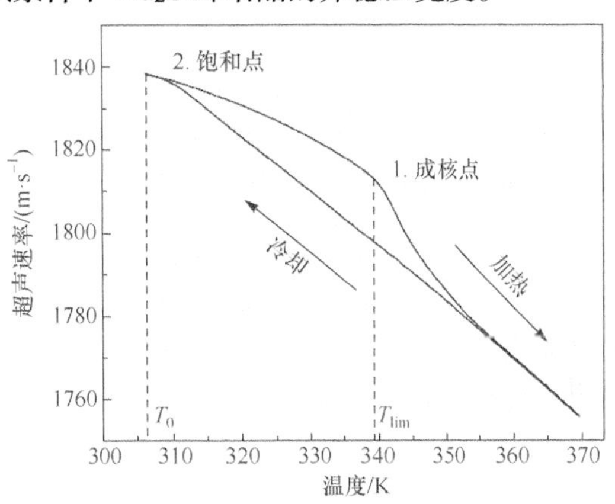

图 5-12　超声速率与温度关系

1. 自洽 Nývlt-like 模型

该模型主要根据成核速率 J 与无量纲过饱和度 S 的幂律关系，结合常规溶液溶解度与温度的理论关系，将介稳区宽度 ΔT_{max} 关联为冷却速率 R_c 的函数。其中，成核速率 J 与无量纲过饱和度 S 分别具有如下表达：

$$J = K(\ln S)^m \tag{5-31}$$

$$\ln S_{max} = \ln\left(\frac{c_0}{c_{lim}}\right) = \frac{\Delta H_S}{RT_0}\frac{\Delta T_{max}}{T_{lim}} \tag{5-32}$$

式中，K 为成核常数；m 为表观成核级数；T_{lim} 为成核温度；c_0 和 c_{lim} 分别为温度 T_0 和 T_{lim} 时的溶质浓度；ΔH_S 和 R 分别为溶解焓和摩尔气体常量。

同时，成核速率 J 与溶液相对过饱和度 $\Delta c/c_0$ 的变化速率成正比，因此有

$$J = f\frac{\Delta c}{c_{lim}\Delta t} = f\frac{\Delta c}{c_{lim}\Delta T}\frac{\Delta T}{\Delta t} = f\frac{\Delta H_S}{RT_{lim}}\frac{R_c}{T_0} \tag{5-33}$$

式中，f 为单位体积的颗粒数；R_c 为冷却速率。基于上述方程，介稳区宽度 ΔT_{max} 与冷却速率 R_c 之间存在如下关系：

$$\ln\left(\frac{\Delta T_{max}}{T_0}\right) = \varphi + \frac{1}{m}\ln R_c \tag{5-34}$$

$$\varphi = \frac{1-m}{m}\ln\left(\frac{\Delta H_S}{RT_{lim}}\right) + \frac{1}{m}\ln\left(\frac{f}{KT_0}\right) \tag{5-35}$$

$$\varphi = \varphi_0 + \frac{E}{RT_0} \tag{5-36}$$

由此可知，在一定的饱和温度 T_0 条件下，$\ln(\Delta T_{max}/T_0)$和 $\ln R_c$ 呈线性关系，因此可通过线性拟合的斜率和截距分别计算成核级数 m 和 $\ln(f/KT_0)$，同时，基于动力学拟合参数 φ 和饱和温度 T_0，可依据式(5-36)进一步拟合获得结晶成核过程的活化能 E。

2. 三维经典成核理论

三维经典成核理论的成核速率 J 表达式为

$$J = A\exp\left(-\frac{B}{\ln^2 S}\right) \tag{5-37}$$

$$B = \frac{16\pi}{3}\frac{\gamma^3 V_S^2}{(k_B T_{lim})^3} \tag{5-38}$$

式中，A 为成核动力学指前因子；B 为给定形状的晶核参数；γ 为固液界面能；V_S 为溶质分子的体积；k_B 为玻尔兹曼常量，T_{lim} 为成核温度。联立式(5-32)、式(5-33)和式(5-37)，可以得到如下关系：

$$\exp\left[-B\left(\frac{RT_{lim}}{\Delta H_S}\right)^2\left(\frac{T_0}{\Delta T_{max}}\right)^2\right] = f\frac{\Delta H_S}{RT_{lim}}\frac{R_c}{AT_0} \tag{5-39}$$

等式两侧同时取对数，可得

$$\left(\frac{T_0}{\Delta T_{max}}\right)^2 = F_1(X - \ln R_c + \ln T_0) = F - F_1 \ln R_c \tag{5-40}$$

$$F = F_1(X + \ln T_0) \tag{5-41}$$

$$F_1 = \frac{1}{B}\left(\frac{\Delta H_S}{RT_{lim}}\right)^2 \tag{5-42}$$

$$X = \ln\left(\frac{A}{f}\frac{RT_{lim}}{\Delta H_S}\right) \tag{5-43}$$

由此，基于$(T_0/\Delta T_{max})^2$ 与 $\ln R_c$ 的线性拟合可计算获得模型参数 A/f 和 B，同时基于相关拟合参数，依据式(5-44)对 $\ln(F^{1/2})$与 $1/T_0$ 作进一步线性拟合可获得结晶成核过程的活化能 E。

$$\ln F^{\frac{1}{2}} = \left[\ln F^{\frac{1}{2}}\right]_0 - \frac{E}{RT_0} \tag{5-44}$$

三、实验仪器与试剂

(1) 仪器与设备：程序控温循环水浴槽、玻璃夹套反应器、搅拌器、超声浓度计及其配套控制器、计算机，其整体实验装置示意如图 5-13 所示。

(2) 试剂：$NaCl$(A. R.)、$NaNO_3$(A. R.)、去离子水。

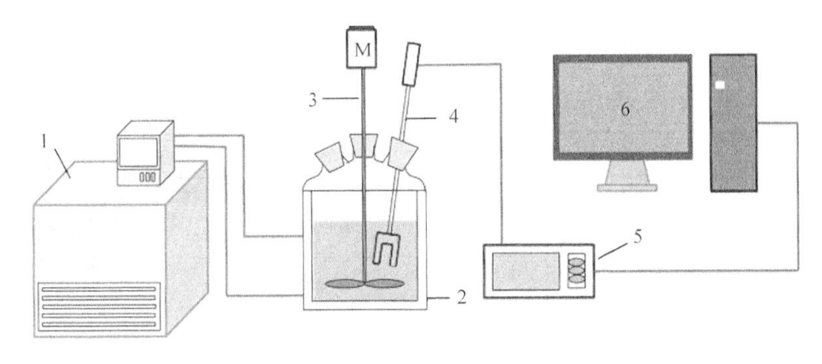

图 5-13　介稳区宽度测量装置示意图

1. 程序控温循环水浴槽；2. 玻璃夹套反应器；3. 搅拌器；4. 超声浓度计；5. 控制器；6. 计算机

四、实验内容与步骤

1. 高盐废水模拟溶液的配制

实验以 $NaNO_3$ 分质结晶为例，配制不同浓度的 $NaNO_3$-NaCl 混合溶液各 400mL，其中 NaCl 浓度固定为 20g · (100g H_2O)$^{-1}$，$NaNO_3$ 浓度分别为 55.0g · (100g H_2O)$^{-1}$、59.0g · (100g H_2O)$^{-1}$、62.0g · (100g H_2O)$^{-1}$、67.0g · (100g H_2O)$^{-1}$、70.0g · (100g H_2O)$^{-1}$ 和 75.0g · (100g H_2O)$^{-1}$，不同 $NaNO_3$ 含量下模拟废水所对应的饱和温度分别约为 288.15K、293.15K、296.15K、303.15K、306.15K 和 311.15K。

2. $NaNO_3$ 分质结晶介稳区宽度测量

将配制的模拟废水置于 500mL 夹套反应器中，开启程序控温循环恒温水浴槽，初始温度设定值比模拟废水饱和温度高 5K 左右，开启并调节搅拌器转速至 300r · min^{-1}，恒温 30min 以确保夹套反应器内固体完全溶解，然后按 6K · h^{-1} 的速率降温至 273.15K，保温 10min 后再按 12K · h^{-1} 的速率升温至初始温度，在此过程中，计算机按 0.5Hz 频率自动记录溶液温度与超声速率。同时，保持其他条件不变，依此测定不同模拟废水在降温速率为 6K · h^{-1}、12K · h^{-1}、18K · h^{-1} 和 30K · h^{-1} 时溶液温度与超声速率的关系，并依据计算机记录的原始数据计算相应的 $NaNO_3$ 分质结晶介稳区宽度。

3. 搅拌转速对 $NaNO_3$ 分质结晶介稳区宽度的影响

固定降温速率为 30K · h^{-1}，保持其他条件不变，按上述介稳区宽度测量流程依次测定不同模拟废水在 200r · min^{-1}、400r · min^{-1} 和 500r · min^{-1} 转速条件下的介稳区宽度，结合上述 300r · min^{-1} 实验结果，对比分析搅拌转速对 $NaNO_3$ 分质结晶介稳区宽度的影响。

4. $NaNO_3$ 分质结晶成核动力学拟合

分别采用自洽 Nývlt-like 模型和三维经典成核理论，依据不同降温速率下测得的介稳区宽度拟合不同模拟溶液 $NaNO_3$ 分质结晶成核动力学模型参数，依据不同饱和温度下的动力学参数值，进一步拟合计算 $NaNO_3$ 分质结晶成核活化能。

五、实验数据记录与处理

依据表 5-11 不同降温速率下的介稳区宽度测量结果，分别采用自洽 Nývlt-like 模型和三维

经典成核理论进行 $NaNO_3$ 分质结晶成核动力学模型拟合计算，并对比两种模型的计算结果。

表 5-11　不同降温速率下 $NaNO_3$ 分质结晶介稳区宽度测量结果

编号	$NaNO_3$ 浓度/ $g\cdot(100g\ H_2O)^{-1}$	T_0/K	$6K\cdot h^{-1}$		$12K\cdot h^{-1}$		$18K\cdot h^{-1}$		$30K\cdot h^{-1}$	
			T_{lim}/K	ΔT_{max}/K	T_{lim}/K	ΔT_{max}/K	T_{lim}/K	ΔT_{max}/K	T_{lim}/K	ΔT_{max}/K
1										
2										
3										
4										
5										
6										

不同搅拌转速下 $NaNO_3$ 分质结晶介稳区宽度测量结果见表 5-12。

表 5-12　不同搅拌转速下 $NaNO_3$ 分质结晶介稳区宽度测量结果

编号	$NaNO_3$ 浓度/ $g\cdot(100g\ H_2O)^{-1}$	T_0/K	$200r\cdot min^{-1}$		$300r\cdot min^{-1}$		$400r\cdot min^{-1}$		$500r\cdot min^{-1}$	
			T_{lim}/K	ΔT_{max}/K	T_{lim}/K	ΔT_{max}/K	T_{lim}/K	ΔT_{max}/K	T_{lim}/K	ΔT_{max}/K
1										
2										
3										
4										
5										
6										

六、实验注意事项

(1) 夹套反应器高转速搅拌时需注意防止气泡的产生，以免影响超声速率测量精度。

(2) 超声浓度计探头使用完毕后应用去离子水清洗干净并擦干，以防腐蚀生锈。

(3) 超声浓度计应采用低功率运行模式，以降低超声场对晶体成核的影响。

七、思考题

(1) 结合成核动力学模型计算结果分析过饱和度与成核速率的关系。

(2) 结合介稳区性质，分析工业结晶过程中控制成核现象的措施有哪些。

(3) 工业生产中晶体尺寸是否越大越好？结合过饱和度与成核速率的关系，分析工业结晶大颗粒晶体生产控制的优劣。

(4) 基于不同搅拌转速下的介稳区宽度测量结果，分析结晶器流体力学混合对晶体颗粒尺寸和尺寸均一性的影响。

实验 20　双膜法海水淡化技术

一、实验目的

(1) 了解海水淡化背景及主要技术。

(2) 掌握双膜法海水淡化过程原理。

(3) 掌握双膜法海水淡化的操作方法。

二、实验原理

1. 反渗透海水淡化

海水淡化即利用海水脱盐生产淡水，包括反渗透法、低温多效蒸馏、多级闪蒸、电渗析法、冷冻法等。从大的分类来看，主要分为热法(如蒸馏法)和膜法两大类。

反渗透(reverse osmosis，RO)海水淡化技术主要是利用反渗透膜的选择透过性，在一定压力下把海水中的淡水分离出来。图 5-14 所示为渗透和反渗透原理示意图，把相同体积的稀溶液(如纯水)和浓溶液(如盐水)分别置于一容器的两侧，中间用半透膜阻隔[图 5-14(a)]；稀溶液中的溶剂将自然地穿过半透膜，向浓溶液侧流动，浓溶液侧的液面会比稀溶液的液面高出一定高度，形成一个压力差，达到渗透平衡状态，此压力差即为渗透压，渗透压的大小取决于浓溶液的种类、浓度和温度，与半透膜的性质无关[图 5-14(b)]；当在浓溶液侧施加一个大于渗透压的压力时，浓溶液中的溶剂会向稀溶液流动，此时溶剂的流动方向与原来渗透的方向相反，这一过程称为反渗透[图 5-14(c)]。

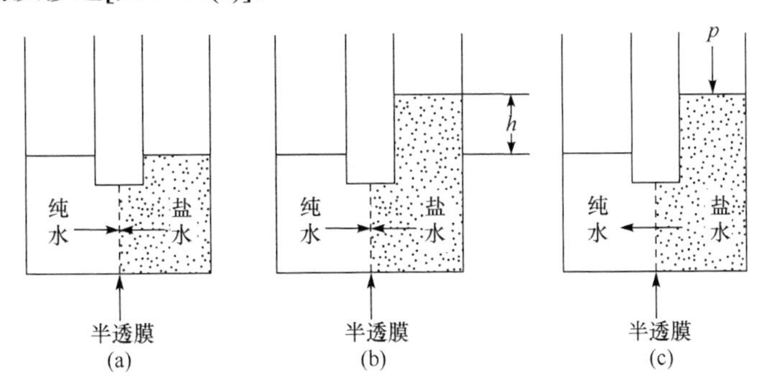

图 5-14　渗透和反渗透现象

反渗透海水淡化技术就是根据上述原理，利用高压泵将原海水增压后，借助半透膜的选择截留作用除去海水中的盐分而得到淡水。原料海水经机械过滤或膜法预处理后，用高压泵打入反渗透装置，经反渗透膜处理后分成浓盐水和产品淡水两股液流。反渗透膜是实现反渗透的核心元件，是模拟生物半透膜制成的具有一定特性的人工半透膜，一般用高分子材料制成，如醋酸纤维素膜和芳香族聚酰胺膜，其表面微孔的直径一般为 0.1～1nm，操作压力为 0.7～7MPa。为降低系统能耗，反渗透海水淡化装置中通常配置能量回收装置来回收能量。

超滤(ultra-filtration，UF)是一种重要的反渗透预处理过程，以保证原水的水质达到进膜要求。超滤膜的孔径一般为 10～100nm，操作压力为 0.1～0.5MPa。超滤主要用于截留去除水中的悬浮物、胶体、微粒、细菌和病毒等大分子物质。超滤膜根据膜材料不同可分为有机膜和无机膜，按膜的外形又可分为平板式、管式、中空纤维式等。超滤-反渗透组合海水淡化技术常简称为双膜法海水淡化技术，目前已得到广泛应用。

2. 淤泥密度指数

淤泥密度指数(silting density index，SDI)是水质指标的重要参数之一。它代表水中颗粒、胶

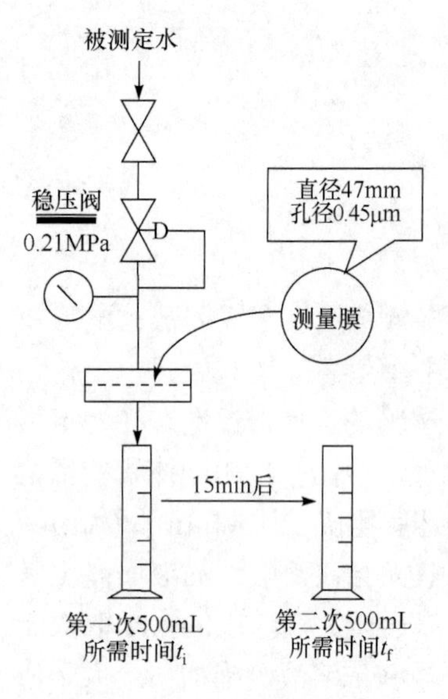

图 5-15　SDI 测定原理

体和其他能阻塞各种水净化设备的物体含量。海水淡化反渗透膜一般要求进水水质 SDI<4。

SDI 测定是基于阻塞系数的测定，其测定原理见图 5-15。在ϕ47mm/0.45μm 的微孔滤膜上连续加入一定压力(0.21MPa)的被测定水，记录初始滤得 500mL 水所需的时间t_i和 15min 后(包含收集初始 500mL 水的时间)再次滤得 500mL 水所需的时间t_f，按下式求得反渗透膜 SDI：

$$SDI = \frac{\left(1-\frac{t_i}{t_f}\right)\times 100}{15} \tag{5-45}$$

式中，t_i和t_f分别为第一次和第二次收集 500mL 水样所需的时间(s)；15 指间隔时间为 15min。当水中的污染物含量较高时，滤水量可取 100mL、200mL、300mL 等，间隔时间可改为 10min、5min 等，计算公式中的 15 也相应调整为 10、5。

三、实验仪器与试剂

(1) 设备与仪器：超滤-反渗透双膜海水淡化装置(图 5-16)、SDI 测试仪(配套 50L 水箱)、塑料量筒、秒表、ϕ47mm/0.45μm 微孔滤膜、浊度测试仪、电导率测试仪、pH 测试仪。

(2) 试剂：氯化钠、氯化镁、氯化钙、氯化钾、硫酸钠、碳酸钠、碳酸氢钠、溴化钠、亚硫酸氢钠。

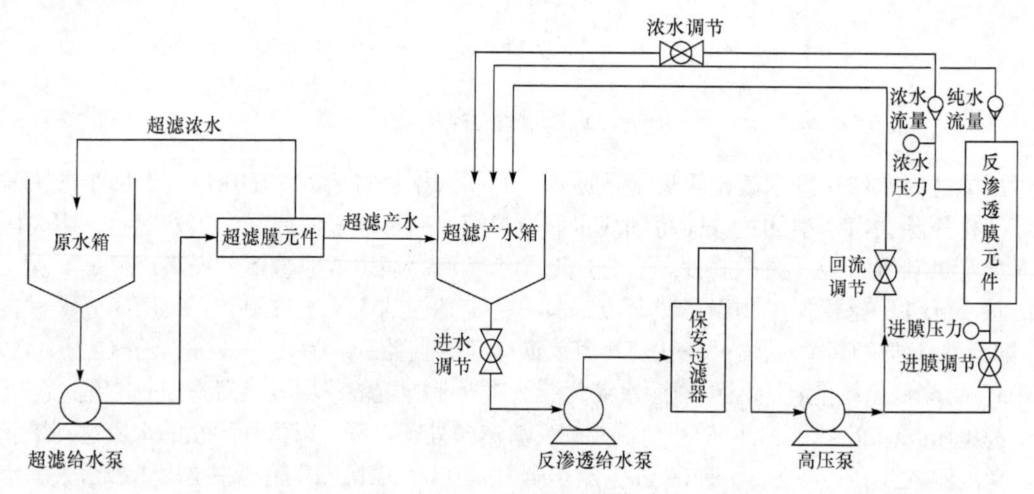

图 5-16　超滤-反渗透双膜海水淡化装置示意图

四、实验内容与步骤

(1) 按照表 5-13 浓度配制模拟海水，置于原水箱。

表 5-13　典型海水的主要元素组成

元素	浓度/(mg · kg^{-1})	元素	浓度/(mg · kg^{-1})
Cl^-	19354	K^+	399
Na^+	10770	HCO_3^-	147
Mg^{2+}	1290	CO_3^{2-}	6.9
SO_4^{2-}	2712	Br^-	67
Ca^{2+}	412		

(2) 取样分析测试原水的 SDI、浊度、电导率、pH。SDI 测定步骤如下：

(i) 打开 SDI 测试仪的阀门，对系统进行数分钟的彻底冲洗。

(ii) 关闭测试仪的阀门，用钝头镊子把 0.45μm 滤膜放入滤膜夹具内。

(iii) 确认 O 形圈完好，将 O 形圈准确放在滤膜上，然后将上半个滤膜夹具盖好，并用螺栓固定。

(iv) 稍开阀门，在水流动的情况下，慢慢拧松 1～2 个蝶形螺栓以排除滤膜处的空气。

(v) 确认空气已全部排尽且保持水流连续的基础上，重新拧紧蝶形螺栓。

(vi) 完全打开阀门并调整压力调节器，直至压力保持在 0.21MPa(如果整定值达不到 0.21MPa，则可在现有压力下实验，但不能低于 0.10MPa)。

(vii) 用 500mL 塑料量筒收集水样，在水样刚进入容器时即用秒表开始计时，收集 500mL 水样所需的时间记为 t_i 。

(viii) 水样流动计时达到 15min 时，再次用 500mL 塑料量筒收集 500mL 水样，并记录收集水样所用时间 t_f 。

(ix) 关闭取样进水球阀，松开微孔膜过滤容器的蝶形螺栓，将滤膜取出保存，作为进行物理化学实验的样品。

(x) 擦干微孔过滤器及微孔滤膜支撑孔板。

(3) 检查超滤装置阀门管路，确认无误后，开启超滤装置，记录超滤的操作温度、进/出口压力、进/出口(浓水侧和淡水侧)流量，记录超滤浓水侧和淡水侧的 SDI、浊度、电导率和 pH。

(4) 超滤产水箱达到预定操作水位时，检查反渗透装置阀门管路，确认无误后，开启反渗透装置，记录反渗透的操作温度、操作压力、进口流量、出口(浓水侧和淡水侧)流量，记录反渗透浓水侧和淡水侧的电导率、pH。

(5) 改变反渗透操作压力、温度、浓水侧流量等条件，考察不同操作条件时反渗透膜的工作性能。

(6) 停机，清洗装置及清理实验场地。超过一周时间不使用装置时，膜组件中应填充 0.25%亚硫酸氢钠保护液。

五、实验数据记录与处理

(1) 原水水质分析见表 5-14。

表 5-14　原水水质分析

SDI	浊度/NTU	电导率/(mS · cm⁻¹)	pH

(2) 超滤过程数据记录见表 5-15。

表 5-15　超滤过程实验数据

膜组件型号：__________　过滤面积：__________　操作温度：__________

测试内容	压力/MPa	流量/($m^3 \cdot h^{-1}$)	SDI	浊度/NTU	电导率/($mS \cdot cm^{-1}$)	pH
超滤进口						
超滤浓水侧						
超滤淡水侧						

(3) 反渗透过程数据记录见表 5-16。

表 5-16　反渗透过程实验数据

膜组件型号：__________　过滤面积：__________　操作温度：__________

测试内容	压力/MPa	流量/($m^3 \cdot h^{-1}$)	电导率/($mS \cdot cm^{-1}$)	pH
反渗透进口				
反渗透浓水侧				
反渗透淡水侧				
膜通量				
回收率				

六、实验注意事项

(1) 实验前应充分了解装置原理、结构及其操作方法。

(2) 确保反渗透进水达到进膜水质要求，控制料液温度不高于 313K。

(3) 若突发异常情况，应迅速切断电源。

七、思考题

(1) 反渗透海水淡化淡水回收率一般控制在什么范围为宜？为什么？

(2) 简述 SDI 的测试原理。

(3) 影响反渗透海水淡化膜通量的主要因素有哪些？

(4) 将海水淡化所产生的浓盐水直接排海是否会造成负面环境影响？浓盐水资源化利用途径有哪些？

实验 21　真空变压吸附捕集温室气体工艺

一、实验目的

(1) 了解真空变压吸附工艺提纯气体的基本原理和过程影响参数。

(2) 掌握计算机自动控制变压吸附实验装置的操作方法。

(3) 加深理解并掌握多塔多步骤真空变压吸附过程评价参数的计算方法。

二、实验原理

吸附分离是利用多孔固体物质选择性吸附混合气中的一种或多种组分，从而实现混合体系分离的方法。吸附现象的产生是因为固体内外表面层粒子所受到的力场是不对称的，存在表面过剩能，具有从外部空间自发吸附气体分子从而降低自身表面粒子受力不对称程度的倾向，吸附结果使得固体表面气体浓度大于气相主体浓度。根据固体表面与被吸附物质分子之间作用力的本质，吸附可以分为物理吸附和化学吸附。物理吸附主要通过范德华力实现，发生吸附时吸附质分子和吸附剂表面的化学组成及性质都不发生变化。化学吸附则是由吸附质分子与吸附剂之间形成化学键造成的。

物质在吸附剂(固体)表面的吸附必须经过两个过程：一是通过分子扩散到达固体内表面，二是通过范德华力或化学键合力的作用吸附于固体表面。因此，要利用吸附实现混合物的分离，被分离组分必须在是否能进入固体表面、分子扩散速率或表面吸附能力上存在明显差异。这些差异可归结为以下三种机理：位阻效应、动力学效应和平衡效应。位阻效应是指某些吸附剂具有较为均一的孔径分布(如各类沸石分子筛)，只有动力学直径比孔径小的气体分子才可以扩散进入吸附剂微孔内部，其他分子被阻挡在外部，从而实现分离混合气的目的。动力学效应实现气体分离是基于不同气体分子在吸附剂上的扩散速率之间存在差异。大多数吸附分离过程是通过混合气中各个组分在吸附剂上的吸附平衡差异实现的，可以称为平衡分离过程。

吸附法捕集温室气体如烟道气中 CO_2 和煤层气中 CH_4 主要利用平衡效应原理，即固体吸附剂对混合气体中的 CO_2 或 CH_4 选择性吸附，然后在不同的再生条件下将 CO_2 或 CH_4 解吸下来，从而使 CO_2 或 CH_4 得以浓缩。工业中常见的吸附剂材料主要有沸石分子筛、硅胶、活性炭、碳分子筛等。完整的真空变压吸附操作主要包括加压、进料吸附、降压、产品气吹扫、均压、抽真空和弱吸附组分吹扫等步骤。采用变压吸附工艺时，一般需要按一定操作时序控制多个吸附塔同时运行，以保证整个过程中能连续地输入原料气，并且连续地通过再生过程得到产品气体。典型多塔真空变压吸附工艺流程及时序安排如图 5-17 所示。

变压吸附是一个动态循环操作过程，经过多个循环之后达到循环稳定状态，即前后两个循环之间的压力变化、温度变化以及流率变化相同。如当前后两个循环的温度和浓度变化曲线的相对偏差均小于 0.1%时，认为循环过程达到循环稳定状态。评价循环过程的性能指标主要为循环稳定状态下的产品纯度、产品回收率、吸附剂的产率和循环过程能耗。在真空变压吸附过程中，产品气 CO_2 或 CH_4 在抽真空和低压吹扫步骤中得到，该过程中的产品的纯度、回收率以及吸附剂的产率由以下公式计算：

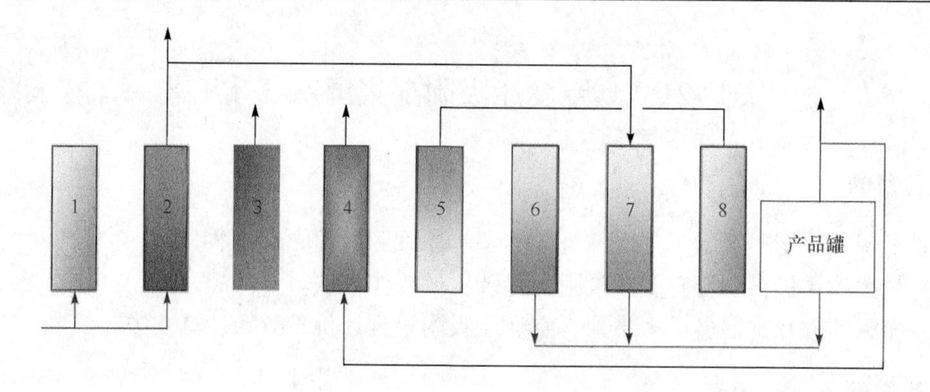

t/s	10	180	60	10	10	180	60	10	10	180	60	10
Bed-1	P	FEED			D	R		EQ	B		PUR	EQ
Bed-2	B		PUR	EQ	P	FEED			D	R		EQ
Bed-3	D	R		EQ	B		PUR	EQ	P	FEED		

图 5-17　典型多塔真空变压吸附工艺流程及时序安排

P. 加压；FEED. 进料吸附；D. 顺向放空；R. 产品气置换；EQ. 均压；B. 抽真空；PUR. 真空吹扫

$$纯度=\frac{\int_0^{t_b}F_{i,\text{out}}\mathrm{d}t+\int_0^{t_p}F_{i,\text{out}}\mathrm{d}t}{\int_0^{t_b}F_{\text{total,out}}\mathrm{d}t+\int_0^{t_p}F_{\text{total,out}}\mathrm{d}t}\times100\% \tag{5-46}$$

$$回收率=\frac{\int_0^{t_b}F_{i,\text{out}}\mathrm{d}t+\int_0^{t_p}F_{i,\text{out}}\mathrm{d}t}{\int_0^{t_\text{pre}}F_{i,\text{in}}\mathrm{d}t+\int_0^{t_f}F_{i,\text{in}}\mathrm{d}t}\times100\% \tag{5-47}$$

$$产率\left(\text{mol}\cdot\text{kg}^{-1}\cdot\text{h}^{-1}\right)=\frac{\int_0^{t_b}F_{i,\text{out}}\mathrm{d}t+\int_0^{t_p}F_{i,\text{out}}\mathrm{d}t}{t_\text{cycle}m_\text{ads}}\times3600 \tag{5-48}$$

式中，$F_{i,\text{in}}$ 和 $F_{i,\text{out}}$ 分别为特定操作步骤时不同组分进口摩尔流率和出口摩尔流率(mol · s^{-1})；$F_{\text{total, out}}$ 为特定操作步骤时总出口摩尔流率(mol · s^{-1})；t_pre 为充压步骤的时间(s)；t_f 为进料吸附步骤的时间(s)；t_b 为抽真空步骤的时间(s)；t_p 为低压吹扫步骤的时间(s)；t_cycle 为真空变压吸附过程中一个循环所用的总时间(s)；m_ads 为吸附柱中填充的吸附剂质量(kg)。

三、实验仪器与试剂

变压吸附捕集装置包括原料气中水蒸气脱除单元和两级吸附捕集单元，实验装置示意图如图 5-18 所示，变压吸附系统主要包括吸附柱、压力调节系统、分析系统、阀门和控制系统。

吸附柱包括两个氧化铝吸附柱(A、B，原料气脱水)、三个一级捕集分离吸附柱(C～E)和两个二级捕集分离吸附柱(F、G)。

压力调节系统主要包括钢瓶减压阀、真空泵、背压阀和压力调节器。减压阀用于控制进料气体的压力(0～1MPa)。吸附柱中的压力通过吸附柱顶部的背压阀控制。真空泵用于真空再生步骤，压力调节器安装在储罐上，用于保持储罐压力稳定在设定范围，维持用于产品气吹扫的气体或进料气的稳定流量。

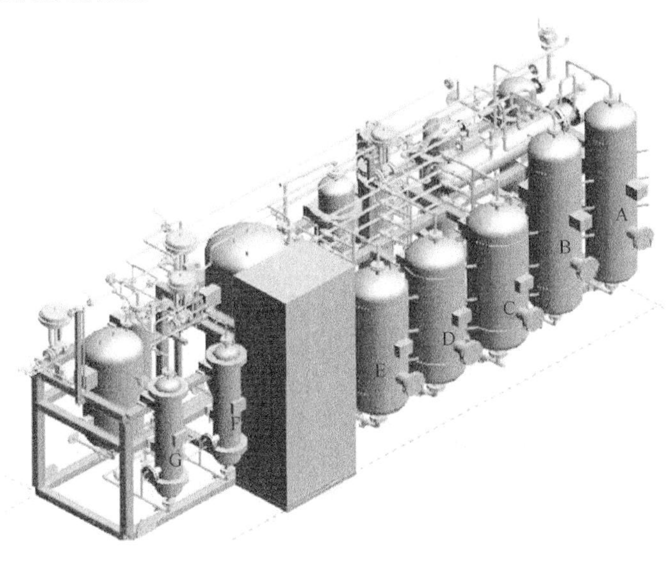

图 5-18　变压吸附实验装置示意图

分析系统主要包括温度监测、压力监测、湿度监测、气体浓度监测以及流量监测。温度监测主要通过温度传感器在线监测管路和吸附柱内测温点处的温度变化；压力监测通过压力传感器在线监测吸附系统内各点压力变化；湿度传感器用于监测进出除湿单元气体的相对湿度和对应的温度；气体浓度分析主要采用红外在线分析仪，用以监测包括进料气体、产品气以及吸附柱顶部废气的气体各组分浓度；流量监测包括进料气体流量控制器以及管路中的质量流量计，用于监测记录进料流量及管路中的流率变化。

阀门和控制系统则通过计算机可编程系统程序控制一系列气动程控阀的开关，从而实现不同操作步骤的切换，使得设备可以自动运行。

吸附工艺包括变温吸附、真空变压吸附以及变温变压耦合吸附。可根据实验需求设计，选择煤层气甲烷捕集(CH_4/N_2)或烟道气 CO_2 捕集(CO_2/N_2)，原料气体由气体钢瓶提供，纯度分别为 $CO_2>99.998\%$、$CH_4>99.99\%$和 $N_2>99.995\%$。

四、实验内容与步骤

1. 实验内容

(1) 多塔变压吸附装置的操作与维护。

(2) 研究进料流速、进料浓度、解吸压力等操作条件对变压吸附动态循环操作过程产品纯度、产品回收率、吸附剂的产率和循环过程能耗等性能指标的影响。

2. 实验前准备工作

(1) 熟悉变压吸附装置及各辅助设备的结构，了解操作要点；检查空压机及真空泵油位是否处于正常水平，以确保设备安全运行；启动真空泵前确保进口阀门关闭，出口阀门打开，以防止真空泵启动过程中损坏；检查自动控制系统与装置中各在线检测设备通信是否正常，确保程控阀门、质量流量控制器、压力传感器和温度传感器等稳定工作。

(2) 对填充塔内吸附剂进行抽真空预处理，持续时间 24h，脱除吸附剂中的杂质气体(主要为水分)。

(3) 利用已知浓度的标准混合气对红外在线分析仪进行标定，保证实验过程中气体浓度测量的准确性。

3. 实验操作

(1) 打开钢瓶减压阀，并调节出口压力在 0.8MPa 左右。

(2) 实验进行时首先用 N_2 充压，通过调节塔顶背压阀控制系统吸附压力至设定值。

(3) 通过质量流量控制器调节各组分进料流量至设定值，确定进料流速和进料浓度。

(4) 确定真空变压吸附工艺流程及操作时序，通过改变抽真空步骤时间调节真空压力至设定值。

(5) 启动变压吸附装置自动控制系统程序，开始多塔真空变压吸附动态循环实验。

(6) 多次循环后，通过数据采集系统观测前后两个循环的压力、温度和浓度变化曲线，确定动态循环实验是否达到稳定状态。

(7) 循环过程达到稳定状态后，连接进料管路、塔顶出口管路、产品气罐中的采样口至红外在线分析仪，分别测量一个循环周期内的进料、塔顶流出物及产品气三股物料的浓度变化数据，用于计算循环过程产品气纯度、回收率和吸附剂的产率三个性能指标。记录循环稳定状态下一个循环周期内的用电量，用于计算真空变压吸附循环过程能耗。

(8) 重复上述 7 个步骤，分别改变进料流速、进料浓度、解吸压力等，以考察操作条件对真空变压吸附循环过程性能的影响。

(9) 实验完成后，将控制系统切换至手动模式，并将各吸附塔抽真空再生 2h，然后用 N_2 充压至吸附塔内压力略高于常压，保证实验间歇期间吸附剂不被污染。

五、实验数据记录与处理

1. 实验数据记录

循环稳定后，记录一个循环周期内吸附塔顶流出物及产品气浓度数据于表 5-17。

表 5-17　实验记录表

进料温度=______K；进料压力=______kPa；气体总流率=______mmol · s^{-1}；进料浓度=______%

解吸压力=______kPa；充压时长=______s；进料时长=______s；真空时长=______s；吹扫时长=______s

序号	时间/s	塔顶浓度/%		塔顶气体总流量/SLM*	产品气浓度/%		塔顶气体总流量/SLM	耗电量/(kW·h)
		CO_2 或 CH_4	N_2		CO_2 或 CH_4	N_2		
1								
2								
3								
4								
…								

*表示标准升每分钟

2. 数据处理

根据实验数据及循环过程性能评价指标公式，分别计算每组不同实验条件下的动态吸附循环过程的产品纯度、回收率、吸附剂产率及能耗(表 5-18)。

表 5-18 实验记录表

序号	纯度/%	回收率/%	产率/($mol \cdot kg^{-1} \cdot h^{-1}$)	能耗/($kJ \cdot mol^{-1}$)
1				
2				
3				
4				
…				

六、实验注意事项

(1) 了解各种动力设备操作原理，避免不正常操作。

(2) 因操作为自动控制，装置运转过程中禁止随意修改操作参数。

(3) 甲烷是易燃气体，在进行甲烷捕集实验时，需打开甲烷报警器，并利用手持甲烷检测器检查是否存在泄漏等问题。

七、思考题

(1) 一个完整的吸附循环包括哪些操作步骤？每个操作步骤的作用是什么？

(2) 吸附材料选择依据是什么？

(3) 变压吸附操作条件选择依据是什么？

(4) 气体的流速和吸附总压对吸附穿透时间和动态吸附容量有什么影响？为什么？

实验 22 膜过滤浓缩回收工业废水中的重金属

一、实验目的

(1) 掌握纳滤膜分离技术的操作原理，掌握纳滤膜通量和截留率的测定方法。

(2) 掌握实验规模膜组件的操作规程和清洗维护方法。

(3) 了解以纳滤为代表的膜分离过程在废水处理过程中的应用。

二、实验原理

纳滤(nanofiltration，NF)膜对尺寸约 1nm 的分子或离子的截留率在 95%以上，因而被称为纳滤膜。纳滤膜一般通过界面聚合法制备，膜面或膜内一般带有羧基、磺酸基等荷电基团，这对于电解质尤其是高价电解质有一定的截留能力。

纳滤膜截留性能介于超滤膜和反渗透膜之间，它对盐的渗透性主要取决于离子的价态。反渗透膜对于盐类截留率很高，但通量较低，需要在较高压差(5～10MPa)下操作。纳滤膜对一价离子(Na^+和 Cl^-等)的截留率较低，为 30%～90%，而对二价或高价离子(Ca^{2+}、Mg^{2+}、SO_4^{2-}等)的截留率较高，可达 90%以上。在相同压差下，纳滤膜的通量远高于反渗透膜。此外，纳滤膜对于除草剂、农药、色素、染料、抗生素、多肽和氨基酸等小分子量(200～2000 Da)物质具有很高的截留率。

在同等压力下对高价离子的电解质溶液进行浓缩操作时，纳滤膜的膜通量比反渗透膜大得多。选用纳滤膜对低浓度重金属离子(如 Cu^{2+}等高价位离子)废水进行截留浓缩，不仅可以保证高截留效率，而且比反渗透膜更加经济(更低的压差和更高的通量)。

纳滤膜操作的通量方程如下：

$$J_V = L_P\left(\Delta p - \Delta \pi\right) \tag{5-49}$$

式中，L_P 为渗透系数；Δp 为膜两侧的操作压差；$\Delta\pi$ 为膜两侧由于溶质浓度差异而存在的渗透压差，其中 π 为溶液的渗透压。稀溶液渗透压可按下式计算：

$$\pi = \sum_{i=1}^{n} c_i RT \tag{5-50}$$

式中，c_i 为溶液中各种离子或非解离组分的体积摩尔浓度。膜的截留率高时(趋近于 1)，透过液一侧的离子浓度很低，可将透过液一侧的溶液浓度近似为 0。

连续纳滤操作中，进料液一侧某种溶质的浓度为 c_R，透过液一侧该溶质的浓度为 c_P，则纳滤膜对于该种溶质的截留率为

$$R = 1 - \frac{c_P}{c_R} \tag{5-51}$$

实验中，透过液和进料液中的 Cu^{2+}含量，可以通过对采集的样品适当稀释、显色后用分光光度法测定。显色反应在碱性条件下进行，以铜试剂(二乙基二硫代氨基甲酸钠，简称 DDTC-Na)为显色剂，Cu^{2+}在碱性条件下与铜试剂反应，生成黄色络合物胶体：

$$2\,(C_2H_5)_2N{-}C(=S){-}SNa + Cu^{2+} \longrightarrow (C_2H_5)_2N{-}C(=S){-}S{-}Cu{-}S{-}C(=S){-}N(C_2H_5)_2 + 2Na^+$$

显色反应生成的黄色络合物在水溶液中 5～30min 内可以保持稳定均一分布的状态，其最大吸收波长为 452nm，在浓度范围 0.005～0.05mmol · L^{-1}时，吸光度与浓度关系较好地符合朗伯-比尔定律的线性关系。

实验测定时，可将含 Cu^{2+}溶液稀释到线性浓度范围(0.005～0.05mmol · L^{-1})，显色后在 λ= 452nm 处测定溶液吸光度，根据标准曲线换算得到溶液中 Cu^{2+}含量；每次检测时，首先加入一定量含 Cu^{2+}溶液，然后加入碱性缓冲溶液，再定量加入显色剂溶液，以去离子水定容，摇匀，以加入相同量缓冲液和显色剂的混合液作为空白溶液，在 30min 内测量其吸光度。

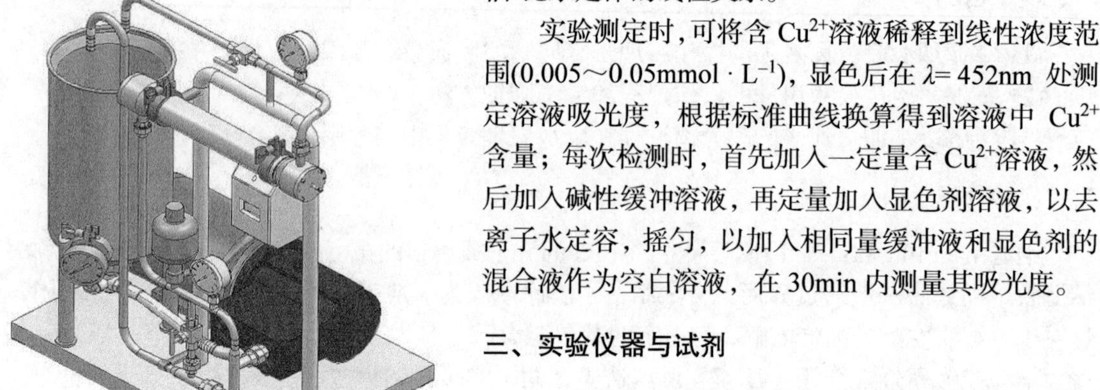

图 5-19　纳滤膜组件示意图

三、实验仪器与试剂

(1) 设备：实验主体设备为纳滤膜组件，其结构如图 5-19 所示，由料液槽、加压泵、膜壳、进出管路、调压阀、放气旁路阀等组成。纳滤膜芯为卷式(美

国通用电气公司 1812 型卷式纳滤膜)，该型号膜组件对应的截留分子量范围为 200～300Da，膜过滤面积为 $0.24m^2$。最大操作压力为 4.0MPa，透过液一侧管路连通大气。操作温度为 273～318K。长时间操作时，开启料液槽冷却夹套的进水，防止料液温度过高。

溶液中 Cu^{2+}含量的测定采用可见光分光光度计。

(2) 试剂：硫酸铜(C. P.)、亚硫酸氢钠(C. P.)、清洗剂[含酶，粉状清洗剂，型号 LC-90，使用前配制为 0.2%(质量分数)水溶液]、铜试剂[二乙基二硫代氨基甲酸钠(A. R.)，实验时配成浓度为 $54\mu g \cdot mL^{-1}$ 的水溶液]、硼酸(A. R.)。

四、实验内容与步骤

1. 实验设备

膜芯由高分子材料制成，为防止微生物的滋生可能对膜芯造成的侵蚀，已经安装到位的膜组件在闲置状态时均以 0.25%亚硫酸氢钠溶液为防腐剂进行保护。在开始实验时，先洗涤膜芯和管路，以除去绝大部分的亚硫酸氢钠。

洗涤方法：打开料液槽底球阀，放空残余溶液。在料液槽中加入约 2L 去离子水，启动开关，待料液槽中无气泡涌动时，关闭放气管路阀。继续循环 2～3min，关机。打开底球阀，放空料液槽，如此重复操作三次。完成三次洗涤操作后，对第三次洗涤的放出水取样，测定 25℃下电导率值。如果测得水样的电导率值小于 $0.08mS \cdot cm^{-1}$，则可以认为洗涤效果满足要求，否则应增加循环洗涤的操作次数，直至满足清洗要求为止。

实验过程中所有的泵启动操作之前，均应首先检查阀门开度，放气管路阀和调节阀的开度均调节至全开。

2. 用去离子水标定纳滤膜的过滤通量

在料液槽中加入约 3L 去离子水，标定膜组件过滤性能：启动加压泵，压力稳定后，关闭放气旁路阀；逐渐关小调节阀，将高压侧压力表调至设定的压力值；压力稳定后，开始计量纯水的过滤通量、在一段时间 Δt (s)内收集的透过液体积 ΔV (mL)，同时记录高压侧压力值。

3. 硫酸铜溶液备料

配制 6L 模拟含铜废液，其中硫酸铜浓度为 $7g \cdot L^{-1}$，相当于 Cu^{2+}的浓度为 $2.782g \cdot L^{-1}$。Cu 原子量为 63.44，$CuSO_4$ 分子量为 159.61，$CuSO_4 \cdot 5H_2O$ 分子量为 249.68，据此计算配制溶液时需要加入硫酸铜的质量。

4. 硫酸铜溶液的浓缩

在料液槽中加入模拟含铜废液，启动加压泵，待料液槽中没有气泡后，调节压力阀使进口压力稳定在 1.5～2.0MPa(建议值 2.0MPa)，操作压力可以适当上调，但不能超过 3.5MPa。

压力稳定后，开始计量透过液的通量，同时记录进、出口压力值。

在浓缩实验的开始和结束阶段，对料液(或浓缩液)和透过液分别取样(膜两侧的液相样品同时取样)，采用分光光度法测定其中 Cu^{2+}的浓度。分别计算浓缩开始和结束阶段(对应于 Cu^{2+}的不同浓度范围)纳滤膜对 Cu^{2+}的截留率。

待膜设备储槽中料液的体积仅剩 0.5～1.0L 时，考虑到料液液位继续降低可能造成大量气泡被卷吸入膜，此时可以关闭膜组件的加压泵，停止浓缩。

浓缩实验中，可打开料液槽夹套的冷却水开关，控制槽内料液温度不高于 313K。

5. 纳滤膜组件的清洗和消毒

完成放料后，在料液槽中加入 3L 去离子水，开泵循环洗涤(5min)，压力 0.7～1.0MPa，停泵放料。如此清洗操作 2 次后，用清洗液清洗膜。

配制清洗液：以配制 3L 清洗液为例，称取 6.0g 清洗剂 LC-90，加 3L 去离子水，混匀溶解得到质量分数为 0.2%的清洗液。

将 3L 清洗液加入料液槽中，开泵循环洗涤，压力 0.7～1.0MPa，时间 10～15min。放空清洗液，在料液槽中加入 3L 去离子水，开泵循环 5min 左右，放空，重新操作三次。

当下批纳滤实验间隔时间较长时，需要进行膜芯的防腐消毒。配制 0.25%亚硫酸氢钠溶液：取 2L 去离子水，加入 5.0g 无水亚硫酸氢钠，溶解后加入料槽，循环 3～5min。

6. 浓缩液和透过液中 Cu^{2+}含量的测定

Cu^{2+}在碱性条件下与铜试剂反应生成黄色络合物，在 5～30min 内稳定存在，最大吸收波长 452nm，可在此波长下通过分光光度法测定溶液中 Cu^{2+}含量。

1) 标准曲线的测定

在 50mL 容量瓶中，依次加入 0mL、1.0mL、2.0mL、4.0mL、6.0mL、10.0mL 铜标准溶液(10μg · mL^{-1})，每个容量瓶中各加入 2mL 碱性缓冲液(如硼酸，pH 9.13)，再各加入 8mL 铜试剂，用去离子水稀释定容至刻度，摇匀。稀释后容量瓶中 Cu^{2+}浓度分别为 0.0μg · mL^{-1}、0.2μg · mL^{-1}、0.4μg · mL^{-1}、0.8μg · mL^{-1}、1.2μg · mL^{-1}、2.0μg · mL^{-1}。

5～30min 内，以 0.0μg · mL^{-1}稀释液为参比液，在波长 452nm 下测定其他各稀释液样品的吸光度(比色皿厚度 1cm)。以此为依据，关联得到标准曲线方程。

2) 浓缩液中 Cu^{2+}的测定

移取浓缩液(或料液)样品 1.00mL，加入 100mL 容量瓶，用去离子水稀释定容并混匀。移取稀释液 1.00mL，加入 50mL 容量瓶中，然后依次加入 2mL 碱性缓冲液、8mL 铜试剂，用去离子水定容至刻度。以 0.0μg · mL^{-1}稀释液为参比液，在波长 452nm 下测吸光度。以标准曲线为依据，结合稀释倍率(100×50=5000 倍)，换算得稀释前浓缩液样品中 Cu^{2+}含量。

3) 透过液中 Cu^{2+}的测定

移取透过液样品 0.20mL，加入 50mL 容量瓶中，再依次加入 2mL 碱性缓冲液、8mL 铜试剂，用去离子水定容至刻度。以 0.0μg · mL^{-1}稀释液为参比液，测定 452nm 下稀释液样品的吸光度。根据标准曲线和稀释倍率(50/0.20=250 倍)，换算得稀释前透过液样品中 Cu^{2+}含量。

4) 纳滤膜对 Cu^{2+}的截留率

将同一时刻取样的浓缩液和透过液中 Cu^{2+}的浓度代入式(5-51)，计算一定浓缩液浓度下对应的纳滤膜对 Cu^{2+}的截留率。

五、实验数据记录与处理

纳滤膜面积 A =________m^2。

(1) 膜过滤通量标定见表 5-19。

膜低压侧压力 p_2=0.1013MPa(A)或 0MPa(G)。

表 5-19　膜过滤通量标定

实验组号	进口压力 p_1 /MPa(G)	过滤时间 Δt /min	滤过纯水量 ΔV /mL	$J_V=\Delta V/(A\cdot\Delta t)$/($m^3\cdot m^{-2}\cdot s^{-1}$)
第一组	0.7			
	0.7			
第二组	0.7			
	0.7			
第三组	1.5			
	1.5			
第四组	2.0			
	2.0			
第五组	2.5			
	2.5			

根据以上实验数据，整理得到实验所用纳滤膜对纯水的渗透系数 L_P 。

(2) 浓缩实验记录见表 5-20。

表 5-20　浓缩实验记录

浓缩液初始体积 V_0 =______mL，操作压差 Δp = ______MPa

浓缩进程/min	滤液收集量/mL	透过液 Cu^{2+}浓度/($g\cdot L^{-1}$)	料液槽料液残留量/L	浓缩液 Cu^{2+}浓度/($g\cdot L^{-1}$)

试计算浓缩开始和结束阶段纳滤膜对 Cu^{2+}的截留率；估算 $CuSO_4$ 溶液浓缩过程中膜的平均通量。

六、实验注意事项

(1) 溶液的配制和溶解均不得在膜组件的料液槽中进行，以防固形物进入泵和膜芯。

(2) 膜分离操作中，膜的正常操作和维护是长期稳定运行的保证。需要在适当的操作通量下运行，避免膜面上由于浓度极化产生过剩浓度而析出沉淀，造成严重污染。因此，设计实验条件时，不要采用过高的操作压力。

(3) 注意对膜的维护。完成 $CuSO_4$ 溶液的浓缩实验以后，需要对料液槽中的溶液进行清理，置换为去离子水后，对膜组件进行充分清洗，以消除膜芯中的残留溶质。

七、思考题

(1) 相同压力差下，纳滤膜对纯水和盐水的透过能力是否相同？

(2) 与反渗透、微滤相比，纳滤的分离对象有什么不同？

(3) 过高的操作压力对膜的正常使用有什么影响？

(4) 通过本实验，对膜组件维护工作的作用有何认识？

(5) 本实验中，如果改变 $CuSO_4$ 溶液浓缩时的操作压力，对纳滤过程的操作通量和截留特性有什么影响？

实验 23　活性炭吸附分离工业废水中的重金属

一、实验目的

(1) 加强理解吸附的基本原理。

(2) 了解活性炭对重金属的吸附性能。

(3) 掌握静态吸附法确定活性炭等温吸附模型参数的方法。

二、实验原理

活性炭的吸附性能主要由它的孔隙结构与表面化学性质决定。在活性炭制备过程中，挥发性有机物被去除，晶格间生成空隙，形成许多形状各异的细孔，其孔隙占活性炭总体积的70%～80%，根据孔径大小分为微孔(<2nm)、介孔(2～50nm)和大孔(>50nm)。如图 5-20 所示，活性炭粒子内细孔分布是不规则的，往往大孔壁上分布着中孔，中孔表面上又充斥着大量微孔。其中微孔可以通过孔径截留对大分子吸附质进行吸附，微孔的数目直接决定活性炭的比表面积与吸附能，而大孔和介孔则可作为吸附质的扩散通道使其快速进入活性炭颗粒内部，同时介孔可以产生毛细凝结，吸附不能进入微孔的吸附质。

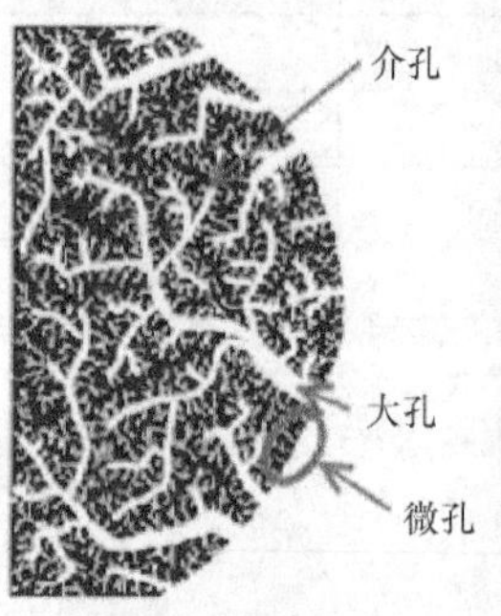

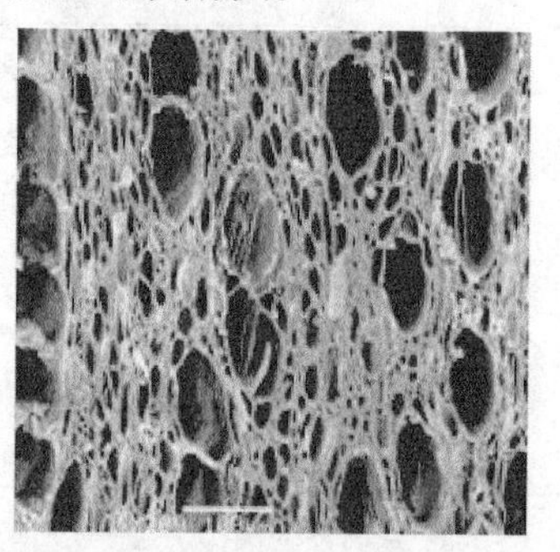

图 5-20　活性炭内部孔径示意图及实物电镜照片

活性炭的表面化学性质受表面官能团构成的影响，通过引入不同的官能团，能够有效调节其酸碱性、带电性、吸附选择性等性能。活性炭的表面官能团主要包括含氧官能团和含氮官能团，如羟基、羰基、羧基、内酯基、醌基、醚基、氨基、吡啶基和酰胺基等，它们能够作为吸附位点，通过静电作用、离子交换作用、氢键、路易斯酸碱作用以及络合作用等方式与吸附质结合，使吸附质附着在活性炭表面。因此，研究调控活性炭表面官能团构成及含量的改性方法对提高其吸附性能具有重要作用。

活性炭吸附处理废水的过程包括以下步骤：在活性炭的外表面有一水流滞流层，被吸附的物质要靠浓度差才能穿过滞流层而接触活性炭，之后扩散进入表面的大孔中，再从活性炭的大孔扩散到介孔中，再继续扩散到微孔，完成一次吸附。对于整个吸附过程，吸附总速率取决于内扩散速率和表面吸附速率，一般认为表面吸附是一个快速过程，因此内扩散速率决定吸附总速率。活性炭对重金属的吸附作用来自两个方面：①活性炭内部的分子在各个方向都受到同等大小的力，而在表面的分子则受到不平衡的力，这就使重金属离子能够吸附于其表面上，此为物理吸附，具有吸附热小、速度快、无选择性与过程可逆放热等特点，吸附过程受重金属离子尺寸与活性炭的孔结构控制；②活性炭表面具有大量功能性基团，能够与重金属发生化学反应，以化学键相结合，使其保留在表面实现吸附，此为化学吸附，具有吸附热大、单层吸附与脱附困难等特点，吸附过程受活性炭的表面化学特性、重金属离子及废水的化学性质等因素影响。总体而言，活性炭对重金属污染物的吸附是上述两种吸附综合的结果，当活性炭在溶液中的吸附速度和解吸速度相等时，吸附达到平衡，此时重金属在溶液中的浓度称为平衡浓度，活性炭的吸附能力以吸附量 q 表示

$$q=\frac{V\left(c_0-c\right)}{m}=\frac{M}{m} \tag{5-52}$$

式中，q 为活性炭吸附量，即单位质量的吸附剂所吸附的重金属质量($mg\cdot g^{-1}$)；V 为重金属废水体积(L)；c_0、c 分别为吸附前与吸附平衡时废水中重金属的浓度($mg\cdot L^{-1}$)；M 为被吸附的重金属的质量(mg)；m 为投加的活性炭质量(g)。

吸附等温线是指在一定温度下吸附达到平衡时活性炭对重金属的吸附量与废水中剩余重金属浓度之间的关系，通常可用弗罗因德利希(Freundlich)或朗缪尔(Langmuir)吸附模型进行描述，其中 Freundlich 方程如下：

$$q=Kc^{\frac{1}{n}} \tag{5-53}$$

式中，K、n 为与废水浓度、pH、吸附剂和吸附质性质相关的 Freundlich 模型常数。

K、n 值求法如下：通过间歇式活性炭吸附实验测得 q 、c 相应值，将式(5-53)取对数变换为

$$\lg q=\lg K+\frac{1}{n}\lg c \tag{5-54}$$

将 q 、c 相应值绘在双对数坐标纸上，所得直线的斜率为 $1/n$ ，截距则为 K 。

Langmuir 方程如下：

$$q=\frac{q_e bc}{1+bc} \tag{5-55}$$

式中，q_e 为活性炭对重金属的饱和吸附量($mg\cdot g^{-1}$)；b 为 Langmuir 模型的吸附系数($L\cdot mg^{-1}$)，与吸附剂和吸附质性质以及温度的高低相关。

q_e、b 值求法如下：通过间歇式活性炭吸附实验测得 q 、c 相应值，将式(5-55)取倒数变换为

$$\frac{1}{q}=\frac{1}{q_e b}\times\frac{1}{c}+\frac{1}{q_e} \tag{5-56}$$

根据 $1/q$ 与 $1/c$ 相应值的线性关系，所得直线的斜率为 $1/q_e b$ ，截距则为 $1/q_e$。

三、实验仪器与试剂

(1) 仪器与设备：恒温振荡器、烘箱、pH 计、分析天平、原子吸收光谱仪、250mL 锥形瓶、1.5L 烧杯、50mL 容量瓶、100mL 量筒、移液管、注射器、0.45μm 滤膜。

(2) 试剂：粉末活性炭、无定形颗粒活性炭、$1g\cdot L^{-1}$ 含镉重金属溶液(准确称取 1.855g 硫酸镉，用去离子水溶解并稀释至 1L)、5%氢氧化钠溶液、5%盐酸溶液、$1g\cdot L^{-1}$ 镉标准液。

四、实验内容与步骤

(1) 标准曲线绘制。分别移取 0.5mL、1.0mL、2.0mL、3.0mL、4.0mL、5.0mL 的镉标准液于 100mL 容量瓶中，并准备一个空白的 100mL 容量瓶，均加去离子水至刻度，配制成浓度为 $0mg \cdot L^{-1}$、$5mg \cdot L^{-1}$、$10mg \cdot L^{-1}$、$20mg \cdot L^{-1}$、$30mg \cdot L^{-1}$、$40mg \cdot L^{-1}$、$50mg \cdot L^{-1}$ 的镉标准液，再利用原子吸收光谱仪测定不同浓度标准液的吸光度。以吸光度为纵坐标，浓度为横坐标，绘制镉离子浓度标准曲线，关联得到标准曲线方程。

(2) 活性炭前处理。分别称取 10g 粉末活性炭与颗粒活性炭，放入 pH=3.0 的 200mL 去离子水中浸泡 6h，然后用中性去离子水洗涤，在烘箱内烘干备用。

(3) 模拟重金属废水配制。用移液管移取 50mL 浓度为 $1g \cdot L^{-1}$ 的含镉溶液于 1.5L 烧杯中，加去离子水稀释至 1L，搅拌均匀，调节溶液初始 pH 至 6.0，配制得到实验所需的浓度为 $50mg \cdot L^{-1}$ 的含镉废水。

(4) 粉末活性炭与颗粒活性炭吸附效果对比。两批次量取 100mL 含镉废水加入 250mL 锥形瓶中，分别将 pH 调整为 2.5、3.0、4.0、5.0、6.0，准确称取 250mg 粉末活性炭与颗粒活性炭，分别加入两批次不同 pH 的含镉废水中，在 303K、$175r \cdot min^{-1}$ 条件下置于恒温振荡器振荡 1h，静置 5min 后用注射器取 5mL 上清液，滤膜过滤后测定上清液的吸光度，根据标准曲线方程确定溶液中剩余重金属镉的浓度，计算得到不同 pH 条件下粉末活性炭与颗粒活性炭对废水中镉的去除率以及吸附容量。

(5) 粉末活性炭吸附等温线测定。准确称取 25mg、50mg、100mg、150mg、200mg 活性炭粉末，分别加入 250mL 锥形瓶中，量取 100mL 含镉废水加入每个锥形瓶及 1 个空白锥形瓶中，在 303K、$175r \cdot min^{-1}$ 条件下将锥形瓶置于恒温振荡器中振荡 1h，静置 5min 后用注射器取 5mL 上清液，滤膜过滤后测定溶液的吸光度，根据标准曲线方程确定溶液中剩余镉浓度，计算各锥形瓶中镉的去除率、活性炭吸附量，并根据式(5-54)和式(5-56)确定 Freundlich 与 Langmuir 的吸附模型常数。

五、实验数据记录与处理

1. 标准曲线

根据表 5-21 数据绘制标准曲线，确定镉浓度与吸光度之间的标准曲线方程。

表 5-21　不同浓度镉标准液吸光度

标准液加入量/mL	吸光度	标准液加入量/mL	吸光度
0		3.0	
0.5		4.0	
1.0		5.0	
2.0			

2. 粉末活性炭与颗粒活性炭吸附效果

根据标准曲线方程，确定吸附后溶液中镉的剩余浓度，计算并比较粉末活性炭和颗粒活性炭在不同 pH 条件下对镉的吸附量(表 5-22)。

表 5-22　粉末活性炭与颗粒活性炭吸附效果对比

pH	吸光度		剩余浓度/($mg \cdot L^{-1}$)		吸附量/($mg \cdot g^{-1}$)	
	粉末	颗粒	粉末	颗粒	粉末	颗粒

3. 粉末活性炭吸附等温线模型参数

吸附等温线测定实验数据记录见表 5-23。

表 5-23　吸附等温线测定实验数据

活性炭投加量	吸光度	剩余浓度/($mg \cdot L^{-1}$)	吸附量/($mg \cdot g^{-1}$)	Freundlich 常数		Langmuir 常数	
				$1/n$	K	q_e	b

以吸附平衡时废水中镉剩余浓度为横坐标、活性炭对镉的吸附量为纵坐标作粉末活性炭在 303K 下对镉的吸附等温线，并根据式(5-54)和式(5-56)，求出 Freundlich 与 Langmuir 两个模型的吸附常数。

六、实验注意事项

(1) 需将配制好的重金属溶液 pH 调至酸性进行保存，以防出现氢氧化物沉淀，导致使用时重金属含量偏低。

(2) 用注射器取上清液时勿晃动烧瓶，避免底部活性炭粉末再次泛起，增加滤膜过滤难度。

七、思考题

(1) 吸附等温线的测定对实际工业重金属废水处理有什么指导意义？推测颗粒活性炭吸附等温线的变化趋势。

(2) 哪些因素对实验结果影响较大？实验过程中有哪些有效的调控方法？

(3) 活性炭吸附性能主要由哪些性质决定？

(4) Freundlich 和 Langmuir 模型分别代表什么类型的吸附过程？

(5) 活性炭吸附去除重金属技术目前有哪些不足之处？

现代测试与分析技术

从矿物开采、分离富集、生产加工到产品应用整个研发、生产及销售链条中，现代仪器分析方法与技术发挥着越来越重要的作用，熟练掌握现代分析仪器对于学生成才至关重要。本章根据资源循环科学与工程专业的交叉学科特征，结合专业实验涵盖的实验内容及学生未来职业生涯需求，从应用角度引入元素鉴别与组成分析及微观结构与形貌分析两类大型精密仪器。

6.1 元素鉴别与组成分析

6.1.1 原子吸收光谱

原子吸收光谱法(AAS)又称原子吸收分光光度法，被广泛用于测定特定元素在溶液中的浓度，目前可用 AAS 定量分析的元素达 70 余种。

1. 基本原理

AAS 是利用气态原子可以吸收一定波长的光辐射，使原子中外层电子从基态跃迁到激发态的现象而建立的分析方法。由于各种原子中电子的能级不同，将有选择性地共振吸收一定波长的辐射光，这个共振吸收波长恰好等于该原子受激发后发射光谱的波长。当光源发射的某一特征波长的光通过原子蒸气时，即入射辐射的频率等于原子中的电子由基态跃迁到较高能态(一般情况下是第一激发态)所需要的能量频率时，原子中的外层电子将选择性地吸收其同种元素所发射的特征谱线，使入射光减弱。特征谱线因吸收而减弱的程度称为吸光度 A，其在线性范围内与被测元素的含量成正比：

$$A = Kc \tag{6-1}$$

式中，K 为吸收系数，与吸收介质的性质及入射光辐射频率有关；c 为试样浓度。式(6-1)是 AAS 进行定量分析的理论基础。

原子能级是量子化的，因此在所有的情况下原子对辐射的吸收都是有选择性的。由于各元素的原子结构和外层电子的排布不同，元素从基态跃迁至第一激发态时吸收的能量不同，因而各元素的共振吸收线具有不同的特征。由此可作为元素定性的依据，而吸收辐射的强度可作为定量的依据。AAS 现已成为无机元素定量分析应用最广泛的方法之一。该法主要适用于样品中微量及痕量组分分析。

1) 原子的共振吸收

基态原子中的外层电子从基态跃迁到能量最低的激发态时，要吸收一定频率的光，它在跃迁回基态时，则发射相同频率的光(谱线)，这种谱线称为共振发射线。电子从基态跃迁至第一激发态所产生的吸收谱线称为共振吸收线。共振发射线和共振吸收线都简称共振线。

各种元素的原子结构和外层电子排布不同，不同元素的原子从基态激发至第一激发态时(或由第一激发态跃迁回基态时)吸收(或发射)的能量不同，因而各元素的共振线有其特征性，这种共振线是元素的特征谱线。这种从基态到第一激发态的直接跃迁最易发生，因此对于大多数元素，共振线是元素的灵敏线。

2) 基态原子和激发态原子的比例

AAS 基于从光源辐射出具有待测元素特征波长的光，通过试样蒸气时被蒸气中待测元素的基态原子吸收，依据测量特征光被吸收的程度来测定待测元素的含量。在热力学平衡条件下，激发态原子数和基态原子数的分布遵循玻尔兹曼分布定律

$$\frac{N_i}{N_0}=\frac{g_i}{g_0}e^{-\frac{E_i}{kT}} \tag{6-2}$$

式中，N_i 和 N_0 分别为激发态和基态的原子数；g_i 和 g_0 分别为激发态和基态的统计权重；E_i 为激发电位；k 为玻尔兹曼常量；T 为热力学温度。

在火焰温度范围内，大多数元素的激发态原子数和基态原子数的比值远小于 1%，可以近似地把参与吸收的基态原子数看作原子总数。

2. 仪器构造和功能

如图 6-1 所示，原子吸收分光光度计一般由光源、原子化系统、分光系统、检测系统和数据处理系统五部分组成。

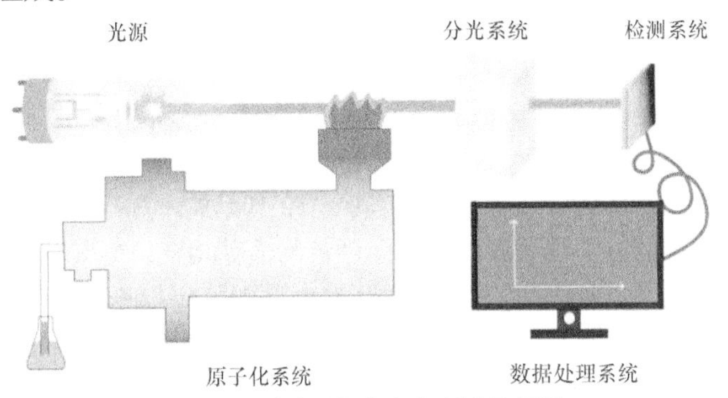

图 6-1 原子吸收分光光度计示意图

1) 光源

光源的功能是发射被测元素的特征共振辐射。AAS 对光源的基本要求是：锐线光源，发射的共振辐射的半宽度要明显小于吸收线的半宽度；辐射强度大、背景低(低于特征共振辐射强度的 1%)；光强度稳定性好，30min 内漂移不超过 1%；背景噪声小于 0.1%；使用寿命长。空心阴极灯、蒸气放电灯、高频无极放电灯都能满足上述各项要求，目前应用最普遍的是空心阴极灯。

2) 原子化系统

原子化系统的功能是提供能量，使试样干燥、蒸发和原子化。在 AAS 分析中，试样中被

测元素的原子化是整个分析过程的关键环节。原子化器主要有四种类型，分别为火焰原子化器、石墨炉原子化器、氢化物发生原子化器及冷蒸气发生原子化器。

3) 光学系统

光学系统可分为外光路系统和分光系统。外光路系统即照明系统，其作用是使空心阴极灯发出的共振线能正确地通过原子蒸气，并透射在单色器入射狭缝上。分光系统由入射狭缝和出射狭缝、反射镜和色散元件组成，其作用是将空心阴极灯发射的未被待测元素吸收的特征谱线与邻近谱线分开。分光系统的关键部件是色散元件，商品仪器都是使用光栅。因谱线比较简单，AAS 对分光器的分辨率要求不高，曾以能分辨 Ni 三线(Ni 230.003nm、Ni 231.603nm、Ni 231.096nm)为标准，而后采用 Mn 279.5nm 和 Mn 279.8nm 代替 Ni 三线来检定分辨率。光栅放置在原子化器之后，以阻止来自原子化器内的所有不需要的辐射进入检测器。

4) 检测系统

AAS 中广泛使用光电倍增管作为检测器，一些仪器也采用电荷耦合器件作为检测器。光电倍增管是一种多极的真空光电管，是目前灵敏度最高、响应速度最快的一种光电检测器，被广泛应用于各种光谱仪器上。

3. 定量分析方法

1) 标准工作曲线法

按产品标准的规定，制备试样溶液、空白溶液及 4～5 个质量浓度成比例的标准溶液，以水或溶剂调零，在规定的仪器条件下，分别测定其吸光度。以标准溶液质量浓度(ρ)为横坐标、相应的吸光度(A)为纵坐标绘制标准工作曲线。在标准工作曲线上查出试样溶液中待测元素的质量浓度(图 6-2)。待测元素的质量浓度应在工作曲线范围内，并尽量位于工作曲线的中部。待测元素的质量浓度也可根据测定的吸光度用回归方程法计算。此方法适用于主体无干扰情况下的测定。

2) 标准加入法

按产品标准的规定制备试液。量取相同体积的上述试液，共四份。第 1 份不加标准溶液，第 2 份、第 3 份、第 4 份分别加入成比例的标准溶液，均用水或溶剂稀释至 100mL。以空白溶液调零，在规定的仪器条件下，分别测定其吸光度。以加入标准溶液的质量浓度为横坐标、相应的吸光度为纵坐标绘制曲线，将曲线反向延长与横轴相交，交点(ρ)的绝对值即为待测元素的质量浓度(图 6-3)。待测元素在所测的质量浓度范围内应与吸光度呈线性关系。待测元素标准加入的质量浓度应与样品稀释后待测元素规格点的质量浓度相当，且处于第 2 份和第 4

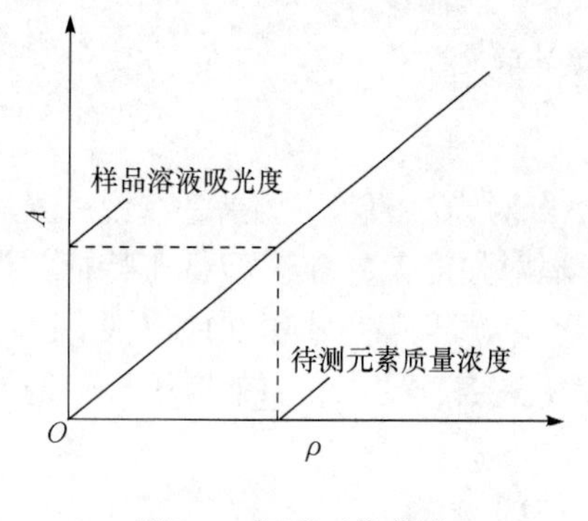

图 6-2 标准工作曲线

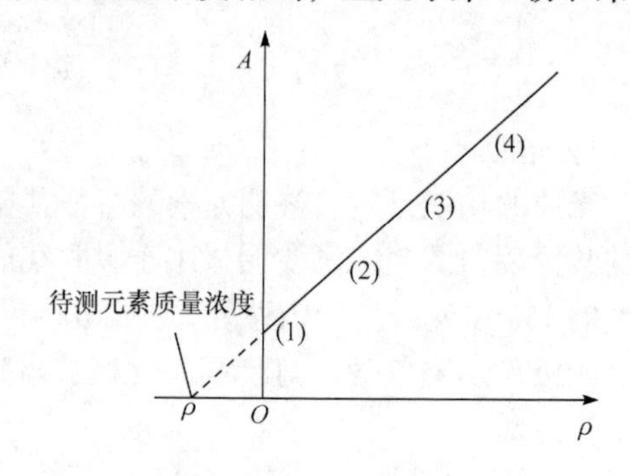

图 6-3 标准加入曲线

份范围内。待测元素的质量浓度也可根据测定的吸光度用回归方程法计算。此方法适用于主体干扰较小时的测定，但不能消除非特征性衰减引起的干扰。

待测元素的质量分数以 w 计，数值以“%”表示，按下式计算：

$$w = \frac{\rho V \times 10^{-6}}{m} \times 100\% \tag{6-3}$$

式中，ρ 为由曲线上查出被测元素的质量浓度(μg · mL^{-1})；V 为样品溶液的体积(mL)；m 为样品质量(g)。

6.1.2 原子发射光谱

原子发射光谱法(AES)是以火焰、电弧、等离子炬等作为激发源，使气态原子及离子的外层电子受激后发射出紫外和可见区域的特征光谱，根据光谱中分析线的波长和强度，进行组分元素定性分析和定量分析的方法。

1. 基本原理

原子发射光谱分析是根据原子所发射的光谱测定物质的化学组分。不同物质由不同元素的原子组成，每个原子都包含一个结构紧密的原子核和核外不断运动的电子。每个电子处于一定能级上，具有一定的能量。在正常情况下，原子处于稳定状态，能量是最低的，这种状态称为基态。但当原子受到外界能量的作用时，原子与高速运动的气态粒子和电子相互碰撞获得了能量，使原子中外层的电子从基态跃迁到更高的能级上，处于这种状态的原子称为激发态。这种将原子中的一个外层电子从基态跃迁至激发态所需的能量称为激发电位，通常以电子伏特进行度量。当外加的能量足够大时，原子中的电子脱离原子核的束缚，使原子成为离子，这种过程称为电离。原子失去一个外层电子成为离子时所需要的能量称为一级电离电位。当外界的能量更大时，粒子还可以进一步电离成二级离子(失去 2 个外层电子)或三级离子(失去 3 个外层电子)等，并具有相应的电离电位。这些离子中的外层电子被激发所需的能量，即为相应离子的激发电位。

处于激发态的原子十分不稳定，在极短的时间内(约 10^{-8}s)便跃迁至基态或其他较低的能级。原子从较高能级跃迁到基态或其他较低能级的过程中将释放出多余的能量，这种能量是以一定波长的电磁波的形式辐射出去的，辐射的能量可用下式表示

$$\Delta E = E_2 - E_1 = h\nu = \frac{hc}{\lambda} \tag{6-4}$$

式中，E_2、E_1 分别为高能级和低能级的能量；h 为普朗克常量(6.626×10^{-34}m^2 · kg · s^{-1})；ν 和 λ 分别为所发射电磁波的频率和波长；c 为光在真空中的速度(2.998×10^8m · s^{-1})。

每一条所发射的谱线波长取决于跃迁前后两个能级的能量差，由于原子能级很多，原子在被激发后，其外层电子可有不同的跃迁，但这些跃迁应遵循一定的规律(“光谱选律”)，因此对特定元素的原子，可产生一系列不同波长的特征光谱线，这些谱线按一定的顺序排列，并保持一定的强度比例。原子各个能级是不连续的，电子跃迁也是不连续的，这是原子光谱为线光谱的根本原因。

把试样在能量的作用下蒸发、原子化(转变成气态原子)，并使气态原子的外层电子激发至

高能态。当从较高的能级跃迁到较低的能级时，原子将释放出多余的能量而发射出特征谱线。这一过程称为蒸发、原子化和激发，需借助于激发光源来实现。

把原子所产生的辐射进行色散分光，按波长顺序记录在感光板上，就可呈现出有规则的光谱线条，即光谱图，可根据所得到的光谱图进行定性鉴定及定量分析。由于不同元素的原子结构不同，当被激发后，发射光谱线的波长也不尽相同。根据这些元素的特征光谱就可以准确无误地鉴别元素的存在(定性分析)，而这些光谱线的强度又与试样中该元素的含量有关，因此又可利用这些谱线的强度来鉴定元素的含量(定量分析)。

2. 仪器构造和功能

进行光谱分析的仪器主要由光源、分光系统及观测系统三部分组成。

1) 光源

光源的作用是提供试样蒸发、原子化和激发所需要的能量，测试时把试样中的组分蒸发解离成气态原子，然后激发这些气态原子，使之产生特征光谱。光谱分析用的光源常常是决定光谱分析灵敏度和准确度的重要因素。目前常用的光源有直流电弧、交流电弧、电火花及电感耦合等离子体。

原子发射光谱分析技术已经历了一个多世纪，原子发射光谱分析的发展在很大程度上依赖于激发光源的改进。1961 年，Reed 发表了关于电感耦合等离子炬的论文，并预言这种等离子炬将成为原子发射光谱的新光源。Greenfield 和 Fassel 分别于 1964 年和 1965 年先后报道了用电感耦合等离子体(ICP)作为原子发射光谱新光源的工作，这在光谱化学分析史上是一次重大的突破，从此原子发射光谱分析技术又进入一个崭新的发展时期。

ICP 是利用高频感应加热原理使流经石英管的工作气体电离而产生火焰状等离子体，被认为是最有发展前途的光源之一。电感耦合等离子体发射光谱(ICP-OES)具有检测能力强、精密度好、动态范围宽和基体效应小的优点，目前在实际工作中得到广泛应用。

ICP 一般由高频发生器、等离子体炬管和雾化器组成，如图 6-4 所示。样品经雾化器雾化成气溶胶后由载体送入等离子体炬管进行蒸发、原子化和激发，最后由摄谱仪或光电直读光谱仪记录光谱。

三层同心石英玻璃炬管置于高频感应线圈中，等离子体工作气体从管内通过，试样在雾化器中雾化后，从中心管由 Ar 载气将试样气溶胶引入等离子体；外层管内从切线方向通入冷却气 Ar，保护石英管不被烧坏，中层石英管出口做成喇叭形状，通入 Ar(辅助气)用来点燃等离子体并维持等离子体，如图 6-5 所示。

2) 分光系统

利用色散元件及其他光学系统将光源发射的电磁辐射按波长顺序展开，并以适当的接收器接收不同波长辐射光的仪器称为光谱仪。光谱仪按色散元件的不同，可分为棱镜光谱仪、光栅光谱仪和干涉光谱仪等；按探测方法的不同，可分为直接用眼观察的分光镜、用感光片记录的摄谱仪以及用光电或热电元件探测光谱的分光光度计等。

3) 观测系统

以摄谱法进行光谱分析时，必须有一些观测设备。定性分析及观察谱片时用光谱投影仪(映谱仪)，放大倍数为 20 倍左右。定量分析时用测微光度计(又称黑度计)测量感光板上所记录的谱线黑度。

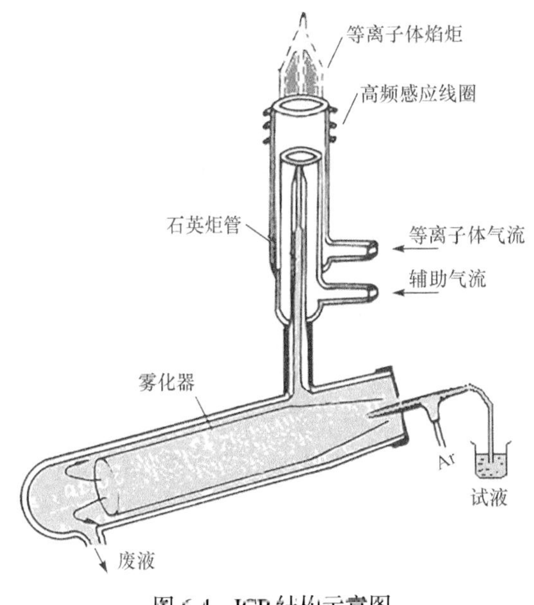
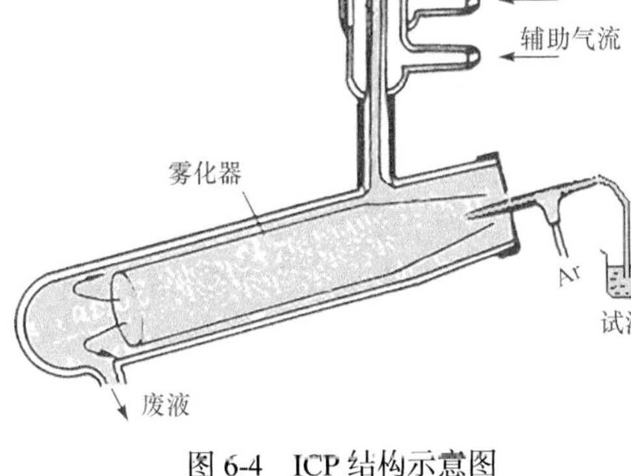

图6-4　ICP结构示意图

图6-5　电感耦合高频等离子体光源示意图

3. 定性分析方法

由于各种元素的原子结构不同，在光源的激发作用下，可以产生许多按一定波长次序排列的谱线组，即特征谱线，其波长是由每种元素的原子性质决定的。根据原子光谱中元素特征谱线是否出现，就可以判断实验中是否存在被检元素。

在实际分析中，只要样品光谱中检出了某元素的灵敏线，就可以确证样品中存在该元素。但是在样品光谱中没有检出某种元素的谱线，并不代表在该样品中该元素绝对不存在，而仅仅表示该元素的含量低于检测方法的检测限，确定一个元素在样品中是否存在往往依靠该元素的特征谱线组及最后线。

(1) 由激发态直接跃迁至基态时所发射的谱线称为共振线。由第一激发态直接跃迁至基态所辐射的谱线称为第一共振线，一般也是元素的最灵敏线。

(2) 灵敏线是最易激发的能级所产生的谱线，每种元素都有一条或几条谱线最强的线，即灵敏线。

(3) 元素谱线强度随使用中该元素含量的减少而降低，元素含量降低时，其中有一部分灵敏度较低、强度较弱的谱线逐渐消失，即光谱线的数目减少，最后消失的谱线称为最后线。当元素含量较高时，由于光谱线中自吸收现象严重而影响其灵敏度，最后线不是最灵敏线；只有当元素含量较低，无自吸收现象时，最后线才是最灵敏线。

4. 定量分析方法

传统的发射光谱定量分析一般包括半定量分析和定量分析，主要利用摄谱得到谱线黑度进行定量分析。现代发射光谱分析多采用光电倍增管检测发射光谱信号，针对具体的谱线及分析条件，谱线信号的强度与试样含量呈正比关系。

考虑到实际光谱光源中，在某些情况下会有一定程度的谱线自吸，使谱线强度有不同程度的降低，需对谱线强度与试样含量的关系进行修正。

$$I = Ac^b \tag{6-5}$$

对式(6-5)两边取对数可得

$$\lg I = b\lg c + \lg A \tag{6-6}$$

由此可绘制 $\lg I$-$\lg c$ 校准曲线，进行定量分析。式(6-5)和式(6-6)中，I 为元素谱线强度，c 为待测元素含量，b 为自吸收系数，在一般情况下 $b \leqslant 1$，取值与光源特性、样品中待测元素含量、元素性质及谱线性质等因素相关，A 为常数，且 $A = K\beta e^{E_m/kT}$，由统计常数 K、能级 E_m、玻尔兹曼常量 k、等离子体温度 T 及与元素性质有关的比例常数 β 决定。由于发射光谱分析受实验条件波动的影响，谱线强度测量偏差较大。为了抑制试样溶液因物理性质差异而造成的偏差，提高测定结果的精确度，可采用内标法进行定量分析。内标法是在试样和标准样品中加入同样浓度某一元素，利用分析元素和内标元素谱线强度比与待测元素浓度绘制标准曲线，从而进行样品分析。设被测元素和内标元素含量分别为 c 和 c_0，分析线和内标线强度分别为 I 和 I_0，自吸收系数分别为 b 和 b_0，则

$$I = Ac^b \tag{6-7}$$

$$I_0 = A_0 c_0^{b_0} \tag{6-8}$$

$$R = \frac{I}{I_0} = \frac{A}{A_0 c_0^{b_0}} c^b \tag{6-9}$$

在内标元素含量 c_0 和实验条件一定时，K、E_m、k、T、β 为定值，则 A 与 A_0 均为常数，可得

$$\lg R = b\lg c + \lg \frac{A}{A_0 c_0^{b_0}} \tag{6-10}$$

应用内标法时，对内标元素和分析线对的选择应考虑以下几点：

(1) 样品中不应含有或仅含有极少量所加的内标元素。

(2) 由于元素发射的谱线强度与该元素的激发电位有关，因此要选择激发电位相同或接近的分析线对。若选用离子线组成分析线对，则不仅要求分析线及内标线的激发电位相近，还要求电离电位也相近。

(3) 所选线对的强度不应相差过大。预测杂质的含量通常很小，若选用基体元素作内标元素，则应选择基体元素光谱线中的一条弱线；若外加少量其他元素作内标，则应选用一条较强的线。

(4) 所选用的谱线不应受其他元素谱线的干扰，且无自吸收或自吸收很少。

(5) 内标元素与分析元素的挥发率应相近。

6.1.3　X 射线荧光光谱

X 射线荧光(XRF)分析是确定物质中微量元素种类和含量的一种方法，又称 X 射线次级发射光谱分析，是利用原级 X 射线光子或其他微观粒子激发待测物质中的原子，使之产生次级的特征 X 射线(X 射线荧光)而进行物质成分分析和化学态研究。

1. 基本原理

当能量高于原子内层电子结合能的高能 X 射线与原子发生碰撞时，会驱逐一个内层电子

而出现一个空穴，使整个原子体系处于不稳定的激发态，激发态的原子寿命为 10^{-12}～10^{-14}s，然后自发地由能量高的状态跃迁到能量低的状态，这个过程称为弛豫过程。弛豫过程既可以是非辐射跃迁，也可以是辐射跃迁。当较外层的电子跃迁到空穴时，所释放的能量随即在原子内部被吸收而逐出较外层的另一个次级光电子，称为俄歇效应，又称次级光电效应或无辐射效应，所逐出的次级光电子称为俄歇电子。当较外层的电子跃入内层空穴所释放的能量不在原子内被吸收，而是以辐射形式放出，便产生 X 射线荧光，其能量等于两能级之间的能量差。因此，X 射线荧光的能量或波长是特征性的，与入射辐射的能量无关，与元素有一一对应的关系。

K 层电子被逐出后，其空穴可以被外层中任一电子填充，从而可产生一系列的谱线，称为 K 系谱线：由 L 层跃迁到 K 层辐射的 X 射线称为 K_α 射线，由 M 层跃迁到 K 层辐射的 X 射线称为 K_β 射线。同样，L 层电子被逐出可以产生 L 系辐射。如果入射的 X 射线使某元素的 K 层电子激发成光电子后，L 层电子跃迁到 K 层，此时就有能量 ΔE 释放出来，且 $\Delta E = E_K - E_L$，这个能量以 X 射线形式释放，产生的就是 K_α 射线，同样还可以产生 K_β 射线、L 系射线等，原理示意图如图 6-6。莫斯莱发现，X 射线荧光的波长 λ 与元素的原子序数 Z 有关，其数学关系如下

$$\lambda = K(Z-S)^{-2} \tag{6-11}$$

式(6-11)为莫斯莱定律(Moseley's law)，式中 K 和 S 是与谱线系列有关的常数。只要测出 X 射线荧光的波长，并排除其他谱线干扰后，就可以知道元素的种类，这就是 X 射线荧光定性分析的基础。除超轻元素外，绝大部分元素种类可由其分析得到。

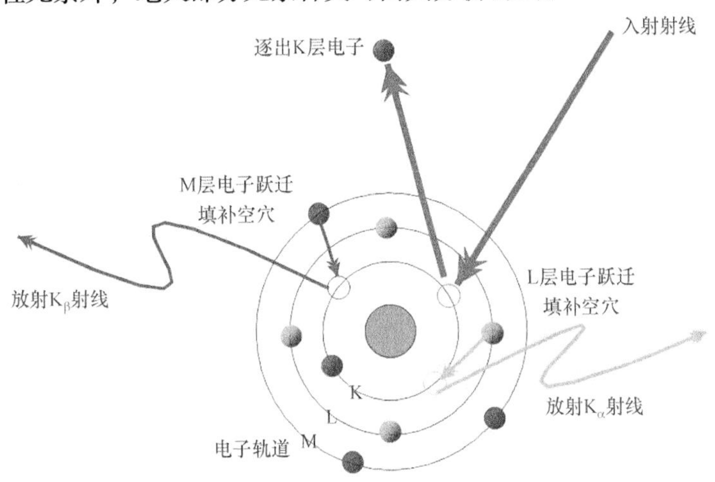

图 6-6　特征 X 射线产生示意图

2. 仪器构造和功能

用 X 射线照射试样时，试样可以被激发出各种波长的 X 射线荧光，需要把混合的 X 射线按波长或能量分开，分别测量不同波长或能量的 X 射线的强度，以进行定性和定量分析，使用的仪器称为 X 射线荧光光谱仪。由于 X 射线具有一定波长，同时又有一定能量，因此 X 射线荧光光谱仪有两种基本类型，即波长色散型和能量色散型。

波长色散 X 射线荧光光谱仪(WD-XRF)一般主要由 X 射线源、准直器、分光晶体、检测系统等组成。X 射线照射在试样上所产生的 X 射线荧光向各个方向发射，其中一部分通过准直器后产生平行光束，照射在分光晶体上，晶体将入射光按布拉格方程进行色散，然后由检

测系统接收经过衍射的特征 X 射线信号，根据各种元素产生的特征 X 射线的波长及各个波长 X 射线的强度，可以进行定性分析和定量分析。

能量色散 X 射线荧光光谱仪(ED-XRF)利用 X 射线荧光具有不同能量的特点，由探测器本身的能量分辨本领来分辨探测到的 X 射线。由光源激发样品所产生的特征 X 射线直接进入探测器，探测器将光信号转化为电信号，由主放大器输出的脉冲传送到模数转换器，脉冲幅度的模拟信号在这里转换成数字信号，产生的数字作为与多道分析器连接的地址，然后根据这些地址分检不同的脉冲，即 X 射线的能量，并记录相应的脉冲数目。

3. 分析方法

1) 定性分析

根据莫斯莱定律(6-11)，分析元素产生的 X 射线荧光的波长与其原子序数具有对应关系。因此根据不同元素的特定波长可以确定元素组成。如果是波长色散 X 射线荧光光谱仪，对于一定晶面间距的晶体，由检测器转动的 2θ 角可以借助布拉格方程求出 X 射线的波长 λ，然后查表(λ-2θ 表或 2θ-λ 表)可确定元素成分。如果是能量色散 X 射线荧光光谱仪，可从能谱图上直接读出峰的能量，再查阅能量表分析即可。事实上，现在进行定性分析时，可以依靠计算机自动识别谱线，给出定性结果。但是如果元素含量过低或存在元素间的谱线干扰时，仍需人工鉴别。首先识别出 X 射线管靶材的特征 X 射线和强峰的伴随线，然后根据 2θ 标注剩余谱线。在分析未知谱线时，要同时考虑样品的来源、性质等因素，以便综合判断。

2) 定量分析

X 射线荧光定量分析的依据是 X 射线荧光的强度与待测元素在试样中的含量成正比。定量分析方法主要有标准曲线法、内标法、标准加入法(增量法)等。采用 X 射线荧光定量分析时，试样的基体效应、粒度效应、谱线干扰等都会影响定量分析的准确性，在分析时需考虑其影响并采用合适的方法克服。

(1) 标准曲线法：配制一系列基体成分和物理性质与试样相近的标准样品，测定其分析线强度，作出分析线强度与待测元素含量关系的标准曲线。在相同条件下测定试样中待测元素的分析线强度，根据标准曲线得到待测元素的含量。标准曲线法的特点是简便，但要求标准样品的主要成分与待测试样的成分一致。

(2) 内标法：在分析样品和标准样品中平行加入一定量的内标元素，测定标准样品中分析线与内标线的强度，以强度比对分析元素的含量作标准曲线；测定分析样品的分析线与内标线的强度，将所得强度比代入标准曲线即可求得分析试样中分析元素的含量。

内标元素的选择原则：①试样中不含有的元素；②内标元素与分析元素的激发、吸收等性质相似，原子序数相近，一般在 $Z\pm2$ 范围内选择，对于 $Z<23$ 的轻元素则在 $Z\pm1$ 范围内选择；③内标元素与分析元素之间无相互作用。

(3) 标准加入法：将试样分成若干份，其中一份不加待测元素，其他各份分别加入不同质量分数(1～3 倍)的待测元素，然后分别测定分析线强度，以加入待测元素的质量分数为横坐标、强度为纵坐标绘制标准曲线。当待测元素含量较低时，标准曲线近似为一条直线。将直线外推与横坐标相交，交点横坐标的绝对值即为待测元素的质量分数。

6.1.4　高效液相色谱

高效液相色谱(HPLC)又称高压液相色谱、高速液相色谱、高分离度液相色谱、近代柱色谱等。HPLC 是色谱分析技术的一个重要分支，是现代分离测定的重要手段。它以液体为流动相，采用高压输液系统，将具有不同极性的单一溶剂或不同比例的混合溶剂、缓冲液等流动相泵入装有固定相的色谱柱，在柱内各成分被分离后，进入检测器进行检测，从而实现对试样的分析。该方法已成为化学、医学、农学等学科领域中重要的分离分析技术。

1. 基本原理

高效液相色谱是指处于高压下的液体为流动相，细颗粒填充柱为固定相的色谱分离技术。溶质在流动相和固定相之间连续多次交换，溶质在流动相和固定相之间的吸附力不同，导致分配系数不同，从而溶质在固定相中停留时间不同，最终不同溶质得以分离。当流动相进入固定相，固定相中的活性中心会吸附流动相分子 Y，当溶质分子 X 进入固定相时，由于有一定程度的保留，那么溶质分子 X 会取代相同数目的流动相分子 Y，因此 X 与 Y 在固定相上发生竞争吸附，最后达到平衡。

分配系数定义为在一定温度和压力下，样品组分在固定相和流动相之间的分配达到平衡后，固定相和流动相之间的浓度比：

$$K = c_s / c_m \tag{6-12}$$

式中，K 为分配系数；c_s 为固定相中溶质浓度；c_m 为流动相中溶质浓度。

影响溶质保留时间主要有以下三个因素：①溶质与固定相接触的面积越大，保留时间越长，一般情况下极性越弱，保留时间越长；②有机物的碳链越长，疏水性越强，保留时间越长；③流动相表面张力越大，极性越强，溶质保留时间越长。

一般情况下，固定相的选择有以下要求：在使用过程中不能流失，均一性和化学稳定好，重现性好，适合梯度洗脱，传质阻力小，一般选择 C_{18} 或者 C_8 柱子。而流动相一般选择水、甲醇、乙腈或者稀硫酸溶液。若采用一定比例的甲醇水溶液，则可以分离极性化合物；若采用水和无机盐溶液，则可以分离易解离样品。

2. 仪器构造和功能

高效液相色谱一般由流动相、泵、自动进样器、固定相填充柱、检测器、计算机控制元件等部分组成，见图 6-7。流动相一般储存在大容量(至少 1L)广口瓶中，在仪器运行过程中，以一定的速率不断供应。泵使流动相获得较大的压力，一般可达到 5MPa。自动进样器按照设定程序，会按照一定的序列，对样品逐个进行进样。样品中的溶质在固定相中停留时间不同，用检测器进行检测，转化为色谱峰高与面积等信息储存在计算机控制元件中，随后溶质随同流动相从固定相中流出，作为废液收入废液瓶。

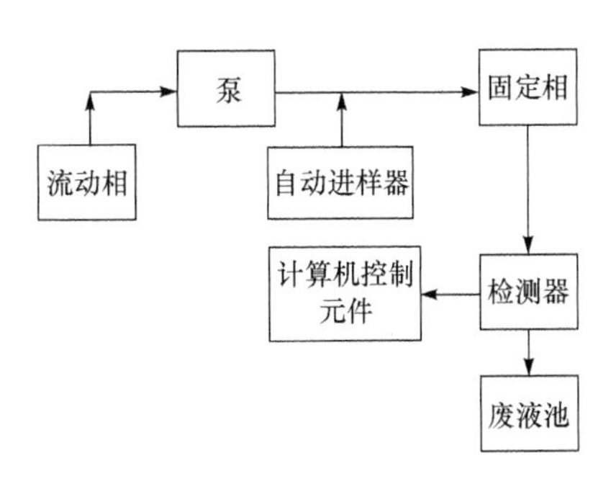

图 6-7　高效液相色谱组成元件

3. 分析方法

1) 操作流程

以小分子有机酸的分离鉴定方法为例。小分子有机酸如草酸、乙酸、丙酸等是最常见的有机物，可以用高效液相色谱进行分离与分析。此案例中，流动相选择 6mol · L^{-1} 稀硫酸，速度为 0.6mL · min^{-1}，不同的有机酸作为溶质通过自动进样器进入流动相，进样的体积为 20μL；

固定相采用典型的 C_{18} 分离柱，填充材料为十八烷基硅烷，分离柱工作温度为 353K，检测器采用紫外线，波长为 210nm，此波长可以检测不同种类的小分子有机酸。

2) 定性分析

利用高效液相色谱定性分析有机物分子，首先选择合适的固定相和流动相，其次确定操作条件和分析方法后，检测样品。将有机物样品内可能存在的有机物纯分子也注射进行检测，如果样品中某一出峰的保留时间和纯物质出峰的保留时间一致，就可以定性确定该有机物溶液内含有该物质。以草酸分析为例，在 6mmol · L^{-1} 硫酸为流动相、C_{18} 为固定相时，保留时间约 6.7min，如果待测溶液中在此位置也出现了一个明显的峰，那么可以推测该溶液中大概率含有草酸。

图 6-8 是典型的小分子有机酸出峰谱图，高效液相色谱成功地将不同分子量的有机酸分离，草酸的停留时间最短，约为 6.7min；丙酸的停留时间最长，约为 18.3min。因为草酸分子结构完全对称，极性非常弱，所以先出峰；而丙酸极性非常强，最后出峰。

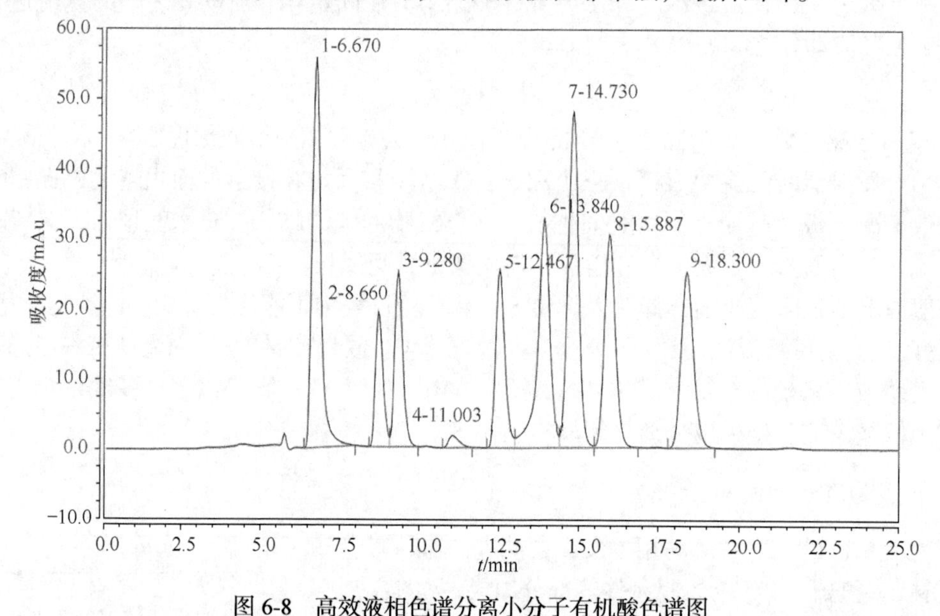

图 6-8　高效液相色谱分离小分子有机酸色谱图

1. 草酸；2. 柠檬酸；3. 酒石酸；4. 果糖；5. 丁二酸；6. 乳酸；7. 甲酸；8. 乙酸；9. 丙酸

3) 定量分析

如果需要定量分析某有机物溶液中具体物质的浓度，需要绘制标准曲线。以草酸为例，可以配制不同浓度梯度的草酸溶液，浓度从 0mg · L^{-1} 变化到 200mg · L^{-1} 以内，设置 5 个梯度，将每个浓度的样品进行检测，出峰后计算每个浓度下草酸的峰面积，然后以浓度为横坐标、峰面积为纵坐标作图，理论上图是一条直线，对点进行拟合得出标准曲线，将待测样品的峰面积代入标准曲线方程，则可以得到待测溶液中草酸的准确浓度。

6.1.5　离子色谱

离子色谱法(IC)是美国 DOW Chemical 公司于 1975 年在传统离子交换色谱法基础上建立起来的一种新型离子分离分析色谱技术。DOW Chemical 公司成功地将自动电导检测器用于分离柱流出物的连续检测，实现了离子的快速连续检测，离子色谱法从此成为液相色谱法的一个独立分支，广泛应用于环境、食品、化工、电子、生物医药、新材料等领域的常量和痕量分析。

1. 基本原理

离子色谱法与传统离子交换型色谱技术的主要不同点在于其运用的树脂材料具有较高的交联度，并且产生的交换容量非常低，能够满足小剂量样品的检验。利用柱塞对样品进行传送，并利用连续电导方式对样品中所含有的离子物质进行检验。同时，所用的树脂材料具有可逆向交换的特性，作为固定相，不仅能够有效地将样品中相应游离离子交换到树脂上，还可以利用相应的溶液对树脂进行洗脱，使溶液中的离子与树脂上的离子进行交换，产生可逆向交换的技术，在连续的吸附和脱附过程中达到离子最佳平衡状态，使对样品中离子含量的检测更准确。

利用离子色谱进行分析的物质体系包括无机阴离子(卤素及简单阴离子、酸根阴离子等)、无机阳离子(碱金属、碱土金属、过渡金属、稀土元素)、有机阴离子(有机酸、烷基硫酸、有机磺酸盐、有机磷酸盐)、有机阳离子(胺、吡啶)、天然有机物(糖、醇、酚、醛、维生素)以及生物物质(氨基酸、肽、蛋白质和核酸)。

离子色谱法主要包含 3 种分离方式：高效离子交换色谱(HPIC)、高效离子排斥色谱(HPIEC)和离子对色谱(MPIC)。

1) 高效离子交换色谱法

该方法基于流动相和连接到固定相上的离子交换基团之间发生的离子交换过程。对于高极化度的离子，分离机理中还包括非离子的吸附过程。HPIC 主要用于有机和无机阴离子与阳离子的分离。其中离子交换功能基为季铵基树脂的固定相用于阴离子分离，而磺酸基和羧酸基树脂的固定相用于阳离子分离。

2) 高效离子排斥色谱法

HPIEC 的分离机理包括唐南(Donnan)排斥、空间排阻和吸附过程。固定相主要是高容量的总体磺化聚苯乙烯、二乙烯基苯阳离子交换树脂。HPIEC 主要用于有机酸、无机弱酸和醇类物质的分离。典型的离子排斥色谱柱是 H^+型阳离子交换剂，其功能基为磺酸根阴离子，树脂表面负电荷层对负离子具有排斥作用。由于 Donnan 排斥，完全解离的阴离子不能进入固定相内部，被固定相外的流动相带出色谱柱；而未解离的化合物则不受 Donnan 排斥，能够进入固定相的微孔，从而在固定相中产生逗留，保留值的大小取决于非离子性化合物在固定相内溶液和树脂外溶液间的分配系数。

3) 离子对色谱法

MPIC 的主要分离机理是吸附，其固定相主要是弱极性、高表面积、中性多孔的聚苯乙烯或二乙烯基苯树脂和弱极性的辛烷或十八烷基键合硅胶两类，分离的选择性主要由流动相决定，有机改进剂和离子对试剂的选择取决于待测离子的性质。MPIC 主要用于表面活性的阴离子、阳离子以及金属络合物分离。

2. 仪器构造和功能

如图 6-9 所示，IC 系统的构成与 HPLC 相同，仪器由流动相传送部分、分离柱、检测器和数据处理系统 4 个部分组成。其主要不同之处是 IC 的流动相多为酸性、碱性溶液，因此凡是流动相通过的管道、阀门、泵、柱子及接头等要求耐高压和耐酸碱腐蚀。

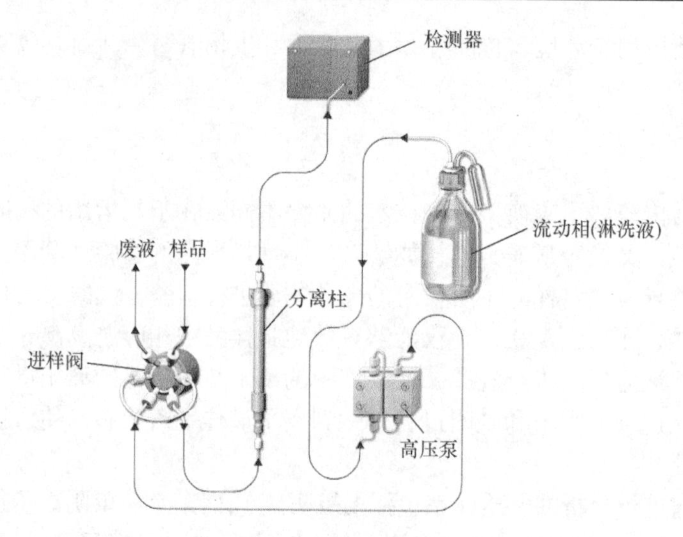

图 6-9　离子色谱仪结构示意图

IC 最重要部件之一是分离柱。柱管材料是惰性的，一般均在室温下使用。高效柱和特殊性能分离柱的研制成功是离子色谱迅速发展的关键，分离柱装有离子交换树脂。常用树脂包括阳离子交换树脂、阴离子交换树脂及螯合离子交换树脂。为了减小流动扩散阻力，改善色谱分离效率，要使用均匀粒度的小球形树脂。

IC 的检测器分为电化学检测器和光学检测器两大类，其中电化学检测器包括电导和安培检测器，光学检测器包括紫外-可见光检测器和荧光检测器。电化学安培检测器是最重要的伏安检测器，设计思路是在检测器工作电极和参比电极两端施加恒定电位，所施加的电位可引起具有电化学活性的待测组分发生还原或氧化反应，从而电极之间有测量信号电流通过。安培检测方法非常灵敏，还原或氧化的转化率仅约为 10%，主要用于测定亚硝酸根、硝酸根、硫氰酸根以及卤化物等阴离子，甚至少量阳离子(Fe^{3+}、Co^{2+})，但其最为重要的应用是阴离子色谱法的糖类分析以及临床分析。

3. 定量分析方法

在一定条件下，色谱峰高或峰面积与离子浓度成正比，这是离子色谱分析的定量依据。

1) 标准曲线法

如同 HPLC 一样，离子色谱首先用标准溶液制成高于仪器检测限的标准系列。在给定的色谱条件下，依次做出标准系列的响应值，并以横坐标为浓度、纵坐标为响应值绘制标准曲线。正常情况下，在标准曲线的线性范围内，可找出对应的浓度含量。在大量的常规分析中，可用单点标准法求得未知溶液浓度：

$$\text{未知溶液浓度} = \frac{\text{未知溶液响应值}}{\text{标准溶液响应值}} \times \text{标准溶液浓度}$$

2) 标准加入法

标准加入法用于存在基体干扰的样品测定。该方法是在至少三份具有相同体积的试样中，分别加入不同量的待测元素的标准溶液(其中有一份不加标准溶液)，稀释到相同的体积后进样，分别测量其峰或峰面积。以横坐标为浓度、纵坐标为响应值作出一条直线，直线向左延长至与横坐标相交，交点与坐标原点的距离即为试样中离子的浓度。图 6-10 是常见阴离子分离色谱图。采用 Metrosep A Supp5 150 分离柱，Na_2CO_3/NaOH 为淋洗液，可将 F^-、Cl^-、NO_2^-、Br^-、NO_3^-、SO_4^{2-}、HPO_4^{2-} 快速分离和检测出来。

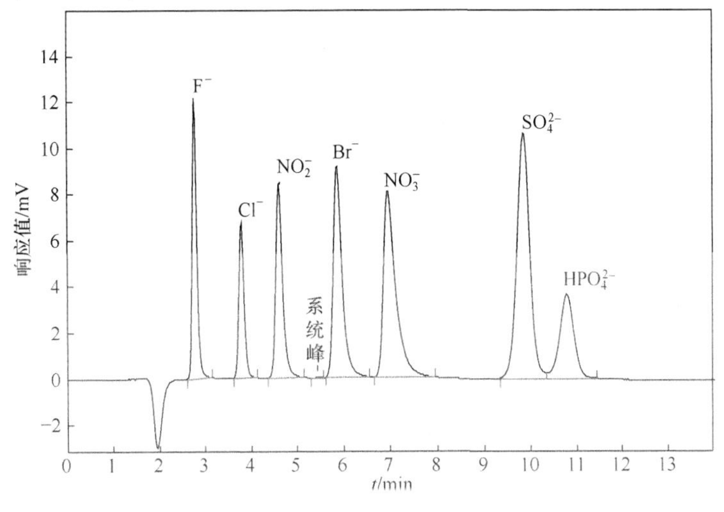

图 6-10　阴离子分离色谱图

6.1.6　质谱

质谱法(MS)是一种测量离子质荷比(质量、电荷比)的分析方法，可用来分析同位素成分、有机物构造及元素成分等。质谱法在一次分析中可提供丰富的结构信息，将分离技术与质谱法相结合是分离科学方法中的一项突破性进展。在众多的分析测试方法中，质谱法被认为是一种同时具备高特异性和高灵敏度且得到了广泛应用的普适性方法。

1. 基本原理

质谱法是在高真空系统中测定样品的分子离子及碎片离子，以确定样品分子量及分子结构的方法。待测样品在离子源中发生电离生成不同质荷比的带电荷离子，经加速电场形成离子束，进入质量分析器。在质量分析器中，采用不同组合的电场、磁场，可以将质荷比不同的离子按大小顺序在时间或空间上实现分离，将这些离子分别聚焦得到质谱图。

二次离子质谱(SIMS)是通过高能量的一次离子束轰击样品表面，在轰击的区域引发一系列物理及化学过程，包括一次离子散射及表面原子、原子团、正负离子的溅射和表面化学反应等，使样品表面的原子或原子团吸收能量从表面发生溅射产生二次粒子，这些带电粒子经过质量分析器后就可以得到关于样品表面信息的谱图，见图 6-11。搭配飞行时间质量分析器的飞行时间二次离子质谱(TOF-SIMS)是目前最常见的一种二次离子质谱，广泛应用于半导体、微电子、纳米技术、化学与生物医药等领域，具有高探测灵敏度(ppm 级别)、高质量分辨率($M/\Delta M > 10000$)、高深度分辨率(1～10nm)与高横向分辨率(约 100nm)等优点，可以实现表面质谱分析、深度分析与成像分析。相对于 SIMS，TOF-SIMS 的一次离子束以脉冲方式轰击样品表面，电离能量较为温和，能最好地实现对样品几乎无损的静态分析，可以用于分析绝缘体和软材料等易受离子影响而导致化学损伤的物质[①]。此外，只要降低脉冲的重复频率就可扩

① https://www.instrument.com.cn/news/20160630/194983.shtml

展质量范围，因此还可用于分析大分子量的多肽、蛋白质等生物大分子。

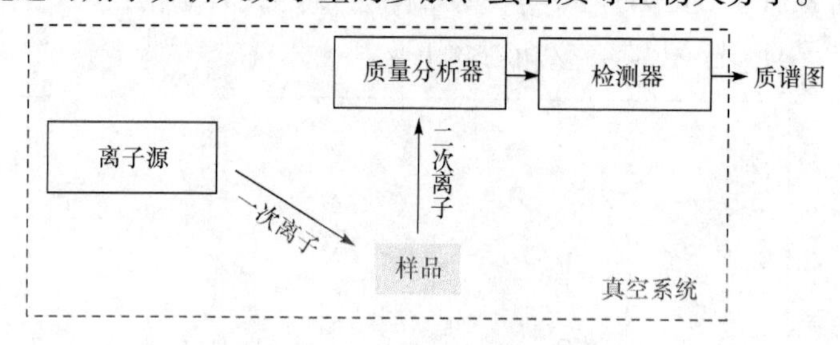

图 6-11　二次离子质谱示意图

2. 仪器构造和功能

质谱仪一般由导入系统、离子源、质量分析器、检测器、真空系统组成，见图 6-12。

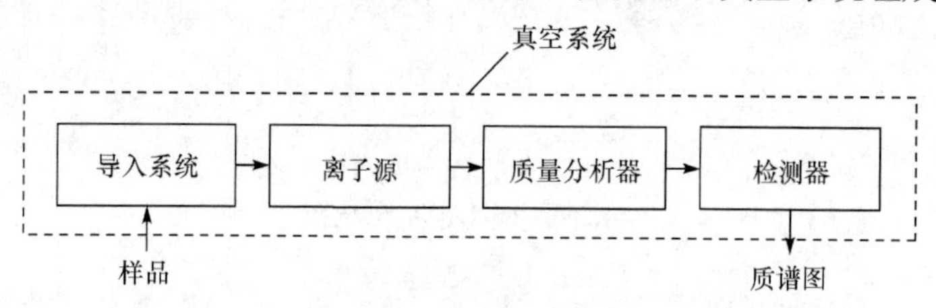

图 6-12　质谱仪结构示意图

1) 导入系统

质谱的进样系统一般分为直接进样和预分离后进样两种。挥发性较低、热稳定性好的样品可通过注射泵直接进样，大部分样品则由于成分复杂，需要通过气相色谱(GC)、液相色谱(LC)、超临界流体色谱(SFC)和毛细管电泳(CE)等方法进行预分离之后，再导入质谱。

2) 离子源

离子源可将待测物离子化，使待测物形成质荷比不同的气相离子。不同离子源的电离方式不同，从而得到的信息和谱图也不同。针对无机物，采用的离子源包括电感耦合等离子体(ICP)、微波等离子体炬(MPT)和微波诱导等离子体(MIP)、电弧、火花、辉光放电等。检测对象是有机物或生命活性物质时，采用的电离方式主要是电子轰击电离、化学电离、电喷雾电离、大气压电离、解吸电离等。

(1) 电子轰击电离(EI)。EI 主要适用于易挥发有机样品的电离。样品以气体形式进入离子源，由灯丝发出的电子与样品发生碰撞使样品分子电离。一般情况下，灯丝与接收极之间的电压为 70V，所有的标准谱图都是在 70V 下做出的。在该电压下，有机物分子可能被打掉一个电子形成分子离子，也可能会发生化学键断裂而形成碎片离子。由分子离子可以确定化合物分子量，由碎片离子可以得到化合物结构，EI 主要用于气相色谱和质谱联用。

(2) 化学电离(CI)。有些化合物稳定性差，用 EI 方法不易得到分子离子，为了得到分子量，可以采用 CI。CI 和 EI 的主要差别是 CI 源工作过程中需要引进一种反应气体。灯丝发出的电子首先将反应气体电离，然后反应气体与样品气进行离子-分子反应，并使样品气电离。CI 是一种软电离方式，电离后得到准离子分子，因而可以求得分子量。对于含有很强吸电子基团的化合物，负离子的检测灵敏度远高于正离子的检测灵敏度，因此 CI 源一般都有正 CI 和负 CI。由于 CI 得到的不是标准质谱，所以不能进行库检索。

CI 适用于易气化的有机物样品分析，主要用于气相色谱和质谱联用。

(3) 电喷雾电离(ESI)。ESI 主要用于液相色谱-质谱联用仪。它既作为液相色谱和质谱之间的接口装置，又是电离装置。将液相色谱流出物快速喷出形成微滴后将其快速蒸发，在微滴蒸发过程中表面电荷密度逐渐增大，当到达某个临界值时，离子就可以从表面蒸发出来。ESI 是一种软电离方式，分子量大、稳定性差的化合物不会在电离过程中发生分解，因此适合于分析极性强的大分子有机化合物，如蛋白质、肽、糖等。ESI 主要用于液相色谱-质谱联用仪。

(4) 大气压电离(APCI)。APCI 的结构与 EI 大致相同，不同之处在于 APCI 喷嘴的下游放置一个针状放电电极，通过放电电极的高压放电，使空气中某些中性分子电离，这些离子与待测样品分子进行离子-分子反应，使得待测样品离子化。APCI 适用于分析中等极性化合物，主要用于液相色谱-质谱联用仪。

(5) 解吸电离(DI)。DI 是利用一定波长的脉冲式激光照射样品使样品电离的方式。待测样品置于涂有基质的样品靶上，激光照射到样品靶上，基质分子吸收激光能量，与样品分子一起蒸发到气相并使样品分子电离。DI 适用于分析生物大分子，如肽、蛋白质、核酸等。DI 需要有合适的基质才能得到较好的离子产率。因此，这种电离源通常称为基质辅助激光解吸(MALDI)，常用的基质有 2,5-二羟基苯甲酸、芥子酸、烟酸等。

3) 质量分析器

质量分析器将离子源产生的离子按不同质荷比进行分离。离子在施加不同力场的作用下运动轨迹不同，采用不同组合的电磁场，可以将质荷比不同的离子按大小顺序在时间或空间上实现分离。常见的质量分析器有扇形磁场质量分析器、四极杆质量分析器、离子阱质量分析器、飞行时间质量分析器、三重四极杆质量分析器等。

(1) 扇形磁场质量分析器。扇形磁场质量分析器根据功能和分辨率的要求不同，可以分为单聚焦质量分析器和双聚焦质量分析器。单聚焦质量分析器所使用的磁场是单个扇形磁场，扇形开度可以是 180°，也可以是 90°。当被加速的离子流进入质量分析器后，在磁场作用下各种离子被偏转，质量小的偏转大，质量大的偏转小，因此相互分开。连续改变磁场强度或者加速电压，各种离子按照质荷比大小顺序依次到达收集极，产生的电流经放大，由记录装置记录成质谱。双聚焦质量分析器在扇形磁场前面附加一个扇形电场，进入电场离子受到静电引力作用做圆周运动。质量相同而能量不同的离子经过静电场后被分开，即静电场起到能量色散的作用。而用静电场和磁场对能量的色散作用相互补偿，则可实现方向和能量的同时聚焦，来消除离子能量分散对分辨率的影响。

(2) 四极杆质量分析器。四极杆(quadrupole)质量分析器由四根带有直流电压(DC)和叠加的射频电压(RF)的准确平行杆构成，相对的一对电极是等电位的，两对电极之间电位相反。当一组质荷比不同的离子进入由 DC 和 RF 组成的电场时，只有满足特定条件的离子稳定振荡通过四极杆到达监测器而被检测，通过扫描 RF 场可以获得质谱图。

(3) 离子阱质量分析器。离子阱(ion trap)质量分析器由一对环形电极和两个呈双曲面形的端盖电极组成，在环形电极上加射频电压或再加直流电压，上下两个端盖电极接地，逐渐增大射频电压的最高值，离子进入不稳定区，由端盖电极的小孔排出。当射频电压的最高值逐渐增大时，质荷比从小到大的离子逐次排出并被记录而获得质谱图。

(4) 飞行时间质量分析器。飞行时间(TOF)质量分析器是一个离子漂移管，由离子源产生的离子首先被收集，在收集器中所有离子速度变为零，使用一个脉冲电场加速后进入无场漂移管，并以恒定速度飞向离子接收器。离子质量越大，到达接收器所用时间越长，根据这一原理，可以把不同质量的离子按质荷比大小进行分离，为提高飞行时间质谱仪的分辨率，在线性检测器前面加上一组静电场反射镜，将自由飞行中的离子反推回去，初始能量大的离子因初始速度快，进入静电场反射镜的距离长，返回时的路程也长，初始能量小的离子返回时的路程短，这样就会在返回路程的一定位置聚焦，从而改善仪器的分辨能力，这种带有静电场反射镜的飞行时间质谱仪(TOF-MS)被称为反射式飞行时间质谱仪，与传统的四极杆和磁质谱检测器相比，质量范围宽，分析速度快，能够在几微秒时间内实现全谱分析。

(5) 三重四极杆质量分析器。三重四极杆(QQQ)质量分析器由三个四极杆分析器串联组成，每个分析器有以下单独的作用。第一个四极杆(Q1)根据设定的质荷比范围扫描和选择所需的离子；第二个四极杆(Q2)也称碰撞池，其形式多样，主要用于聚集和传送离子，在所选择离子的飞行途中，引入氮气、氩气等碰撞气体；第三个四极杆(Q3)用于分析在碰撞池中产生的碎片离子。虽然在质谱应用领域中，三重四极杆是最灵敏和重现性最好的定量仪器，但在定性方面，它不如离子阱质谱仪灵敏，也不如飞行时间质谱仪所获取的质谱图分辨率高。

4) 检测器

检测器的作用是将离子束转变成电信号，并将信号放大。目前质谱中用得最多的检测器是电子倍增管。当离子撞击到检测器时引起倍增器电极表面喷射出一些电子，被喷射出的电子由于电位差被加速射向第二个倍增器电极，喷射出更多的电子，由此连续作用，最终产生的电流可以被记录下来而转化为信号，见图 6-13。

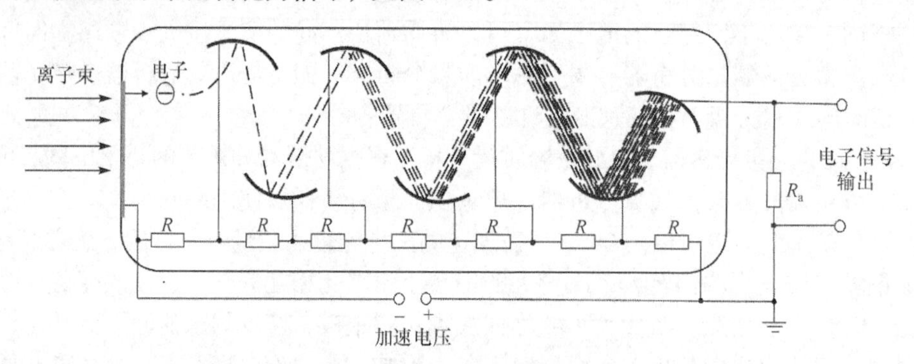

图 6-13 电子倍增器工作原理

5) 真空系统

质谱的运行需要保持高度的真空状态，才能保证离子不受空气中的分子干扰，因此真空度的好坏直接影响质谱仪的性能。一般真空系统由两级真空组成，前级真空泵和高真空泵。前级真空泵一般为机械旋片泵，其主要作用是给高真空泵提供一个运行的环境，将压力降到比较低的程度，如 1～10^{-2}Pa。高真空泵主要有油扩散泵和涡轮分子泵，将压力进一步降低，达到 10^{-5}～10^{-8}Pa。目前主要应用的是涡轮分子泵。

3. 分析方法

1) 质谱图

如图 6-14 所示，质谱图中的竖线称为质谱峰，不同的质谱峰代表有不同质荷比的离子，峰的高低表示产生该峰的离子数量的多少。质谱图的横坐标为质荷比，以离子峰的相对丰度为纵坐标，图中最高的峰称为基峰。基峰的相对丰度常定为 100%，其他离子峰的强度按基峰的百分比表示。

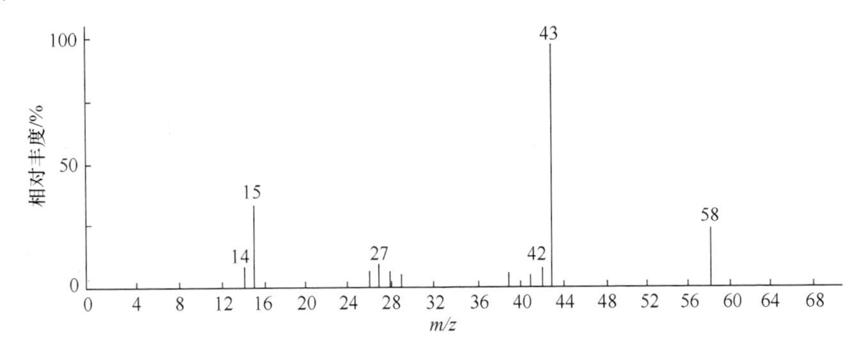

图 6-14　丙酮的质谱图

质谱中出现的离子有分子离子、同位素离子、碎片离子、重排离子、亚稳离子等。

(1) 分子离子：样品分子失去一个电子而形成的离子称为分子离子，所产生的峰称为分子离子峰或称母峰，而分子离子峰的质荷比就是该分子的分子量。

(2) 同位素离子：质谱中还常有同位素离子，在一般有机化合物分子鉴定时，可以通过同位素的统计分布来确定其元素组成，分子离子的同位素离子峰相对强度比总是符合统计规律的，同位素离子峰可用来确定分子离子峰。

(3) 碎片离子：碎片离子是由分子离子进一步裂解产生的。生成的碎片离子可能再次裂解，生成质量更小的碎片离子，另外在裂解的同时也可能发生重排，所以在化合物的质谱中常看到许多碎片离子峰。碎片离子的形成与分子结构有密切关系，一般可根据反应中形成的几种主要碎片离子推测原来化合物的结构。

(4) 重排离子：重排离子是由原子迁移产生重排反应而形成的离子。

(5) 亚稳离子：质谱中的离子峰不论强弱绝大多数都是尖锐的，但也存在少量较宽(一般要跨 2～5 个质量单位)、强度较低且质荷比不是整数值的离子峰，这类峰称为亚稳离子峰。

综合分析这些离子，可以获得化合物的分子量、化学结构、裂解规律和由单分子分解形成的某些离子间存在的某种相互关系等信息。

2) 质谱图解析的一般方法

(1) 由质谱图的高质量端确定分子离子峰，得到化合物的分子量。对比分子离子峰的同位素峰组，通过元素的同位素丰度比，确定化合物的组成式。

(2) 由组成式计算化合物的不饱和度，确定化合物种类、环和不饱和键的数目，进一步推测化合物的结构。

(3) 分别研究高质量和低质量端的碎片离子峰，分析分子碎裂的可能途径、生成的特征离子，确定化合物中可能含有的取代基，推测化合物所属的类型。

(4) 研究亚稳离子峰，找出某些离子之间的相互关系，进一步提出化合物的结构。

(5) 综合以上分析研究，从推测出的几种可能的结构中，确认最符合质谱数据的结构，同时结合样品的物理化学性质、红外、核磁等信息，确定化合物的结构。

6.2 微观结构与形貌分析

6.2.1 红外光谱

在电磁波谱中，红外光可细分为远红外光、中红外光和近红外光。当分子转动能级间的能量差ΔE_r为0.005～0.050eV，跃迁产生的吸收光谱主要位于远红外区，形成远红外光谱或称分子转动光谱；当分子振动能级间的能量差ΔE_v为0.050～1.000eV时，跃迁产生的吸收光谱主要位于红外区，形成红外光谱(IR)或称分子振动光谱。红外光谱波段分布表如表6-1所示。化合物在1600～650cm^{-1}均有互异的谱，可用来鉴别各种化合物，现代仪器分析中广泛运用的是中红外光谱，简称红外光谱。

表6-1 红外光谱波段分布表

波段	波长 λ /μm	波数/cm^{-1}	能级跃迁类型
近红外(泛频区)	0.75～2.5	12800～4000	OH、NH、CH等键的倍频
中红外(基本振动区)	2.5～25	4000～400	分子振动、转动
远红外(转动区)	25～1000	400～10	分子转动、骨架振动

1. 基本原理

产生红外特征吸收需要同时满足以下两个条件：①当红外光的能量等于分子的振动能量时，即红外光频率等于原子振动频率，就可能引起共振，使原有振幅增大，振动能量增加，分子从基态跃迁到较高的振动能级，即$E_{红外光}=\Delta E_{分子振动}$；②红外光与分子之间有耦合作用，即分子振动时其偶极矩必须发生变化，$\Delta\mu\neq 0$。当样品受到频率连续变化的红外光照射时，分子吸收某些频率的辐射，并由其振动运动或转动运动引起偶极矩的净变化，产生的分子振动和转动能级从基态跃迁到激发态，相应于这些区域的透射光强减弱，记录透过率对波数或波长的曲线，即为红外光谱。通过红外光谱图中化学键或官能团吸收频率位置的不同，可获得分子中含有的化学键或官能团信息。

2. 仪器构造和功能

红外光谱仪由光源、分光系统、测样系统、检测器、数据处理系统等部分构成。红外光谱仪可分为4种：滤光片型、光栅色散型、傅里叶变换型和声光调制滤光器型，其中光栅色散型又有光栅扫描单通道和非扫描固定光路多通道之分。

1) 滤光片型红外光谱仪

滤光片型红外光谱仪可分为固定滤光片和可调滤光片两种形式。固定滤光片型光谱仪是近红外光谱仪器的最早设计形式，这种仪器首先根据测定样品的光谱特征选择适当波长的滤光片。该类型仪器的特点是设计简单、成本低、光通量大、信号记录快、坚固耐用，但这类仪器只能在单一波长下测定，灵活性较差，如样品的基体发生变化，往往会引起较大的测量误差。可调滤光片型光谱仪采用滤光轮，可以根据需要比较方便地在一个或几个波长下进行测定。这种仪器一般作专用分析，如粮食水分测定仪。由于滤光片数量有限，很难分析复杂体系的样品。

2) 光栅色散型红外光谱仪

光栅色散型红外光谱仪通过光栅的转动，使单色光按波长高低依次通过测样器件，与样品作用后，进入检测器检测。与滤光片型红外光谱仪器相比，光栅色散型红外光谱仪器具有可实现全谱扫描、分辨率较高、仪器价位适中和便于维护等优点，其最大的弱点是光栅或反光镜的机械轴承长时间连续使用容易磨损，影响波长的精度和重现性，抗震性较差，一般不适合作为过程分析仪器使用。

3) 傅里叶变换型红外光谱仪

傅里叶变换型红外光谱仪没有色散原件，其核心部分是迈克尔逊干涉仪。傅里叶变换光谱技术是利用干涉图和光谱图之间的对应关系，通过测量干涉图和对干涉图进行傅里叶积分变换的方法来测定和研究光谱的技术。与传统的光栅色散型红外光谱仪相比，傅里叶变换型红外光谱仪能同时测量、记录所有波长的信号，并以更高的效率采集来自光源的辐射能量，具有更高的波长精度、分辨率和信噪比。

4) 声光调制滤光器型红外光谱仪

声光可调滤光器(AOTF)是利用超声波与特定的晶体作用而产生分光的光电器件。用 AOTF 作为分光系统，被认为是 20 世纪 90 年代近红外光谱仪器最突出的进展。与传统的单色器相比，采用声光调制产生单色光，即通过超声射频的变化实现光谱扫描。光学系统无移动部件、波长切换快、重现性好、程序化的波长控制等优点使这类仪器的应用具有更大的灵活性，近年来在工业在线分析中得到越来越多的应用，不足之处在于分辨率相对较低，价格较高。表 6-2 给出了不同类型近红外光谱仪的特点与性能比较。

表 6-2　近红外光谱分析仪器特点与性能比较

类型	特点	分辨率	扫描速度	信噪比
滤光片型	波长单一，光通量高	低	—	高
光栅色散型	有移动部件，光通量低	低	慢	低
傅里叶变换型	有移动部件，光通量高	高	中	高
声光调制滤光器型	无移动部件，光通量中	中	快	中

3. 定性分析

红外光谱法广泛用于有机化合物的定性鉴定和结构分析，在浮选药剂、萃取剂的合成分析中经常使用。红外吸收峰的位置与强度反映了分子结构上的特点，可以用于化合物鉴别或确定其化学基团。

1) 试样分离和精制

试样应该是单一组分的纯物质，纯度应>98%或符合商业规格，才便于与纯物质的标准光谱进行对照。多组分试样应在测定前尽量预先用分馏、萃取、重结晶或色谱法进行分离提纯，否则各组分光谱相互重叠，难于判断。但在实际操作中，研究者一般是先测试样品看是否能分析出试样的结构，如果相互重合，不能分辨，则再研究如何分离。

2) 查阅相关资料

了解样品的来源、元素分析值、分子量、熔点、沸点、溶解度、折光率、化学性质以及紫外光谱、核磁共振谱、质谱等，这对解析谱图很有帮助。

根据元素分析及摩尔质量的测定，求出化学式并计算化合物的不饱和度：

$$U = 1 + n_4 + \frac{n_3 - n_1}{2}$$

式中，n_4、n_3、n_1分别为分子中所含的四价、三价和一价元素原子的数目，二价原子如 S、O 等不参加计算。

U=0 时，表示分子是饱和的，应属于链状烃及其不含双键的衍生物系列；U=1 时，可能有一个双键或脂环；U=2 时，可能有两个双键和脂环，也可能有一个叁键；U=4 时，可能有一个苯环。例如 C_9H_{12}，U=4 可能有苯环；C_8H_8O，U=5 可能有苯环加一个双键。

3) 谱图解析

谱图解析一般原则是“先特征，后指纹；先强峰，后弱峰；先粗查，后细查；先否定，后肯定”。先从基团频率区的最强谱带开始，推测未知物可能含有的基团，判断不可能含有的基团。再从指纹区的谱带进一步验证，找出可能含有基团的相关峰，用一组相关峰确认一个基团的存在。对于简单化合物，确认几个基团之后，便可初步确定分子结构，然后查对标准谱图核实。要解析谱图，需要在熟悉基团频率区和指纹频率区的基础上反复练习，不断积累。

4) 标准谱图对照分析

测定未知物的结构是红外光谱法定性分析的一个重要功能。如果未知物不是新化合物，可以查阅标准谱图集。最常用的标准红外光谱图是萨特勒(Sadtler)标准红外谱图集，目前光栅光谱图约有十万张，是收集谱图最多的图集，有各种索引，使用方便，另外还有 Aldrich 和 Sigma Fourier 红外光谱图库。

将试样的谱图与标准的谱图进行对照，或者与文献上的谱图进行对照。如果两张谱图各吸收峰的位置和形状完全相同，峰的相对强度一样，就可以认为样品是该种标准物。如果两张谱图或峰位不一致，则说明两者不是同一化合物，或样品有杂质。

5) 谱图检索

近代仪器配备有谱库和检索系统。检索方式有谱峰检索、全谱检索等。如用计算机谱图检索，检索出的光谱附有相似度值，但价格比较昂贵。在实际工作中，可根据自己的工作范围，积累小型的谱库。

表 6-3 及图 6-15 给出了明矾石尾矿的分析试样。

表 6-3　明矾石尾矿红外光谱波长及归属

波数/cm^{-1}	分配	波数/cm^{-1}	分配
471.8	SiO 弯曲振动	1029.1	$\nu_1(SO_4^{2-})$
529.0	SiO 弯曲振动	1082.1	$\nu_3(SO_4^{2-})$
599.2	$\nu_4(SO_4^{2-})$	1222.2	SiO 伸缩振动
627.4	$\nu_4(SO_4^{2-})$	3483.0	OH 伸缩振动
683.7	SiO 伸缩振动	3505.9	OH 伸缩振动
776.7	SiO 伸缩振动	3620.7	OH 伸缩振动
913.7	OH 弯曲振动	3652.4	OH 伸缩振动
1006.7	SiO 伸缩振动	3700.6	OH 伸缩振动

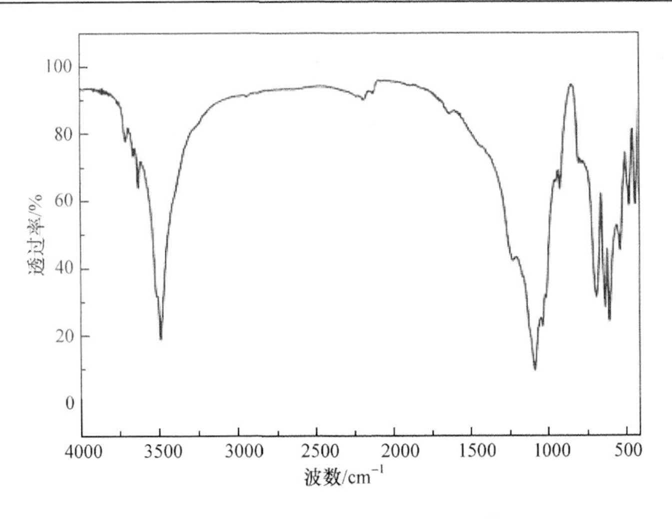

图 6-15　明矾石尾矿的红外光谱

6.2.2　拉曼光谱

单色光照射物质时，其散射光中除了与入射光相同频率的瑞利散射光外，还在瑞利线两侧对称分布与入射光频率发生位移且强度极弱的散射光的现象，称为拉曼效应。拉曼效应是印度物理学家拉曼(C. V. Raman)在 1928 年发现的。拉曼谱线的频率与样品分子的振动和转动能级有关，可用于物质的鉴定和分子结构的研究。

1. 基本原理

拉曼光谱是一种散射光谱。当光照射到物质上，除了部分光被物质吸收外，绝大部分光将沿入射方向穿过样品，还有少部分光改变方向，发生光的散射。当散射光的频率与入射光频率相同时，这种弹性散射过程对应于瑞利散射。当散射光的频率不同于入射光的频率时，这种非弹性散射过程对应于拉曼散射。光散射原理示意图见图 6-16。

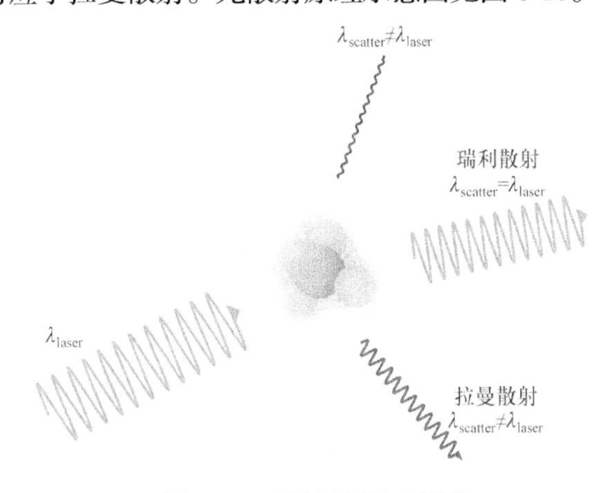

图 6-16　光散射原理示意图

弹性散射：频率不发生改变，如瑞利散射；非弹性散射：频率发生改变，如拉曼散射

拉曼散射光和瑞利散射光的频率之差为拉曼位移，拉曼位移与散射光强度形成的光谱称为拉曼光谱。拉曼光谱中，瑞利线的位置为零点。位移为正数的是斯托克斯线，位移为负数

的是反斯托克斯线。由于斯托克斯线与反斯托克斯线是完全对称分布在瑞利线两侧，所以一般记录拉曼光谱只取斯托克斯线。

拉曼位移与物质分子的振动和转动能级有关。不同的物质有不同的振动和转动能级，因而有不同的拉曼位移。对于同一物质，若采用不同的入射光频率，所产生的拉曼光频率不同，但拉曼位移相同。

2. 仪器构造和功能

显微激光拉曼光谱仪主要由显微镜、激光光源、光学元件、检测器以及计算机控制和数据采集系统组成。

1) 显微镜

显微镜主要由目镜、高分辨率摄像机、反射和透射照明灯、各种大小不同的物镜组成。

2) 激光光源

在拉曼激光仪中使用最多的激光器是氩离子激光器，可产生 10 种波长的激光，其中最常用的波长为 514nm 和 488nm。不同波长的激发光源不会影响物质的拉曼位移，但对荧光及其某些激发性会产生不同的结果。从紫外、可见到近红外波长范围的激光器均可用作拉曼光谱分析的激发光源，激光器波长的选择对实验结果有着重要影响，典型的激光器包括紫外光激光器(244nm、257nm、325nm 和 364nm)、可见光激光器(457nm、488nm、514nm、532nm、633nm 和 660nm)、近红外光激光器(785nm、830nm、980nm 和 1064nm)。

3) 光学元件

光学元件主要由瑞利滤光片、狭缝、光栅、透镜、扩束器等组成。常用光栅是 1800 刻线/mm，依据不同的激光器和实验条件可选择不同的光栅，如 600 刻线/nm、1200 刻线/nm 和 2400 刻线/mm 等。

4) 检测器

检测器分为单道检测器和多道检测器。

3. 分析方法

1) 样品准备

检测拉曼光谱时一般不需要制备样品，特别是带有显微镜的激光拉曼光谱仪。在检测时如果被检测的样品是固体样品，只需将样品直接放在测样台上进行检测。对于不挥发的液体样品，可将样品倒入一个小的培养皿，并放在测样台上进行检测。如果是易挥发的液体样品，可先将液体样品倒入一个无色透明的玻璃瓶，盖好瓶盖，然后放在测样台上进行检测。

2) 定性分析技术

拉曼光谱的定性分析主要用来鉴别化学物质的种类、特殊的结构特征或特征基团，它与红外光谱互为补充。拉曼位移的大小、强度及拉曼峰形状是鉴定化学键官能团的重要依据。对于像 S—S、C═C、N═N 等基团，其振动在红外光谱中极为微弱，但一般是拉曼活性的，可以用拉曼光谱进行检测。利用拉曼光谱的标准谱图或利用拉曼标准谱图的检索功能对未知物拉曼光谱图进行比对，也是拉曼光谱定性分析的一个重要手段。图 6-17 所示为甲醇和乙醇的拉曼光谱图。

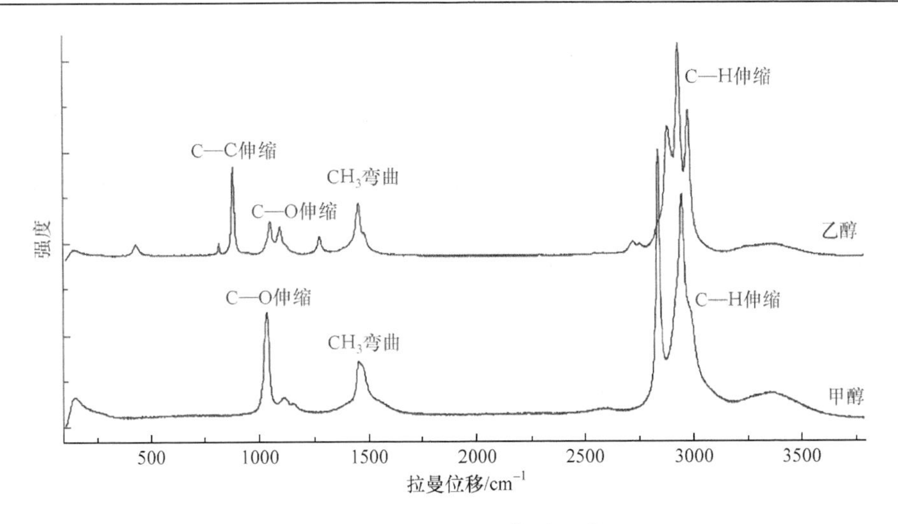

图 6-17　甲醇和乙醇的拉曼光谱图

3) 定量分析技术

利用拉曼谱线的强度和样品分子浓度的正比关系，可以进行定量分析。拉曼散射的光通量可由如下经典公式表示：

$$\Phi_{\mathrm{R}} = 4\pi \Phi_L ANLK \sin^2\left(\frac{\theta}{2}\right) \tag{6-13}$$

式中，Φ_{R} 为拉曼散射的光通量；Φ_L 为入射到样品上的激光通量；A 为拉曼散射系数，约为 10^{-29}～10^{-28}mol/球面度；N 为分子浓度；L 为样品的有效体积；K 为折射率及样品内场效应等引起的影响系数；θ 为拉曼光束在收集方向上的张角。

在理想条件下，拉曼散射的强度应与分子浓度呈线性关系，但实际检测时有很多因素会造成影响，如光源的稳定性、样品的自吸收及样品浓度改变时折射率的改变等。因此通过直接检测不同浓度样品间的拉曼光谱强度来进行定量是不精确的。有效的方法是在样品中加入内标物，通过内标物的拉曼光谱强度的比较进行定量分析，或者利用溶剂本身的拉曼谱线作为内标谱线。对于非水溶液常用的内标物为四氯化碳溶液(459cm^{-1})，对于水溶液样品常用的内标物为硝酸根离子(1050cm^{-1})和高氯酸根离子(930cm^{-1})，对于固体样品也可以用样品中某一条拉曼谱线作为内标物。

拉曼光谱是一种分子光谱，它和红外光谱均属于分子振动光谱。但是红外光谱是吸收光谱，拉曼光谱是散射光谱。拉曼位移频率和红外吸收频率都等于分子振动频率，但拉曼散射的分子振动是分子振动时有极化率改变的振动，而红外吸收的分子振动则是分子振动时有偶极矩变化的振动。一般若拉曼散射是非活性的，则红外吸收是活性的；反之若拉曼散射是活性的，则红外吸收是非活性的。当然有些分子同时具有拉曼和红外活性，只是两种谱图中各峰之间的强度不同；还有些分子既无红外活性，也无拉曼活性。

6.2.3　X 射线衍射

X 射线衍射技术是利用 X 射线的波动性和晶体内部结构的周期性进行晶体结构分析。X 射线衍射仪(XRD)是利用 X 射线衍射原理研究物质内部结构的一种大型分析仪器。令一束 X 射线和样品交互，用生成的衍射谱图来分析物质结构。它是 X 射线晶体学领域中在原子尺度范围内研究材料结构的主要仪器，也可用于研究非晶体。

1. 基本原理

X 射线衍射实质上是晶体中各原子散射波之间的干涉现象。当 X 射线照射到晶体上时，会受到晶体中原子散射，每个原子中心发出的散射波类似于源球面波。由于原子在晶体中是周期排列的，这些散射球波之间存在固定的相位关系，会导致在某些散射方向的球面波互相加强，而在有些方向上相互抵消，从而出现衍射现象。

每种晶体内部的原子排列方式是唯一的，对应的衍射花样也是唯一的，因此可以进行物相分析。其中，衍射花样中衍射线的分布规律是由晶胞的大小、形状和位向决定。衍射线的强度是由原子的种类和它们在晶胞中的位置决定。当 X 射线照射到非晶体上时，非晶体结构为短程有序、长程无序，因此不会产生明显衍射线。

1) 衍射方向

衍射现象与晶体的有序结构有关，衍射花样的规律性反映了晶体结构的规律性。但是衍射必须满足适当的几何条件才能产生，衍射线的方向与晶胞大小和形状有关，决定晶体衍射方向的基本方程有劳厄方程和布拉格方程，实际应用中布拉格方程更为直观和实用

$$2d\sin\theta = n\lambda \tag{6-14}$$

式中，d 为晶面间距；θ 为布拉格角或掠射角；n 为衍射级数，可取 1、2、3、…、n；λ 为入射 X 射线波长。

布拉格方程的物理意义在于当波长为 λ 的 X 射线以 θ 角入射到镜面间距为 d 的平面点阵上时，若相邻晶面反射线间的光程差 $2d\sin\theta$ 恰好等于入射波长 λ，则会发生衍射，见图 6-18。由于 X 射线的衍射方向恰好等于原子面对入射线的反射，X 射线衍射类似于光的反射，但是只有当 λ、θ 和 d 三者之间满足布拉格方程时原子面对 X 射线的反射才能发生。当入射线波长选定后，衍射线的方向是晶面间距的函数，据此可以确定晶胞的形状和大小。

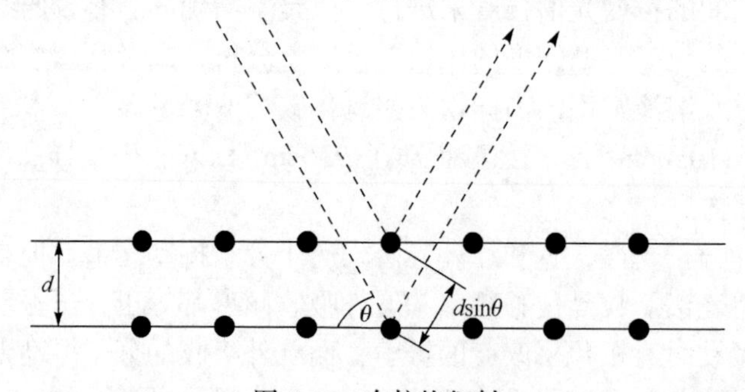

图 6-18　布拉格衍射

2) 衍射强度

衍射强度取决于衍射方向、晶体中原子的种类、数量、位置和分布。有些情况下，晶体虽然满足布拉格方程，但由于晶体在某些方向上的衍射波干涉相抵，衍射强度为零，因此不一定出现可观察的具有一定强度的衍射线。此外，由于多晶体并非理想晶体，并且 X 射线也并非严格单色和严格平行，晶体中稍有相差的亚晶块也会满足衍射现象，衍射在 $\theta+\Delta\theta$ 范围内均可发生，从而使衍射强度并不集中于布拉格角 θ 处，而是具有一定的角分布，因此衡量晶体衍射强度需要使用积分强度的概念。

2. 仪器构造和功能

最基本的衍射方法有劳厄法、转晶法和粉末多晶法。劳厄法和转晶法适用于单晶体，而粉末多晶法适用于多晶粉末和多晶块状样品。通常接触到的绝大部分样品都属于多晶体，因此多晶法较为常用，多晶法又分为多晶照相法和多晶衍射仪法。衍射方法具有快速、准确、自动化程度高等优点，目前已经成为 X 射线衍射分析的主要方法。衍射仪主要由 X 射线发生器、测角仪、探测器、程序控制和数据处理系统四个部分组成。

1) X 射线发生器

X 射线发生器是产生 X 射线的装置，主要由 X 射线管、高压发生器、冷却装置、安全保护系统等构成，其核心是 X 射线管，见图 6-19。

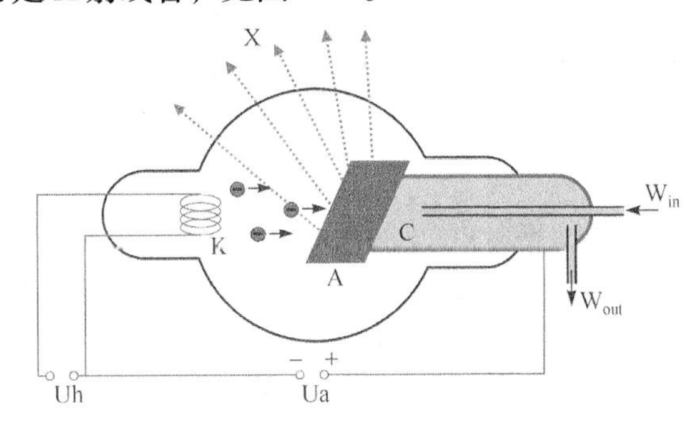

图 6-19　X 射线管结构示意图

K.灯丝；A.靶体；C.阴极；X.发散出的 X 射线；W.冷却水；Uh.低压电源；Ua.高压电源

现代衍射用的 X 射线管都属于热电子二极管，有密闭式和转靶式两种。X 射线管实质上是一个真空二极管。给灯丝加上一定的电流，被加热时便能放出热辐射电子。在数万伏特高压电场的作用下，这些电子被加速并轰击靶体。常见的靶体材料有 Cr、Fe、Co、Ni、Cu、Mo、Ag、W 等，最常用的是 Cu 靶。常用靶材的标识 X 射线波长和工作电压如表 6-4 所示。

表 6-4　常用靶材的标识 X 射线波长和工作电压

靶材金属	原子序数	K 系射线波长/Å					激发电压 V_k/kV	工作电压/kV
Cr	24	2.28962	2.29351	2.9090	2.08480	2.0701	6.0	20～25
Fe	26	1.93597	1.93991	1.9373	1.75653	1.7433	7.1	25～30
Co	27	1.78892	1.79278	1.7902	1.62075	1.6081	7.7	30
Ni	28	1.65784	1.66169	1.6591	1.50010	1.4880	8.3	30～35
Cu	29	1.54051	1.54433	1.5418	1.39217	1.3804	8.9	35～40
Mo	42	0.70926	0.71354	0.7107	0.63225	0.6198	20.0	50～55
Ag	47	0.55941	0.56381	0.5609	0.49701	0.4855	25.5	55～60

X 射线管发出的 X 射线谱有两种形式：特征 X 射线谱和连续 X 射线谱。高速运动的电子流轰击阳极靶的金属原子时发生非弹性散射，并有一定的能量损失，能量损失转变成电磁波辐射，形成连续 X 射线。当高速运动的电子轰击金属靶时，将靶原子中的某个内层电子打到外层或脱离原子束缚，从而造成内层电子空位，外层电子将向内层空位跃迁，电子跃迁释放能量，发射出特征的 X 射线，其频率和波长也是一个定值。

2) 测角仪

测角仪是整个衍射仪中最精密的机械部件，是 X 射线衍射仪测量中最核心的部分，用来精确测量衍射角，其结构包括精密的机械测角器、样品架、狭缝、滤色片或单色仪。测角仪由两个同轴转盘构成，小转盘中心装有样品支架，大转盘装有辐射探测器及前端接收狭缝。X射线源固定在仪器支架上，它与接收狭缝均位于以辐射探测器为圆心的圆周上，此圆称为衍射仪圆，一般半径是 185mm。当试样绕轴转动时，接收狭缝和探测器则以试样转动速度的 2 倍绕轴转动，转动角可由转动角度读数器或控制仪上读出。

如果只采用通常的狭缝光阑便无法控制沿狭缝长边方向的发散度，从而会造成衍射环宽度的不均匀性。为了排除这种现象，在测角仪光路中采用狭缝光阑和梭拉光阑组成的联合光阑系统。X 射线管发射出来的光是多种波长混合的复杂光源，主要包括连续谱、K_α 和 K_β 特征谱。当这些波长的射线都参与衍射时，衍射信息非常复杂。另外，当 X 射线照射到样品上时，可能激发样品本身的特征射线(X 射线荧光)。为了获得单一波长的衍射信息，通常采用插入滤波片或者加装单色器的方法来去除 K_β 辐射和荧光辐射。滤波片和单色片一般设置在样品与接收狭缝之间。

3) 探测器

探测器是用来记录 X 射线衍射强度的，是衍射仪中不可或缺的重要部件之一。它包括换能器和脉冲形成电路，换能器将 X 射线光子能量转化为电流，脉冲形成电路再将电流转变为电压脉冲，并被计数装置记录。常用辐射探测器有正比计数器和闪烁计数器两种。

闪烁计数器是各种晶体 X 射线衍射工作中通用性最好的探测器。它的优点主要有：对于晶体 X 射线衍射工作使用的各种 X 射线波长均具有很高的量子效率；稳定性好，使用寿命长；具有很短的分辨时间(10^{-7}s 级)，因而不用考虑探测器本身带来的计数损失；对晶体衍射用的 X 射线也有一定的能量分辨能力。因此，现在的 X 射线衍射仪大多配用闪烁计数器。

3. 应用与分析方法

1) 物相分析

自然界中已经发现数千种天然矿物和数万种甚至更多的物质，绝大部分以晶质状态存在，这些物质的差别主要由于其晶格类型、晶格常数不同。当 X 射线照射到这些物质时，其所产生的衍射线条的数目、位置和各线条的相对强度也不同，每种结晶物质都有自己独特的衍射谱图。

一种物相衍射谱中的 d 和 I/I_0 (I_0 是衍射谱中最强峰的强度值，I/I_0 是经过最强峰强度归一化处理后的相对强度)的数值取决于该物质的组成与结构。当两个样品的 d 和 I/I_0 都对应相等时，这两个样品就是组成与结构相同的物相。由此看来，物相分析就是将未知物的衍射谱经过去伪存真获得一套可靠的 d 和 I/I_0 数据后与已知物相的 d 和 I/I_0 相对照，再依照晶体和衍射的理论对所属物相进行确定。

多相混合物的粉末衍射谱是各组成物相的粉末衍射谱的叠加谱。在叠加过程中，各组成物相的衍射线位置不会发生变动，一个物相内各衍射线间的相对强度也不变，但各物相间的相对衍射强度随该物相在混合物中所占的相对密度(体积或质量分数)及其他物相的吸收能力而改变。图 6-20 为典型的锂辉石矿 XRD 表征的物相分析谱图。

2) 物相定量分析

如果被测样品中含有多个物相，而且通过物相检索的方法对物相进行了鉴定。可以通过 K 值法、内标法和绝热法计算物相在多相混合物中的质量分数和体积分数。

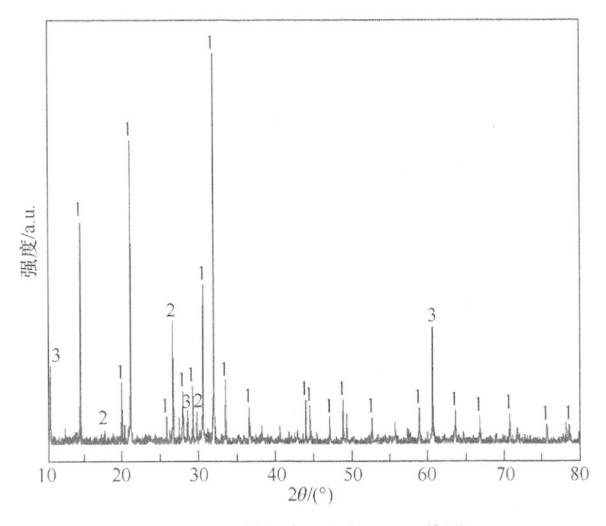

图 6-20　某锂辉石矿 XRD 谱图

1. 锂辉石；2. 石英；3. 铁镁钙闪石

3) 晶粒尺寸分析

XRD 测定晶粒尺寸的原理是基于衍射线的宽度与材料晶粒大小有关这一现象。一般而言，当晶粒尺寸小于 1μm 时，衍射线开始宽化，而当晶粒尺寸小于 100nm 时，就会对衍射峰造成明显的可测量的宽化，并且晶粒越小，谱线宽化程度越大，直到晶粒小到几纳米时，衍射线因过宽而消失在背底之中，习惯上将这种宽化效应称为晶粒宽化。

4) 结晶度分析

在材料性能研究中，结晶度通常是一个很重要的参数。结晶度是指非晶态物质析出晶相过程中结晶完整程度及含量的测定。随着材料中某些晶相的析出，材料中原子的排列逐渐有序化，其衍射峰逐渐从弥散变为明锐，衍射峰的半高宽逐渐变窄，晶面间距减小，因此由晶面间距的测定可推出结晶度。

5) 残余应力测量

通常把无外力或者外力矩作用而在物体内部依然存在并自身保持平衡的应力称为内应力。残余应力是材料中发生了不均匀的弹性变形或者不均匀的弹塑性变形的结果，是材料的弹性各向异性和塑性各向异性的反映。

X 射线应力测定的基本原理由俄国学者阿克先诺夫于 1929 年提出，其基本思路是一定应力状态引起的材料的晶格应变和宏观应变是一致的。晶格应变可以通过 X 射线衍射技术测出，宏观应变可根据弹性力学求得，因此从测得的晶格应变可推知宏观应力。

X 射线衍射法是一种无损性测试方法，因此对于测试脆性和不透明材料的残余应力是最常用的方法。当试样中存在残余应力时，晶面间距将发生变化，发生布拉格衍射时，产生的衍射峰也将随之移动，而且移动距离与应力大小相关。

6.2.4　扫描电子显微镜

扫描电子显微镜(SEM)简称扫描电镜，是以电子束作为照明源，把聚焦得很细的电子束以光栅状扫描方式照射到样品表面，产生各种与样品性质相关的电子信号，然后加以收集和处理，从而获得样品表面微观形貌的放大图像。近几十年，扫描电镜发展迅速，又结合了 X 射线光谱仪、电子探针以及其他许多技术而发展成为现代分析型扫描电镜，广泛应用于冶金矿产、生物医学、材料科学、物理和化学等领域。

与光学显微镜及透射电子显微镜相比，扫描电子显微镜具有以下特点：

(1) 样品制备过程简单，能直接观察并分析样品的表面结构特征。

(2) 分辨率较高，二次电子像分辨率可达 7～10nm。

(3) 三维空间自由平移和旋转样品，可对样品进行多角度观察。

(4) 图像景深大，富有立体感。

(5) 图像的放大倍数变化范围大，可放大几十倍到几十万倍，且连续可调。

(6) 可做综合分析，扫描电子显微镜装上波长色散 X 射线谱仪(WDX)或能量色散 X 射线谱仪(EDX)后，在观察扫描形貌图像的同时，可对试样微区进行元素分析；装上不同类型的试样台和检测器，可以直接观察处于不同环境(加热、冷却、拉伸等)中的试样显微结构形态的动态变化过程。

1. 基本原理

1) 电子与物质的相互作用

当一束聚焦电子束沿一定方向入射到样品时，由于受到样品物质中晶格位场和原子库仑场的作用，其入射方向会发生改变，这种现象称为散射。如果散射过程中入射电子只改变方向，其总动能基本无变化，则这种散射称为弹性散射；如果在散射过程中入射电子的方向和动能都发生改变，则这种散射称为非弹性散射。非弹性散射过程是一种随机过程，每次散射后都改变其前进方向，损失一部分能量，并激发出反映样品表面形貌、结构和组成的各种信息，如二次电子、背散射电子、特征 X 射线、俄歇电子、吸收电子、阴极荧光、透射电子等。图 6-21 为电子束与固体样品作用所产生的各种信息。

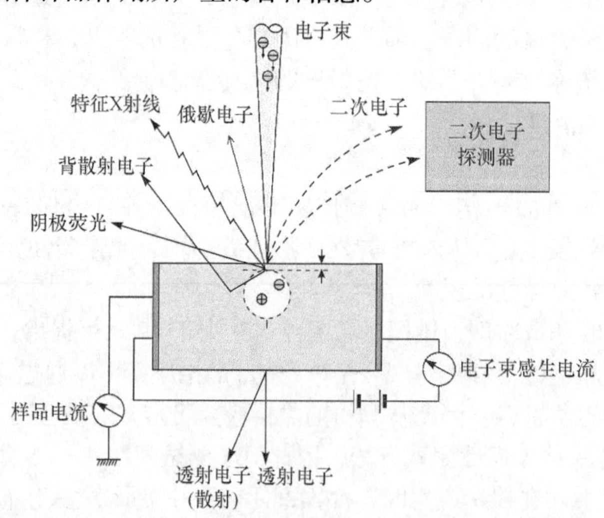

图 6-21　入射电子与固体物质相互作用产生的各种物理信号

2) 工作原理

SEM 的结构示意如图 6-22 所示。从电子枪射出的电子束(直径约 50μm)在加速电压作用下，经电磁透镜系统，在样品表面聚焦成直径约 5nm 的电子束。在第二聚光镜和末级聚光镜之间的扫描线圈作用下，使电子束在样品表面扫描。由于高能电子束与样品物质的交互作用，产生了二次电子、背散射电子、吸收电子、特征 X 射线、俄歇电子、阴极荧光和透射电子等信号，这些信号被相应的接收器接收，经放大后送到显像管的栅极上，调制显像管的亮度。由于经过扫描线圈上的电流与显像管相应的亮度一一对应，也就是说，电子束打到样品上一点时，在显像管荧光屏上就出现一个亮点。SEM 就是这样采用逐点成像的方法，把样品表面不同的特征按顺序、成比例地转换为视频信号，完成一帧图像，从而在荧光屏上观察到样品表面的各种特征图像。

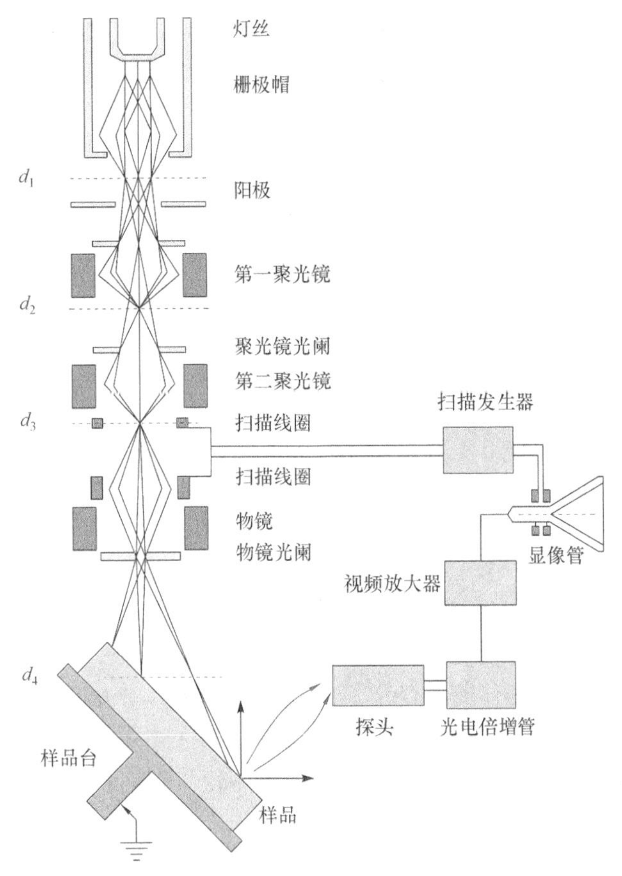

图 6-22　SEM 结构原理图

2. 仪器构造和功能

SEM 由电子光学系统、信号收集和显示系统、真空系统和电源系统组成。

1) 电子光学系统

电子光学系统主要包括电子枪、电磁透镜、扫描线圈和样品室等部件，其作用是获得扫描电子束，使被扫描的样品产生各种物理信号。为获得较高的信号强度和图像分辨率，扫描电子束应具有较高的亮度和尽可能小的束斑直径。

(1) 电子枪。其作用是利用阴极与阳极灯丝间的高压产生高能量的电子束。与透射电子显微镜的电子枪相似，只是加速电压比透射电子显微镜低。目前 SEM 所采用的电子枪主要有两大类，共三种。第一类是利用场发射效应产生电子，称为场发射电子枪，不需要电磁透镜系统；另一类是利用热发射效应产生电子，有钨(W)枪和六硼化镧(LaB_6)枪两种。

(2) 电磁透镜。其作用是把电子束斑逐级聚焦缩小，使原来直径约 50μm 的束斑缩小到只有几纳米的细小束斑。SEM 一般由第一聚光镜、第二聚光镜和末级聚光镜(物镜)三级电磁透镜组成。前两个聚光镜是强透镜，用来缩小电子束斑尺寸。末级聚光镜是弱透镜，具有较长的焦距，主要是避免在该透镜下方放置样品时磁场对二次电子轨迹的干扰。

(3) 扫描线圈。其作用是提供入射电子束在样品表面上以及阴极射线管内电子束在荧光屏上的同步扫描信号。SEM 采用双偏转扫描线圈，进行表面形貌分析时一般采用光栅扫描方式。当电子束进入上偏转线圈时，方向发生转折，随后下偏转线圈使它的方向发生第二次转折，并通过末级聚光镜的光心作用于样品表面。在电子束偏转的同时还进行逐行扫描，电子束在上下偏转线圈的作用下，在样品表面扫描出方形区域，相应地在样品表面上勾勒出一帧比例图像。如果电子束经上偏转线圈转折后未经下偏转线圈改变方向，而直接由末级聚光镜折射到入射点位置，这种扫描方式称为角光栅扫描或摇摆扫描。

(4) 样品室。样品室用于放置测试样品，并安装各种信号电子探测器。样品室有足够大的空间，便于样品进行旋转、倾斜、三维空间的平行移动；样品室四壁有数个备用窗口，除安装信号检测器外，还能同时安装其他谱仪以进行综合性研究；备有与外界接线的接线座，以便研究有关电场和磁场所引起的衬度效应等；新型 SEM 还配有各种高低温、拉伸、弯曲等样品台附件。

2) 信号收集和显示系统

信号收集和显示系统包括电子检测器、荧光检测器和 X 射线检测器等信号检测器以及前置放大器、显示装置，其作用是检测样品在入射电子作用下产生的各种物理信号，经视频放大后作为显像系统的调制信号，最后在荧光屏上得到反映样品表面特征的扫描图像。

SEM 使用最普遍的是电子检测器，由闪烁体、光导管和光电倍增器组成。当信号电子进入闪烁体后即引起电离，产生出光子，光子将沿光导管传送到光电倍增器进行放大，后又转化成电流信号输出，电流信号经视频放大器放大后就成为调制信号。

由于镜筒中的电子束和显像管中的电子束是同步扫描，荧光屏上的亮度是根据样品上被激发出来的信号强度调制的，而由检测器接收的信号强度随样品表面状态不同而变化，从而由信号检测系统输出的反映样品表面状态特征的调制信号在信息收集和显示系统中就转换为一幅与样品表面特征一致的放大的扫描像。

3) 真空系统和电源系统

真空系统的作用是为保证电子光学系统正常工作、防止样品污染、防止灯丝氧化提供高质量的真空度，一般情况下要求保持 10^{-2}～10^{-3}Pa 的真空度。常用的真空系统有油扩散泵系统、涡轮分子泵系统和离子泵系统。

电源系统由稳压、稳流及相应的安全保护电路组成，其作用是提供 SEM 各部分所需要的电源。

3. 分析方法

1) 样品要求

SEM 样品可以是块状、薄膜或粉末颗粒。由于在真空中直接观察，SEM 对各类样品均有一定要求：要求样品保持其结构和形貌的稳定性，不因取样而改变；要求样品表面导电；样品大小要适合于样品座的尺寸；样品的高度要控制在 SEM 要求的范围内。

如果样品含水分，应烘干除去水分；当样品表面受到污染时，可适当清洗并烘干，但要保证样品表面的组织结构不被破坏；对于新鲜断口或断面样品，一般不需处理；对于需要进行适当腐蚀才能暴露某些结构细节的表面或断口样品，可按照金相样品的要求制备，腐蚀后应将表面或断口清洗干净并烘干；磁性样品要去磁化处理，以避免磁场对电子束的影响。

利用 SEM 观察高分子材料(塑料、纤维和橡胶等)、陶瓷及玻璃等不导电或导电性很差的非金属材料时，一般都用真空镀膜机或离子溅射仪在样品表面上沉积一层重金属导电膜，镀层金属有金、铂、银等重金属，常用的沉积导电膜为金膜。但在进行电子探针成分分析时，应注意镀膜元素对样品成分元素的影响。

2) 图像获得

用 SEM 进行实际操作观察时，由于仪器精密、结构复杂，影响其成像的因素众多。要获得充分反映物质形貌、层次清晰、立体感强和分辨率高的高质量图像，必须在保证仪器正常工作状态下对影响其图像质量的相关因素(如加速电压、透镜电流、像散修正和工作距离等)加以控制。

3) 分析及应用

(1) 表面形貌分析。表面形貌分析是指用以对表面的特性和表面现象进行分析测量的方法和技术，通常用二次电子形貌来观察样品表面的微观结构特征。可以根据放大倍数和标尺，测量晶粒尺寸大小；可以通过放大倍数观察颗粒分布；如要确定某物相的成分，可进行电子探针能谱分析；新型 SEM 配有分频操作功能，可以选取某视场中的区域进行局部区域放大观察。

(2) 断裂面分析。材料断裂面分析是断裂学科的组成部分，材料的断裂往往发生在其组织最薄弱的区域，材料断裂后形成一对相互匹配的断裂表面，通过对断口的形态分析，有助于研究判断断裂的基本问题，如断裂起因、断裂性质、断裂方式、断裂机制、断裂韧性、断裂过程的应力状态、裂纹的扩展等。结合断口表面的微区成分、结晶学和应力应变分析等，可进一步研究材料的冶金因素和环境因素对断裂过程的影响规律。

(3) 磨损失效分析。借助磨损表面形貌分析机械构件的磨损破坏方式，结合材料表面成分、结构变化及表面性能的测试，可以确定主要磨损机制。同时也可以通过磨损表面的剖面分析，深入分析摩擦接触面的亚表层变化、组织相变、裂纹的形成和扩展、材料的转移等摩擦磨损特征，为减磨技术提供理论分析基础。

(4) 磨损颗粒分析。磨损颗粒作为磨损过程的产物，携带大量磨损信息，并以大小、数量、成分及形态分布等特征表现出来，通过对这些信息的分析处理，可得到表征磨损特征的各种参数，把握变化规律，实现检测控制和预报磨损。

(5) 涂层分析。材料的表面改性可改变材料或工件表面的化学组分或组织结构以提高其使用性能。SEM 作为主要的表面涂层分析方法，已广泛应用于材料的表面改性层组织成分、形态结构及涂层厚度等分析工作。

6.2.5　透射电子显微镜

透射电子显微镜(TEM)简称透射电镜，是显微镜中极为重要的仪器。TEM 把经加速和聚集的电子束投射到非常薄的样品上，电子与样品中的原子碰撞而改变方向，从而产生立体角散射。散射角的大小与样品的密度、厚度相关，因此可以形成明暗不同的影像。影像经放大、聚焦后在成像器件上显示出来。TEM 的分辨能力比初期设备提高了数百倍，达到了亚埃级，在自然科学研究特别是材料领域发挥着重要作用。

1. 基本原理

由电子枪发射出来的电子束，在真空通道中沿着镜体光轴穿越聚光镜，通过聚光镜将其会聚成一束尖细、明亮而又均匀的光斑，照射在样品室内的样品上；透过样品后的电子束携带有样品内部的结构信息，样品内致密处透过的电子量少，稀疏处透过的电子量多；经过物镜的会聚调焦和初级放大后，电子束进入下级的中间镜和投影镜进行综合放大成像，被放大了的电子影像投射在观察室内的荧光屏上，荧光屏再将电子影像转化为可见光影像供使用者观察，见图 6-23。

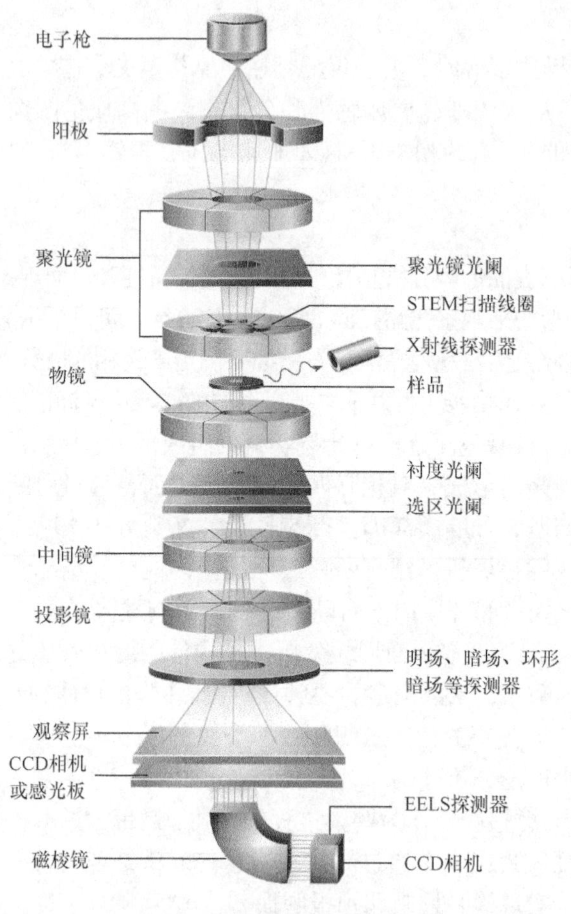

图 6-23　TEM 核心组件示意图

2. 仪器构造和功能

1) 照明系统

照明系统分为电子枪和聚光镜两部分。电子枪由灯丝(阴极)、栅极和阳极组成。通过加热灯丝发射电子束，并在阳极加电压，使电子加速。阳极和阴极间的电位差为总的加速电压。经加速而具有能量的电子从阳极板的孔中射出，射出的电子束能量与加速电压有关。电子束有一定的发射角，经聚光镜调节后，可得到发射角很小甚至平行的电子束，通过改变聚光镜电流来调节其电流密度。样品上需要照明的区域大小与放大倍数有关，放大倍数越高，照明区域越小，相应地要求以更细的电子束照明样品。

2) 成像系统

成像系统包括样品室、物镜、中间镜、衬度光阑、选区光阑及其他电子光学部件。样品室要保证在样品经常更换时不破坏仪器主体的真空环境，样品可在 X 和 Y 方向移动，以便找到所要观察的位置。经过聚光镜的平行电子束照射到样品上，穿过样品后就带有反映样品特征的信息。经物镜和衬度光阑作用形成一次电子图像，再经中间镜、投影镜的二级磁透镜放大后投射在显示图像荧光屏上，荧光屏把电子强度分布转变为人眼可见的光强分布，于是在荧光屏上显示出与试样形貌、结构、构造相对应的图像。

3) 观察照相室

电子图像反映在荧光屏上，荧光发光和电子束流成正比。把荧光屏换成电子干板，即可照相，干板的感光能力与波长相关。

4) 真空系统

真空系统的作用是排除镜筒内的气体，使镜筒真空度至少达到 $1.33\times10^{-2}\sim1.33\times10^{-4}$Pa，目前最好的真空度可以达到 $10^{-8}\sim10^{-7}$Pa。如果真空度低，电子与气体分子之间的碰撞不仅会引起散射而影响衬度，还会使电子栅极与阳极间高压电离，导致极间放电，残余的气体还会腐蚀灯丝，污染样品。

5) 供电控制系统

加速电压和透镜电流不稳定将会产生严重的色差，降低电镜的分辨率，所以加速电压和透镜电流的稳定度是衡量电镜性能的一个重要标准。TEM 的电路主要由高压直流电源、透镜电源、线圈电源、电子枪灯丝加热电源，以及真空系统控制电路、真空泵电源、照相驱动装置及自动曝光电路等构成。

另外，许多高性能的电镜上还装备有扫描附件(STEM)、能谱仪(EDS)、电子能量损失谱(EELS)等仪器。

3. 分析方法

1) TEM 的样品要求

(1) 样品制备是 TEM 测试最重要的工作之一。由于电子与物质有很强的相互作用，极大地限制了电子束的穿透能力，因此 TEM 样品必须足够薄。同时还必须保证制样过程中不会造成样品结构的重大损伤。

(2) 样品被观察区对入射电子必须是“透明”的。电子穿透样品的能力与其本身能量及样品所含元素的原子序数有关。一般透射电镜样品的厚度在 100nm 以下。对于高分辨电镜样品，厚度甚至要求小于 10nm。

(3) 样品必须牢固，以便能经受电子束的轰击，并防止装卸过程中的机械振动而损坏。对于易碎的块状样品，必须将其粘在铜网上进行加固。对于粉末样品，可设法将其分散在附有支持膜(如火棉胶膜、微栅膜、超薄炭膜)的铜网上。铜网及火棉胶膜对粉末样品起支撑、承载和黏附作用。

(4) 样品必须具有导电性。对于非导电样品，应在表面喷一层很薄的炭膜，以防止电荷积累而影响观察。

(5) 防止样品被污染。在制样过程中，样品的超微结构必须得到完好的保存。应严格防止样品被污染和样品结构及性质的改变(如相变、氧化等)。

样品制备方法包括粉末法、离子减薄法、超薄切片法、聚焦离子束刻蚀法、化学腐蚀法、电解减薄法等。

2) TEM 图像获取

(1) 明暗场衬度图像。明场成像：在物镜的背焦面上，让透射束通过物镜光阑而把衍射束挡掉得到图像衬度的方法。暗场成像：将入射束方向倾斜 2θ 角度，使衍射束通过物镜光阑而把透射束挡掉得到图像衬度的方法。

(2) 高分辨率电子显微术(HRTEM)图像。HRTEM 可以获得晶格条纹像(反映晶面间距信息)、结构像及单个原子像(反映晶体结构中原子或原子团配置情况)等分辨率更高的图像信息，要求样品厚度小于 10nm。

(3) 电子衍射图像。选区衍射：在 TEM 所观察的区域内选择一个微小区域进行电子衍射，有选择地分析样品在微米级微区范围内的晶体结构特性。

会聚束衍射：利用 TEM 的聚光系统产生一个束斑很小的会聚电子束照射样品，形成发散的透射束和衍射束。当需要分析的区域比选区光阑的最小孔径小时，选区衍射失去作用，需增大会聚角，即把入射光斑缩小到微/纳米量级的会聚束电子衍射，称为微/纳米会聚束技术。现代电子显微镜技术已经可以把电子束斑会聚到纳米数量级。

3) 分析及应用

(1) 形貌观察。TEM 最基本的功能就是观察形貌，即观察样品的大小、厚薄及形状等。该功能与光学显微镜十分相似，不同的是 TEM 的放大倍率远高于光学显微镜，能达到几十万倍，可直接观察到纳米颗粒的形貌。

(2) 物相分析。TEM 可以利用电子衍射技术进行晶体的物相分析。同素异形体系在相同的化学组分条件下，可以出现多种晶体结构。例如常见的碳元素，除了无定形结构外，还可形成金刚石、石墨、富勒烯等多种晶体。利用 TEM 的电子衍射功能，在一些情况下可以很容易地对这些同素异形体加以区分。对于粉末材料，物相分析最常用的技术是 XRD。但是当样品中某些相含量过低，就难以用 XRD 加以表征。电子衍射方法就是一种极好的补充方法。

(3) 晶体结构确定。确定晶体结构最常用的方法是 X 射线衍射、中子衍射等。但是在一些特定场合，利用 HRTEM 可以确定一些常规衍射方法无法解决的特殊晶体结构。

(4) 缺陷分析。利用衍射衬度理论可以观察、分析晶体中很多种结构缺陷，从而解决材料性能-结构关系中的许多问题。利用 HRTEM 可以直接观察和解释晶体中的结构缺陷，使利用 TEM 研究晶体缺陷的工作达到新的水平。

(5) 成分分析。在装配有 EDS 或 EELS 的 TEM 上，可以进行样品的成分分析。由于 TEM 中电子束可以会聚成纳米尺度的束斑，因此原则上可以用 TEM 对样品中纳米量级的微小区域进行成分分析。虽然 EDS 或 EELS 定量分析结果精度并不高，但是由于 TEM 成分可以得到微区成分的分析结果，该方法还是受到普遍重视。

(6) 元素分布分析。在配有 STEM 附件的 TEM 上，与 EDS 配合，可以进行元素分布分析的工作，即利用 STEM 可以进行逐点扫描的功能，对某一特定元素的含量进行逐点分析，比较确定样品中各点上该元素的相对含量。

(7) 化学态分析。EELS 不仅与组成样品的元素有关，还与每个元素周围的环境有关。因此 EELS 可被用于确定样品中一些元素的化学状态，不同价态的元素，其 EELS 会有所差异。这类工作一般要求使用场发射穿透式电子显微镜(FEG-TEM)。

TEM 可以用于形貌、物相、结构、成分分析等领域，在现代科学研究工作具有不可替代的作用。特别是 TEM 对于微区结构、微区成分、微区物相可以进行同时、同区的信息提取，这对于多个领域的研究都具有重要意义。

6.2.6　矿物参数自动定量分析系统

矿相解离分析仪(MLA)是目前最先进的工艺矿物学参数自动定量分析测试系统，由澳大利亚昆士兰大学 JK 矿物学研究中心于 2000 年研制成功，主要用于矿业、冶金、地质等领域，能对样品的矿物组成、嵌布特征、粒度分布、解离度等重要参数进行自动定量分析。

1. 基本原理

MLA 结合了大型样品室自动化扫描电子显微镜、多个能量色散 X 射线探测器以及技术领先的自动化定量矿物学软件等多个子系统，其基本工作原理涉及扫描电子显微镜、X 射线能谱等技术方法，前面已述及，此处不再赘述。

2. 仪器构造和功能

MLA 采用高分辨率场发射扫描电子显微镜，结合双探头高速、高能量 X 射线能谱仪作为系统的硬件支持，一次能对多个样品进行不同形式的矿物参数自动定量分析，如图 6-24 所示。MLA 可分析的矿物样品形式包括粉末样品、块状样品和薄片样品。自动化控制的样品台以及图像采集功能可允许对精矿进行至少 5000 个颗粒的背散射电子(BSE)成像和后续的 X 射线分析，对尾矿或其他低品位矿石可进行 50000 个以上颗粒的分析。表征过程中无需人工干预，在保证分析精度的同时极大地提高了工作效率，对低品位稀有元素矿物样品的测量效果更好。

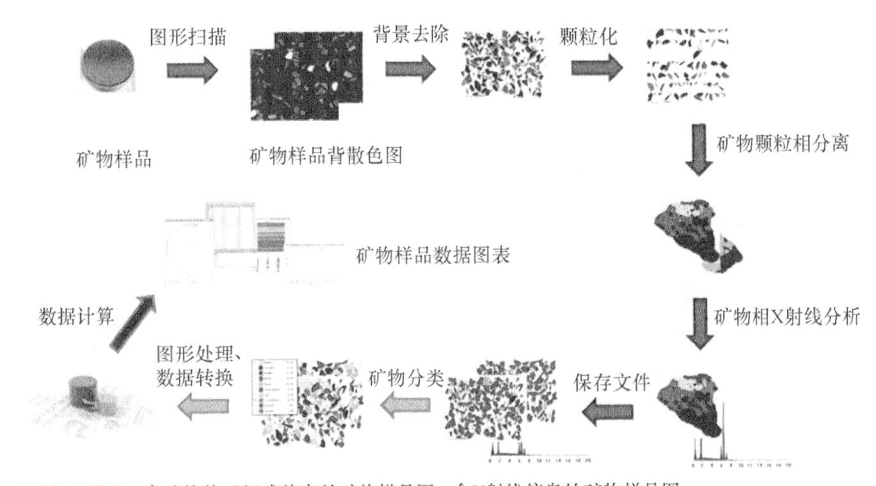

图 6-24　MLA 矿物样品分析过程

3. 分析应用

1) 矿物样品图形信息

MLA 系统可以给出样品的 BSE 图像及伪色矿物分布图像。其中，通过 BSE 电子图像，可以清晰看出各种不同成分矿物相的衬度和分布情况；伪色矿物分布图像是在识别确定矿物相后，对各种矿物相分配不同的颜色。尽管这些颜色并不是矿物的实际颜色，但是可以对矿物进行区分显示，直观地显示样品中的矿物组成、分布及连生情况，如图 6-25 展示了某铁矿样品的 BSE 图像和矿物分布图像。

(a)

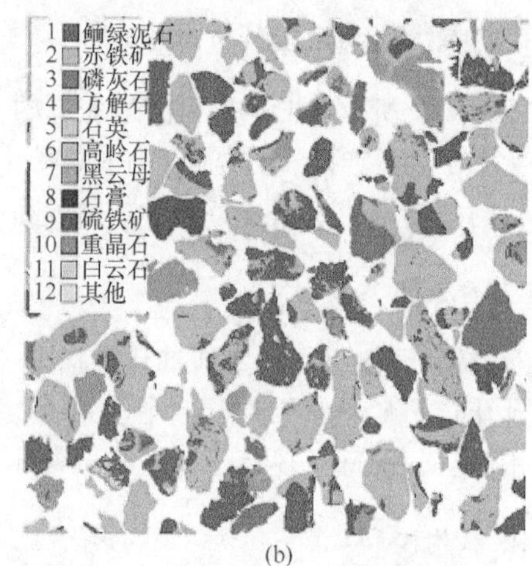

(b)

图 6-25　某铁矿样品的 BSE 图像(a)和矿物分布图像(b)

此外，MLA 系统还可以给出各个颗粒的 BSE 图像和伪色矿物图像，以及各颗粒的相关参数，如颗粒面积、颗粒尺寸、颗粒中包含的矿物种类及组成等。

2) 矿物颗粒参数

通过系统可以获得样品中所包含的全部颗粒的信息，包括各个颗粒的编号、密度、在全部颗粒中所占的质量分数和面积百分比、颗粒所含矿物的名称及百分比、颗粒所含元素的名称及百分比，以及颗粒的形状和尺寸参数等信息。

3) 矿物相参数

通过系统可以获得样品中所包含的全部矿物相的信息。具体信息包括各个晶粒的编号、晶粒所在的颗粒编号、晶粒的密度、各个晶粒的坐标值、各晶粒在全部晶粒中所占的质量分数和面积百分比、各个晶粒的面积(按实际面积或像素大小)与密度、矿物组成百分比、矿物元素组成百分比以及晶粒的形状和尺寸参数等信息。

4) 样品矿物组成

以表格形式给出样品中所包含的各种矿物的质量分数、面积百分比，每种矿物的总面积，每种矿物的颗粒总数、晶粒总数等，也可以通过图表形式直观显示样品中各矿物的组成情况。

5) 矿物颗粒粒度分布

采用等效圆法、等效椭圆法、最大直径法计算矿物中颗粒粒度分布或矿物颗粒通过率。

6) 矿物共生关系

给出样品中各种矿物之间的共生关系，揭示矿物共生组合规律，可以预测某些地质环境中可能找到的有用矿物，以指导找矿；有助于阐明成矿规律、确定矿石类型、推断矿床成因以及研究和鉴别矿物，对于选矿工艺的选择也具有指导意义。

7) 矿物嵌布特征

说明矿物样品中矿物相的嵌布特征，显示某种特定矿物相是呈现解离状态，还是以两种矿物共生的两相颗粒或多种矿物共生的复杂颗粒的形式存在，在确定矿物的选矿工艺时可以起到指导作用。

8) 矿物解离度计算

系统可采用矿物组成和自由表面积两种算法计算特定矿物的解离度。MLA 系统除提供矿物信息外，还可提供 SEM 图像分析：包括二次电子(SE)成像和 BSE 成像(高真空模式、低真空模式、环扫模式等)、X 射线能谱数据分析(点扫描、线扫描、面扫描等)。

思 考 题

6-1　简述原子吸收光谱和原子发射光谱的基本原理，并从原理上比较二者的异同点及优缺点。

6-2　特征 X 射线是如何产生的?

6-3　从分离原理、仪器构造及应用范围方面简要比较气相色谱、液相色谱和离子色谱的异同点。

6-4　以单聚焦质谱仪为例，说明组成仪器的各个主要部分的作用及原理。

6-5　为什么提到拉曼光谱时总会联想到红外光谱?

6-6　XRD 的基本原理是什么? 布拉格公式的物理意义是什么?

6-7　入射电子与固体物质相互作用产生的各种物理信号中，与 SEM 和 TEM 相关的是哪些?

第7章

责任关怀与实验室安全管理

石油、化工、冶金、建材等流程工业是国民经济不可或缺的支柱产业，事关国家粮食安全、国防安全、经济发展及人民生活的方方面面，其产值约占国民经济总产值的四分之一。民以食为天，吃饭是人类生存的第一需求。小麦、水稻、玉米、马铃薯、大豆、水果、蔬菜等农作物是人类维持生命活动的主要食物来源，其中大豆又是食用油、豆制品的基本原料，大豆榨油下脚料豆渣是养殖业的核心饲料。离开粮食、蛋白质、水果等，人类无法生存。农业是国民经济的基础，粮食及经济作物的生长与土壤保墒、种子培育、自然气候、肥料施用等要素有直接关系。在氮磷钾三大农作物营养要素中，如果钾肥施用不足，农作物的产量、品位与品质将大幅下降。据农业部门报告，我国粮食生产连续多年稳产丰产，除杂交育种、水利灌溉、田间管理等因素外，持续提升的钾肥施用量是粮食稳产丰产的重要原因之一。自青海察尔汗盐湖反浮选-冷结晶百万吨氯化钾装置投产以来，我国钾肥产量实现了里程碑式的发展，农业钾肥施用量年年攀升。2018 年农业施用钾肥约 1500 万吨，根据我国土壤缺钾严重的现状，钾肥施用量今后仍会呈现持续上升趋势。

除了吃饭，穿衣是民生的另一大问题。为了解决穿衣问题，减少对农业种植棉花的依赖，我国政府一直高度关注化纤工业的发展。早在 20 世纪 70 年代，我国化工纺织行业就开始引进国际先进的聚酯合成技术，但由于规模及产量限制，布匹等生活基本物资需要计划定量供给，远远无法满足人们的穿衣需求。2004 年，我国聚酯行业仍进口对苯二甲酸(PTA)573 万吨、乙二醇(EG)340 万吨、对二甲苯(PX)113 万吨。由于市场需求旺盛和国力的不断提升，国内聚酯原料生产装置的后续建设步伐明显加快。2006 年 9 月，世界单产规模最大的年产 60 万吨 PTA 生产装置在宁波建成投产，随后多套大型聚酯装置相继落地建成，到 2018 年我国三大聚酯原料产能已达到 4488 万吨。20 世纪以来，我国纺织工业跨入发展的新阶段，各种化纤面料不断问世，人们的生活呈现出五彩缤纷的画卷。

由此可以看出，以化肥、化纤为代表的流程工业，对解决百姓吃饭穿衣具有举足轻重的作用，在国民经济发展和生态文明建设中发挥着基石的作用。

但是，流程工业也有其天生缺陷，由于其生产原理涉及物质的分离与转化，即加工过程涉及原料的化学反应与产品的分离过程，从工艺学角度讲，无论是化肥生产(合成氨)还是聚酯合成(五釜流程)，不同程度地存在加工工艺流程长、高温高压设备多、易燃易爆腐蚀性强等高危险因素；从环境生态角度看，许多矿物加工、金属冶炼、材料制备等流程工业存在资源加工利用率低、加工过程能耗高、气液固三废排放量大、占用大量土地等问题，或多或少地影响或破坏周边区域的土壤、水体和大气质量，企业员工和周边社区居民的身心健康受到不同程度的侵害。

再从整个国民经济战略发展角度看，我国的资源总量和人均资源都严重不足，而资源消耗的增长速度却十分惊人。在资源总量方面，我国石油储量仅占世界的1.8%，天然气仅占0.7%，铁矿石不足 9%，铜矿不足 5%，铝土矿不足 2%。在人均资源方面，我国人均 45 种主要矿产资源为世界平均水平的 1/2，人均耕地、草地为 1/3，人均水资源为 1/4，人均森林资源为 1/5，人均石油占有量仅为 1/10。另外，我国面临的环境形势十分严峻。现有荒漠化土地面积已占国土总面积的 27.9%，且仍在每年增加 1 万多平方千米；我国七大江河水系中劣五类水质占27%，75%的湖泊出现不同程度的富营养化；2019 年，全国 337 个地级及以上城市中，环境空气质量达标率仅为 42.7%，全国酸雨面积约占国土面积的 5.0%。

综上，我国的自然资源难以支撑资源—产品—消费的单一型传统经济发展模式，现实状况要求必须通过加快转变经济发展方式，缓解经济增长中资源严重不足、环境代价太大的问题。时代的发展呼唤新一代绿色流程工业，呼唤中华民族的生态文明与生态自觉，呼吁地球村人与自然的协调发展。

7.1　环境灾难与健康危害

现代文明带给人类各种便捷，满足人类各种需要。人类不断将自己的意志和目的物化在自然物上，随着时间的推移，自然界不断遭到破坏。现在人们司空见惯的污染现象有汽车尾气污染、富营养化的湖泊海洋赤潮、堆积数以亿吨的火电厂粉煤灰等，大气污染让蓝天消失了，水环境污染让碧水消失了，固体废物污染让地球褪色了，人们渴望看到的蓝天、碧水、黑土地成为现代生活中的“奢侈品”。

1. 世界重大公共环境污染事件

根据国际标准化组织(ISO)的定义，大气污染通常是指由人类活动和自然过程引起某种物质进入大气中，呈现出足够的浓度，达到了足够的时间并因此危害人体的舒适、健康和福利或危害环境的现象。20 世纪以来，率先进入工业化的西方国家，其单向型的经济发展模式共造成八次重大公共环境污染事件，包括马斯河谷事件、伦敦烟雾事件、多诺拉事件、洛杉矶光化学烟雾事件、四日市哮喘事件、米糠油事件、水俣病事件、骨痛病事件。

(1) 马斯河谷事件。1930 年 12 月 1～15 日，整个比利时大雾笼罩，气候反常。马斯河谷上空出现了很强的逆温层，工业区内 13 个工厂排放的大量烟雾弥漫在河谷上空无法扩散。第三天开始，上千人发病，症状是流泪、喉痛、声嘶、咳嗽、呼吸短促、胸口窒闷、恶心、呕吐。一周内就有 63 人死亡，是同期正常死亡人数的十多倍。死者大多是年老和有慢性心脏病与肺病的患者，许多家畜也未能幸免于难。尸体解剖结果证实，刺激性化学物质损害呼吸道内壁是致死的原因，其他组织与器官没有毒物效应。

马斯河谷事件是 20 世纪最早记录的大气污染惨案。二氧化硫气体和三氧化硫烟雾的混合物是主要致害物质。

(2) 伦敦烟雾事件。1952 年 12 月 5～9 日，在伦敦发生了一次严重大气污染事件。值得注意的是，马斯河谷事件发生后的第二年即有人指出：“如果这一现象在伦敦发生，伦敦公务局可能要对 3200 人的突然死亡负责。”此话不幸言中。22 年后，伦敦发生了 4000 人死亡的严重烟雾事件。两个月内，又有近 8000 人因烟雾事件而死于呼吸系统疾病，这也说明造成以后各次烟雾事件的某些因素是具有共同性的。

1956年、1957年和1962年伦敦又陆续发生了12次严重的烟雾事件。直到1965年后，有毒烟雾才从伦敦销声匿迹。

(3) 多诺拉事件。1948年10月26～31日，位于美国宾夕法尼亚州的多诺拉小镇，由于小镇上的工厂排放含有二氧化硫等有毒有害物质的气体，以及金属微粒在气候反常的情况下聚集在山谷中积存不散，这些毒害物质附在悬浮颗粒物上，严重污染了大气。人们在短时间内大量吸入这些有害气体，引起各种症状，全城14000人中有6000人眼痛、喉咙痛、头痛胸闷、呕吐、腹泻，20多人死亡。

(4) 洛杉矶光化学烟雾事件。1943年开始，人们发现这座城市一改以往的温柔，变得“疯狂”起来。每年从夏季至早秋，只要是晴朗的日子，城市上空就会出现一种弥漫天空的浅蓝色烟雾，使整座城市上空变得浑浊不清。

光化学烟雾是由汽车尾气和工业废气排放造成的，一般发生在湿度低、气温在24～32℃的夏季晴天的中午或午后。洛杉矶在20世纪40年代就拥有250万辆汽车，每天消耗1100多吨汽油，排出1000多吨碳氢化合物、300多吨氮氧化合物和700多吨一氧化碳。烯烃类碳氢化合物和二氧化氮在强烈的紫外线照射下会吸收太阳光所辐射的能量。这些物质的分子在吸收了太阳光的能量后变得不稳定，原有的化学链遭到破坏，形成新的物质。这种化学反应称为光化学反应，其产物为含剧毒的光化学烟雾。

(5) 四日市哮喘事件。四日市哮喘事件是1961年发生在日本四日市的大气污染事件。该市自1955年以来相继建立了三座石油化工联合企业，在其周围又挤满了三菱石化等十余个大工厂和一百余个中小企业。石油冶炼和工业燃油产生的废气严重污染了城市空气，全市工厂年排放二氧化硫和粉尘总量达13万吨，大气中二氧化硫浓度是容许标准的5～6倍。在四日市上空500m厚的烟雾中还漂浮着许多毒气和有毒金属粉尘。重金属微粒与二氧化硫形成硫酸烟雾。由大气污染造成的支气管哮喘、慢性支气管炎、哮喘性支气管炎和肺气肿等呼吸系统疾病统称“四日市哮喘”。

(6) 米糠油事件。1968年3月，日本的九州、四国等地区几十万只鸡突然死亡。当年6～10月，有四家人因患原因不明的皮肤病到九州大学附属医院就诊，患者初期症状为痤疮样皮疹，指甲发黑，皮肤色素沉着，眼结膜充血等。此后3个月内，又确诊了112个家庭325名患者，之后在日本各地仍不断出现。至1977年，因此病死亡人数达数十人；1978年，确诊患者累计达1684人。

米糠油事件引起了日本卫生部门的重视，通过尸体解剖，在死者五脏和皮下脂肪中发现了一种化学性质极为稳定的脂溶性化合物多氯联苯。原因是工厂在米糠油生产中混入了在脱臭工艺中使用的热载体——多氯联苯。

(7) 水俣病事件。日本熊本县水俣湾外围的“不知火海”是被九州本土和天草诸岛围起来的内海，那里海产丰富，是渔民们赖以生存的主要渔场。

1925年，日本氮肥公司在这里建厂，之后又开设了合成乙酸厂。1949年后，这个公司开始生产氯乙烯(C_2H_5Cl)，1956年产量超过6000t。在生产过程中，工厂把未经过任何处理的废水排放到水俣湾中。氯乙烯和乙酸乙烯在制造过程中要使用含汞催化剂，企业直接排放的废水中含有大量的汞。当汞在水中被水生物食用后，转化成甲基汞(CH_3HgCl)。

中毒后的病猫步态不稳，抽搐、麻痹，甚至跳海死去，被称为“自杀猫”。人类患者由于脑中枢神经和末梢神经被侵害，轻者口齿不清、步履蹒跚、面部痴呆、手足麻痹、视觉丧失、震颤、手足变形，重者精神失常，或酣睡，或兴奋，身体弯弓高叫，直至死亡。

(8) 骨痛病事件。富山县位于日本中部地区，在富饶的富山平原上流淌着一条名叫“神通川”的河流。20世纪初期开始，人们发现该地区的水稻普遍生长不良。1931年又出现了一种怪病，患者大多是妇女，病症表现为腰、手、脚等关节疼痛。病症持续几年后，患者全身各部位会发生神经痛、骨痛现象，行动困难，甚至呼吸都会带来难以忍受的痛苦。到了患病后期，患者骨骼软化、萎缩，四肢弯曲，脊柱变形，骨质松脆，就连咳嗽都能引起骨折。患者不能进食，疼痛无比。有的人因无法忍受痛苦而自杀，这种病由此得名为“骨癌病”或“骨痛病”。

富山县神通川上游的神冈矿山从19世纪80年代成为日本铝矿、锌矿的生产基地。“骨痛病”正是由炼锌厂排放的含镉废水污染了周围的耕地和水源而引起的。

西方工业化阶段很多企业只重视经济发展而不重视环境保护，生产过程中排放的大量SO_2和重金属污染了当地的大气和水源，给周边居民造成严重的人身伤害。直到20世纪70年代，研发绿色工艺、加强三废治理的可持续发展理念才得到高度重视，一些跨国企业开始行动起来，人与自然和谐发展的局面开始形成。然而，由于全球经济发展不平衡，发展绿色经济并没有成为全人类的自觉行动。全世界每年仍有约4200多亿立方米的污水排入江河湖海，污染了5.5万亿立方米的淡水，相当于全球径流总量的14%以上，发展中国家90%的废水未经处理直接排放。联合国水机制(UN-water)发布的《2019年世界水资源发展报告》中指出，“自20世纪80年代开始，由于人口增长、社会经济发展和消费模式变化等因素，全球用水量每年增长1%。随着工业和社会用水的增加，到2050年全球需水量预计还将保持同样的增速，相比目前用水量将增加20%～30%。将有超过20亿人生活在水资源严重短缺的国家，约40亿人每年至少有一个月的时间遭受严重缺水的困扰，且将会有22个国家面临严重的水压力风险。”

2. 我国水环境安全面临的压力

我国经济发展起步晚，法制建设滞后，在经济快速发展的过程中，相当长的一段时间都在重蹈西方国家20世纪走过的老路。以水为例，根据《中国统计年鉴-2019》，2017年全国废水排放总量近700亿吨，即全国每天约有1亿吨废水排入水体。《2019中国生态环境状况公报》中指出，全国七大流域、浙闽片河流、西北诸河、西南诸河监测的1610个水质断面和110个重要湖泊(水库)中，一半以上受到污染，近1/5的水体不适于鱼类生存；8.0%在用集中式生活饮用水水源地的水源不能饮用。

党的十八大以前，企业偷排乱排现象严重，违法成本低，破坏水环境的重大案件时有发生。仅2011年全国就发生了七个水安全重大事件。

事件一：4月22日，黑龙江依兰县居民陆续出现腹泻、腹痛症状。经初步认定，源于地下供水管线受到渗水井污染，导致大肠杆菌超标。

事件二：6月4日，杭新景高速公路发生苯酚槽罐车泄漏事故，导致部分苯酚泄漏并随雨水流入新安江，造成部分水体受到污染。

事件三：6月20日，广东省化州市德英高岭土厂由于长期违法偷排未经处理的酸性废水，致使当地龙窝河及李苗库湾水体污染。

事件四：6月中旬，蓬莱19-3油田溢油事故造成海洋污染。

事件五：8月7日，南京江宁百家湖出现大面积污染，类似牛奶的乳白色污水从一个雨水管道直接排入湖中，“牛奶”覆盖了大部分湖面。

事件六：8 月 9 日，瑞昌市工业园区发生自来水中毒事件，工人及周边住户先后约 50 人入院就诊，中毒事件疑为饮用水铜、氯污染超标。

事件七：9 月 4 日，河北一所中学部分学生出现高烧、呕吐、腹泻等不良反应，经调查发现并非食物中毒所致，而是学校饮用水源被雨水污染，学生饮用了含有诺如病毒的受污染水后引发病情。

3. 世界重大化学爆炸与泄漏事件

由于流程工业普遍存在高温高压等极端反应系统，原料或产品有毒有害，如果企业安全管理不到位、设备老化或维修操作不当，均会引起设备爆炸或有毒物质泄漏，直接威胁厂区工人和周边居民的人身安全。仅自 20 世纪 80 年代至今，国内外化工企业就发生了数十次爆炸或毒气泄漏事件，表 7-1 列举了部分重大爆炸或泄漏事故。

表 7-1 化工生产与储藏化学品重大爆炸或泄漏事故

序号	年份	事故
1	1984	墨西哥圣胡安尼科大爆炸(液化丙烷和丁烷气体)
2	1984	印度博帕尔农药厂毒气泄漏事件(异氰酸甲酯)
3	1986	莱茵河污染事故(杀虫剂、除草剂、除菌剂、溶剂、有机汞)
4	1988	英国北海钻油平台大爆炸事故(液态天然气)
5	1992	墨西哥瓜达拉哈拉下水道燃气爆炸(管路腐蚀导致汽油泄漏)
6	2013	中国青岛输油管道爆炸事件(原油)
7	2015	中国天津港“8 · 12”瑞海公司危险品仓库火灾爆炸事故(硝化棉、硝酸铵、硝酸钾、氰化钠等)
8	2019	中国响水天嘉宜化工有限公司“3 · 21”特别重大爆炸事故(间羟基苯甲酸、间苯二胺等)

(1) 墨西哥圣胡安尼科大爆炸：1984 年 11 月 19 日，墨西哥国家石油公司在圣胡安尼科的储油设施发生爆炸，整个工厂被摧毁，工厂内当时储有 11000m^3 液化丙烷和丁烷气体。爆炸毁掉了附近的小镇，超过 5000 人遇难，另有数千人被严重烧伤。

(2) 印度博帕尔农药厂毒气泄漏事件：印度博帕尔灾难是历史上最严重的工业化学事故，影响巨大。1984 年 12 月 3 日凌晨，印度中央邦首府博帕尔市的美国联合碳化物属下的联合碳化物(印度)有限公司设于贫民区附近的一所农药厂发生氰化物泄漏，造成 2.5 万人直接致死、55 万人间接致死、20 多万人永久残废的人间惨剧。现在当地居民的患癌率及儿童夭折率仍然因这场灾难而远高于其他印度城市。这次事件导致了许多环保人士以及民众强烈反对将化工厂设于邻近民居的地区。

(3) 莱茵河污染事故：1986 年 11 月 1 日，位于瑞士巴塞尔附近的桑多斯化学公司仓库起火，装有 1250t 剧毒农药的钢罐爆炸，硫、磷、汞等毒物随着百余吨灭火剂进入下水道、排入莱茵河，事故造成约 160km 范围内 60 多万条鱼被毒死，约 480km 范围内的井水受到污染影响不能饮用，沿河自来水厂全部关闭，给下游造成了约 1 亿瑞士法郎的经济损失。

(4) 英国北海钻油平台大爆炸事故：1988 年 7 月 6 日，英国北海钻油平台的技术人员在进行例行维护时，解除并检查所有的安全阀。安全阀是用于阻止液态天然气囤积而产生危害的关键装置，当时共检查了 100 个相同的安全阀，然而不幸的是，技术人员却犯了一个错误，忘记更换其中的一个。当天晚上 10 时，一名技术人员按下按钮，启动液态天然气泵，一场损失最为惨重的石油钻塔事故爆发。在 2h 内，300 个工作平台都被火海吞噬并最终坍塌，造成 167 名工人遇难，经济损失达 34 亿美元。

(5) 墨西哥瓜达拉哈拉下水道燃气爆炸：1992 年 4 月 22 日，墨西哥瓜达拉哈拉市发生一系列可燃气体大爆炸。在 4h 之内，市中心的下水道发生多起汽油爆炸，摧毁了约 8km 的街道路面。事故造成 252 人死亡，伤者超过 500 人，无家可归者高达 15000 人，经济损失为 3 亿～10 亿美元。

(6) 中国青岛输油管道爆炸事件：2013 年 11 月 22 日，青岛市黄岛区中国石油化工集团有限公司黄潍输油管线一输油管道发生破裂事故，部分原油沿着雨水管线进入胶州湾，海面过油面积约 3000m^2。当日上午 10 时 30 分，黄岛区沿海河路和斋堂岛路交汇处发生爆燃，同时入海口被油污染海面上发生爆燃。事故造成 63 人死亡、9 人失踪、156 人受伤，直接经济损失 7.5 亿元。

(7) 中国天津港“8 · 12”瑞海公司危险品仓库火灾爆炸事故：2015 年 8 月 12 日晚，天津港瑞海国际物流中心存放的危险化学品发生爆炸，事故造成 165 人遇难、8 人失踪、798 人受伤，304 幢建筑物、12428 辆商品汽车、7533 个集装箱受损，直接经济损失 68.66 亿元。

(8) 中国响水天嘉宜化工有限公司“3 · 21”特别重大爆炸事故：2019 年 3 月 21 日 14 时 48 分，江苏盐城市响水县陈家港镇江苏天嘉宜化工有限公司化学储罐发生爆炸事故，并波及周边 16 家企业。事故造成 78 人死亡、76 人重伤、640 人住院治疗，直接经济损失 19.86 亿元。经国务院调查组认定，江苏响水天嘉宜化工有限公司“3 · 21”特别重大爆炸事故是一起长期违法储存危险废物(硝化废料)导致自燃进而引发爆炸的特别重大生产安全责任事故。

由此可见，在物质财富的创造过程中，如果企业不加强过程管理与风险控制，提升管理者与员工的安全责任意识，充满潜在危险的化学流程工业会给社会带来重大伤害。

7.2　责任关怀实施准则

过去几十年，石油和化工等流程工业频繁发生的重大环境污染和安全事故已严重影响了整个行业在政府部门和社会上的形象。工业界对石油化工行业的评价仅仅高于烟草行业，位居整个工业体系倒数第二。媒体和公众舆论的巨大压力使行业发展受到越来越严重的限制。

在此背景下，1985 年由加拿大化学品制造商协会(CCPA)发起，提出责任关怀理念，其宗旨是让石油和化工企业自愿承诺，从自身做起，不断改善环境、健康和安全的业绩表现，持续改善化工行业在公众中的形象。1988～1995 年，此倡议得到美国、英国和日本等国家的大型跨国公司的积极响应。责任关怀所表达的是一个化学品制造厂商在开展其业务的同时，对人员安全、健康及环境保护所采取高度重视的态度，其中特别强调社区的认知及参与。责任关怀通过不断地提高化工行业的表现，以达到保护社会环境、建立安全的工作环境、促进员工身心健康的目的。在开发、生产、运输、储存、操作、使用和最终处置化工产品时，责任关怀还公开寻求公众的参与，通过互动协商，与公众分享健康、安全与环保方面的知识和经验。

2006 年，《责任关怀全球宪章》发布，127 家国际化工企业和 52 个国家级化工协会同意该宣言。2008 年，24 家国际化工企业在北京签署《责任关怀北京宣言》，目前已有 50 多个国家和地区的化工企业实施了责任关怀管理体系，其经营活动覆盖了全球 90%以上的化学品生产和销售。《责任关怀全球宪章》的首要目标是改进行业标准、完善产品法规建议与提高行业形象，其次是引入第三方特定组织审核、认证，最后是强调自我执行力。由于“责任关怀”的实施，国际化工企业在过去二十多年中确实取得了相当良好的成效和丰富的实施经验。

2011年6月15日，中华人民共和国工业和信息化部发布了中华人民共和国化工行业标准(HG/T 4184—2011)《责任关怀实施准则》，要求从10月1日开始实施。该标准参照化学协会国际理事会(ICCA)《责任关怀全球宪章》，按照《中华人民共和国安全生产法》《中华人民共和国环境保护法》《中华人民共和国职业病防治法》《中华人民共和国清洁生产促进法》《中华人民共和国突发事件应对法》《危险化学品管理条例》等有关规定的原则制定。

1. 指导原则

(1) 不断提高对健康、安全、环境的认知，持续改进生产技术、工艺和产品在使用周期中的性能表现，从而避免对人和环境造成伤害。

不断提高管理层和全体员工对化学品危害的认知度，提高员工的安全意识和安全行为、卫生行为，而且要把这些认识告知相关方，使相关人员也有对化学品危害的认识，从而想办法采取措施，消除或避免其危害。员工的安全意识提高了，就能考虑安全防护，采取安全行为和卫生行为，避免受伤害。

(2) 有效利用资源，注重节能减排，将废弃物降至最低。

企业应设立节能减排目标，以“减量化、再利用、再循环”的3R原则作为生产活动的行为准则，倡导污染物低排放或零排放的理念，努力将废弃物降至最低。企业对“三废”要充分利用、充分处理。经创新研究或技术集成，企业应将废弃物作为生产另一种产品的原料，变废为宝；将废水充分净化处理，循环利用，努力做到废水零排放，既节约资源，又降低成本。

(3) 充分认识社会对化学品以及运作过程的关注点，并对其做出回应。

社会公众有权了解存在于他们附近的企业的安全隐患和危险源。作为承诺实施责任关怀的企业有义务让周边社区公众认知、了解企业使用什么和制造什么，在生产过程中存在什么危险，这些危险源一旦发生事故会产生怎样的危害。另外，让居民了解到企业有良好的安全计划和安全管理体系，并有有效的防范措施；了解一旦发生火灾、爆炸等突发事故时，应如何避险，如何疏散，如何尽量减少事故带来的危害。

通过信息交流与沟通等各种渠道，提高社区对企业的认知水平，创建和谐友好的企业社区氛围。

(4) 研发和制造能够安全生产、运输、使用以及处理的化学品。

企业应投入一定的资金和人力研发能够安全生产、安全运输、安全使用以及废弃物易于处置的化学品。这样的化学品才是更加安全环保、更加健康、更具有竞争力和可持续发展的产品。

(5) 制订所有产品与工艺计划时，应优先考虑健康、安全和环境因素。

企业在制订现有产品和新产品的研发以及新改扩工艺工程计划项目时，优先考虑的因素是健康、安全和环境。如果产品及工艺在生产、使用、运输过程中对操作者的健康易产生伤害，易发生安全事故，对环境易造成污染，则不应生产这样的产品和采用相应的工艺。企业不得使用国际公约和国家明令淘汰、禁止使用的危及生产安全的工艺、设备和产品。

(6) 向政府有关部门、员工、用户以及公众及时通报与化学品相关的健康、安全和环境危险信息，并且提出有效的预防措施。

企业应公开报告有关的行动、成绩并不断地改进在健康、安全和环保方面的绩效。在责任关怀的实施准则中，每项准则的管理要素中都有一项管理评审要素。管理评审是指要求企业定期(一般要求一年)对责任关怀的方针、目标及各项管理制度、行动措施实施效果予以评价，肯定成绩，找出缺陷和不足，最后形成书面的评审报告。报告中要提出富有成效的措施建议，以提供给企业的最高管理者，作为修改下一年度的管理制度或计划的依据。

(7) 与用户共同努力，确保化学品的安全使用、运输以及处理。

企业应与客户(用户)共同努力，确保化学品的安全使用、运输及处理。避免用户在使用化学品时，由于使用程序不当或使用方法错误而发生中毒或其他事故。因此，产品必须有《化学品安全技术说明书》或安全使用说明书。用户阅读说明书后，能够安全使用和处置这些化学品。必要时企业应给予相应的培训，教会用户如何安全使用化学品(尤其是危险化学品)，并让用户学会正确处理废弃的化学品。

(8) 装置和设施的运行方式应能有效保护员工和公众的健康、安全和环境。

企业应选用本质安全型的设备与设施，严格按规范安装和调试，加强设备与设施的运行维护管理。要杜绝不安全的状态，包括：安全防护装置缺少或有缺陷，设备、设施、工具、附件有缺陷，个人防护用品缺少或有缺陷，作业现场环境不良等。不得随意拆除、挪用或停用重要安全或环保控制设备与设施。

(9) 通过研究有关产品、工艺和废弃物对健康、安全和环境的影响，提升健康、安全、环境的认识水平。

企业只有通过研究所生产的产品和将要开发生产的产品、所采用的工艺和所产生的废弃物对健康、安全和环境的影响，才能不断提高自身对健康、安全和环境的认识，从而放弃对健康、安全和环境有负面影响的产品和工艺，而自觉采用工艺先进、产品安全、装置和设备的运行方式能有效保护员工和公众的健康、安全和环境的生产过程。

(10) 与有关方共同努力，解决以往危险物品在处理和处置方面所遗留的问题。

企业以往在危险物品的处理和处置方面遗留有问题的，则应积极努力寻求办法进行解决，可以与研究单位、有经验的企业或供应商等单位共同努力解决。

(11) 积极参与政府和其他部门制定用以确保社区、工作场所和环境安全的有关法律、法规和标准，并满足或严于上述法律、法规及标准的要求。

安全、健康和环境保护等有关的法律法规、标准是企业实施责任关怀工作的依据和准绳，法律法规、标准制度的缺陷、不足也只有在实践中才能发现。实施责任关怀的企业应积极与政府及有关部门合作，首先是执行相关的法律法规、标准，满足这些法律法规、标准的要求，或严于这些法律法规、标准的要求，进而为制定和修订相关法律法规、标准提供丰富的实践经验，并促进相关法规、标准的发展。

(12) 通过分享经验以及向其他生产、经营、使用、运输或者处置化学品的部门提供帮助来推广责任关怀的原则和实践。

任何化工企业的生存和发展都离不开供应商和承包商。实施责任关怀的企业只把自身的安全、健康和环保工作做好是远远不够的。若供应商供给不合格或不安全的产品，企业利用这些产品做原料生产出的产品质量不仅没有保障，还存在很大的潜在隐患，很有可能发生安全事故。若承包商没有做好健康、安全和环保的管理工作，在为人们的服务过程中，存在事故隐患，很可能引发安全事故，给企业造成巨大损失。因此，企业在选择供应商和承包商时，一定要特别谨慎，最好选择已开展责任关怀的企业作为合作伙伴，即使他们没有推行责任关怀，也应该是在安全、健康和环保各方面做得比较好的企业。企业应与他们分享在实施责任关怀过程中好的做法和经验，鼓励他们成为责任关怀会员公司。

2. 实施准则

(1) 组织。明确公司的 EHSS(environment，health，safety & security)管理方针和原则；建立相应的组织机构实现公司愿景和目标；在明确各职能部门和员工职责之后，确立清晰可量化的目标指标；在开始各种经营活动之前，确保公司守法守规；开展具体工作之前，通过培训体系确保员工经过充分培训且具备能力上岗操作；针对高风险的承包商管理，建立科学的承包商选择、监控和评估体系；建立事故管理体系，确保出现事故时能快速有效地控制和管理事故；通过检查和审计系统验证策划的科学性和合理性，验证实施的结果是否达到预期效果。

(2) 产品监管准则。推动产品在其生命周期的各个阶段的安全操作和管理，从研发、生产、营销、储运、使用到回收和最终处置，保证在产品生命周期的每个环节其对人员和环境造成的危害降至最低。具体包括产品法规、材料安全数据、化学品危险标志和标识、生物物质生物危害标识、放射物质放射性标识、化学品的登记和注册、产品安全培训、产品应急咨询。

(3) 工艺安全准则。该准则适用于生产场所以及场地的各种运行工艺。包括配方和包装操作，防火、防爆和防化学药品泄漏。通过对包括承包商在内的所有员工的安全培训计划实施，通过检查、审计和维护计划加以验证。

(4) 储运和分销安全准则。危险化学品储运模式分为静止储存和流动储存。静止储存的安全质量评估系统包括罐区码头、集装箱堆场、仓库、企业罐区、企业仓库。流动储存包括海运散货与包装货、内河散货运输、公路散货与包装货、铁路散货与包装货、空运包装货。

运输与分销准则的目的在于使化工产品的运输与分销更加安全，包括所有运输方式的安全和保安标准确定、提名危险品安全顾问和执行责任人、物流相关人员专业知识提升、运输及分销商选择、监控和管理、运输事故调查和报告(安全、安保、质量、服务)等。必须建立物流服务供应商、运输设备和设施的资格认证程序，重点强调其安全性和合法性。

(5) 职业安全和健康准则。职业安全包括危害识别和暴露评估(作业场所和作业活动风险识别和评估)、危害物质信息、危害物质的安全标识、个体劳防用品、操作程序(控制风险的常规作业标准和规范)和许可证系统(非常规作业的风险控制包括高危作业一般许可、动火作业许可、受限空间作业许可、开挖作业许可、脚手架安全、厂内机动车安全、能量隔离和挂牌上锁)。

职业健康包括职业危害监护、职业健康监护、健康预防和促进、急救和医疗应急响应、员工健康记录及档案、职业健康检查和审计。

目的是持续改进对所有员工的防护措施，防止安全事故和职业病，保护员工的健康与安全。防护措施应涉及员工、参观者和合同工，让所有相关人共享健康安全信息，并启用培训计划。

(6) 沟通和应急响应准则。沟通准则包括沟通负责人的任命及专业培训，邻居的投诉管理，工作场所开放日，提交责任关怀年报，与行业协会、政府、合作伙伴和社区建立定期的信息沟通。通过对话、沟通以及合作将化工生产商和地方社区组织在一起共同制订应急计划，包括防火概念、消防措施、消防培训、场地应急响应及演练、厂外应急响应管理，并确保其适用于当地应急响应者；需要每年对该计划进行测试。

(7) 环境保护准则。尽最大所能减少在所有环境空间中的污染物排放——空气、水体和陆地。如果无法减少排放，则必须负责地对废物处置进行管理。包括：污染防治计划、污水治理和监管、废气治理及排放、噪声控制、废弃物管理、被污染区域(土壤/地下水)修复等。

(8) 安保。结合其他准则，开展安保风险分析，用以保护员工和公众的健康和安全。进出厂区控制包括：场地界区、工厂、实验室和办公场所的安保措施；信息安全保护；高层人员保护及出差人员安全；开展应急响应演练，应考虑防止化学品的误用，包括有毒有害化学品、易制毒化学品、化学武器、恐怖活动；安保事故响应及调查。

(9) 能源。任命能源管理负责人，按照ISO50001开展能源管理，建立能源消耗统计和分析数据库，对节能减排成功项目归档并设定后续减排目标，公用工程能源中断的应急计划和报告系统。

3. 管理体系

责任关怀管理体系(RCMS)是国际推行的EHSS管理体系，其内容系统完整，目前欧洲以及美国、日本等地区和国家的跨国公司都采用RCMS模式开展EHSS工作。图7-1为RCMS准则构成，图7-2为责任关怀准则中各模块与产品链的关系结构。

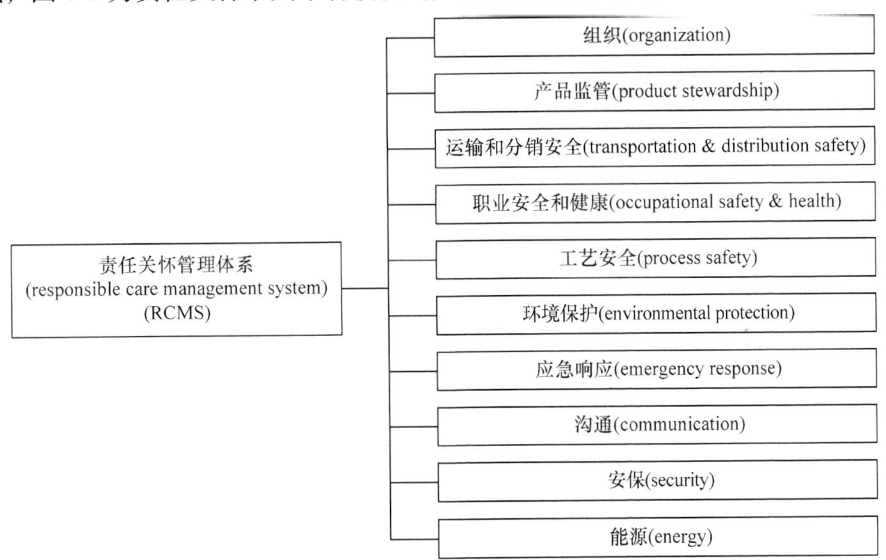

图7-1　国际推行的责任关怀管理体系

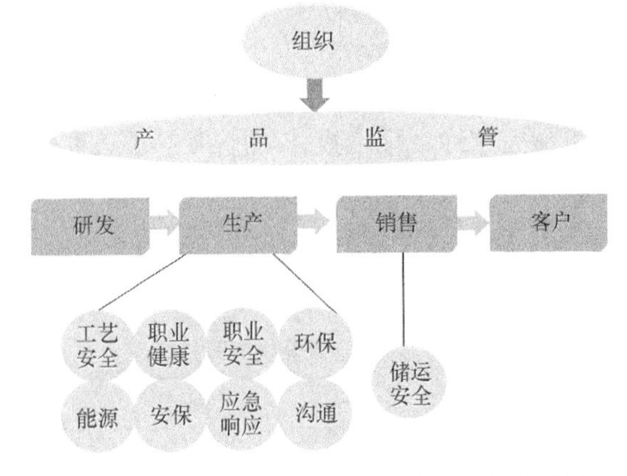

图7-2　责任关怀准则中各模块与产品链的关系结构

另外，特别提醒注意以责任关怀为核心内涵的EHSS管理体系与ISO标准的主要区别。ISO是一个独立的管理体系，被政府、行业或客户所要求，第三方认证，不公开，持续监察，体系适用于各个行业。而基于责任关怀的EHSS管理体系是由化工行业自我发起和实施的，属于化工行业专属的综合管理体系，具有自愿、公开、第三方同行公平验证、持续改进并与公众分享好的做法等特征。

7.3　工艺安全实施准则

在RCMS体系中，工艺安全是整个管理体系中最核心的要素，是企业参与市场竞争的基石与生命线。工艺安全内涵包括工艺安全理论和管理逻辑、工艺安全风险评估、工艺安全信息、工艺危害分析(危害与可操作性分析和安全审查法)、操作程序、质量保证和机械完整性、安全保护措施、开车前安全检查、变更管理、工厂状态、组织保护措施4-eye原则(双人规则)。

要做到工艺安全，首先在实验室研究、过程开发放大及工程设计阶段，所涉及的工程技术人员必须有考虑设置健全可靠的装置安全概念；其次对土建、设备、仪表安装施工过程及工程验收环节，必须要有严格的质量控制现场检查；再次企业管理者、工程技术人员和操作个人必须定期维护保养机电设备、仪表、土建结构，确保所有设备仪表性能稳定及结构性能安全；最后经过严格培训并有实践操作经验、能够胜任岗位的员工成为整个企业实现安全操作成败的攸关者，他们是现场操作的守护者。四者之间的相互关系见图7-3。

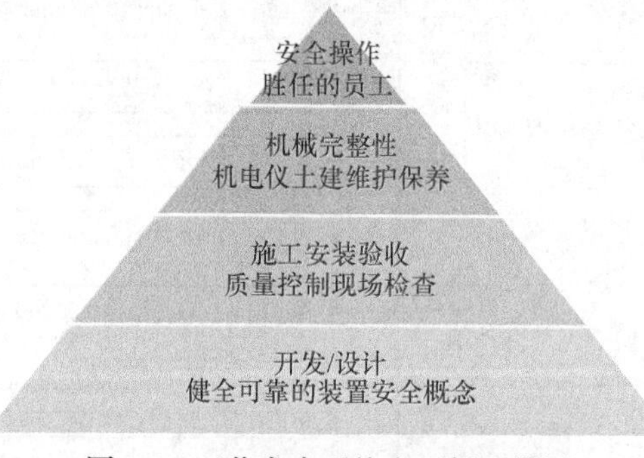

图7-3　工艺安全系统之逻辑宝塔图

根据责任关怀准则，企业应实行工艺安全生命周期管理。在项目建设阶段，首先对项目建议书、可行性研究报告开展筛选性工艺危害评审，然后对初步设计开展设计工艺危害分析，并将分析结果反馈到详细设计及施工图设计中。

工程建设完毕，做好开车前安全检查；装置进入稳定运行周期后，每3～5年需要开展周期性工艺危险分析，涉及机械完整性、标准操作程序和变更管理；当装置到达寿命期后，开展封存、拆除安全分析，最后完成装置的封存拆除，见图7-4，而图7-5则是工艺危害分析与装置生命周期全图。

工艺危害分析的结果可用风险矩阵表达，见表7-2。

表7-2　工艺危害分析风险矩阵表

可能性	严重程度			
	S1	S2	S3	S4
F1	A	B	D	E

续表

可能性	严重程度			
	S1	S2	S3	S4
F2	A/B	B	E	E
F3	B	C	E	F
F4	C	D	F	F
F5	E	F	F	F

注：A 代表优先考虑改变工艺或设计；B 代表改变工艺或设计，或一套等同于 SIL3 的保护设施；C 代表改变工艺或设计，或一套等同于 SIL2 的保护设施；D 代表一套有书面测试记录的高品质的监控设施；E 代表一套监控设施；F 代表无需改进设计或外加补充措施

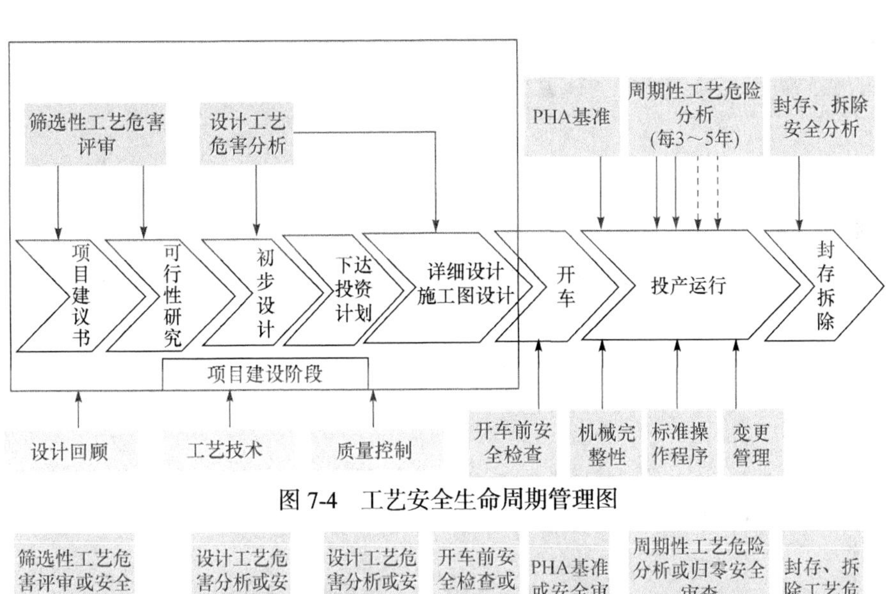

图 7-4 工艺安全生命周期管理图

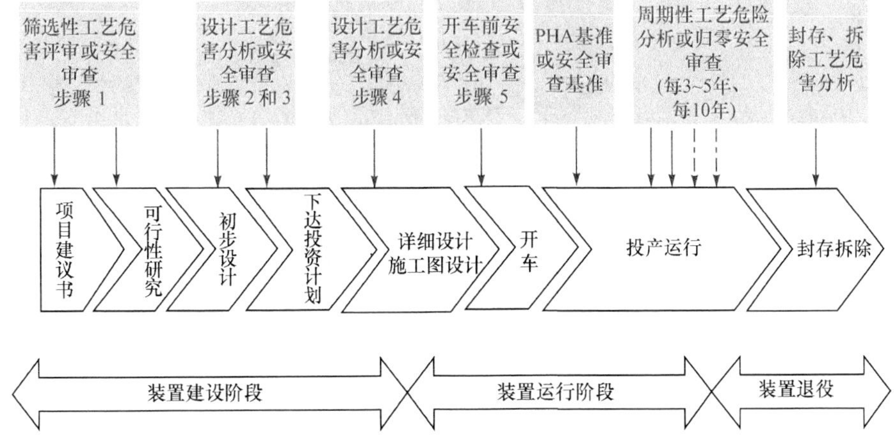

图 7-5 工艺危害分析与装置生命周期

此外，责任关怀准则非常强调设备的全过程管理，涉及设备设计基础、选择供货方、设备制造、接受检查、安装等设备质量保障环节；开车前安全检查、设备变更管理及装置运行阶段的机械完整性更不可或缺，整体工作流程见图 7-6。

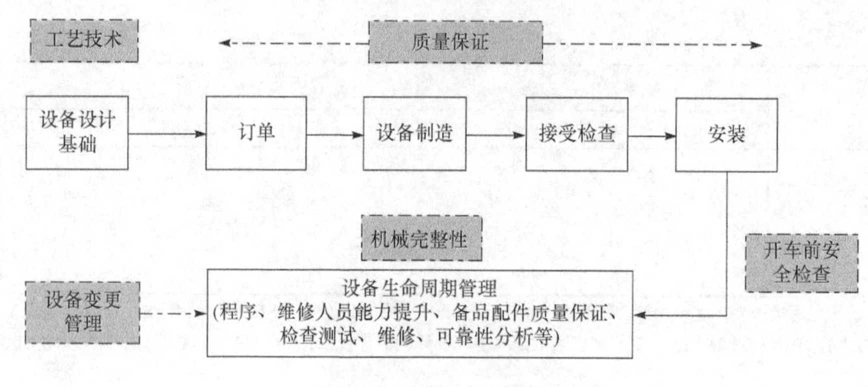

图 7-6 设备全过程管理

7.4 环境健康安全安保管理体系

7.4.1 安全文化

作为企业首先要全面树立培养“零事故”的安全信仰，对于安全组织、职责、目标指标、批文合规、员工培训、财力支持等制度性安排，最高领导及管理团队要勇于给出承诺，管理层必须具备领导力与执行力，加强安全文化宣传，积极实施奖惩措施激励全体员工融入企业安全管理工作中，并通过管理评审和外部审计促进安全自省力，见图 7-7。

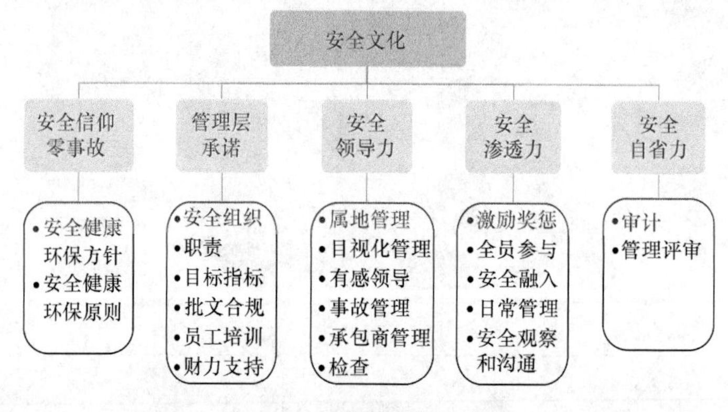

图 7-7 企业安全文化建设

总之，作为最高领导及管理团队必须以身作则、身体力行、坦诚直言、洞察细微。

7.4.2 工艺安全专有技术

除 RCMS 外，支撑 EHSS 管理体系的重要支柱之一就是工艺安全专有技术。工艺安全专有技术是 EHSS 管理的重要组成部分，是企业做好安全运行不可或缺的要素，在 EHSS 管理体系中发挥着基础性支撑作用，与安全文化共同支撑着 RCMS，三者有机结合形成了现代化工行业最为推崇的 EHSS 管理模式。根据中国化工行业的特点，中国化工行业最佳 EHSS 管理体系是基于 RCMS 的基本框架，加上安全文化和工艺安全专有技术来确保 EHSS 管理的可操作性，见图 7-8。

工艺安全专有技术既可以是行业普遍推广的安全技术，如逃逸反应的工艺安全概念、放热反应的工艺安全概念、热不稳定产品的工艺安全概念，也可以是企业的技术秘密，如涂料

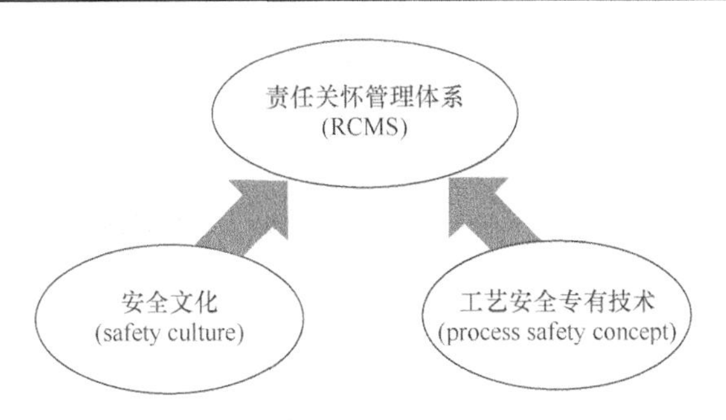

图 7-8　中国化工行业最佳 EHSS 管理体系

生产过程工艺安全概念、环氧乙烷生产工艺安全概念、环氧丙烷生产工艺安全概念、过氧化氢存储和处置工艺安全概念等。

7.4.3　EHSS 文化的企业价值

化工行业的 EHSS 管理体系经过数十年的发展，在欧洲、北美以及日本、韩国等地区和国家的跨国化工企业中已经发展成为一种自觉行动，责任关怀体系不仅覆盖企业管理的各个环节，而且非常关注社区的健康文化建设，新技术的安全评价与环境评价早已成为建设新工艺与新装置的底线或红线，不得违反，达到了人与自然、企业与社区的和谐发展，企业效益也不断提升。

但是，国内化工企业在安全管理方面与世界先进水平相比存在很大差距，目前普遍存在的问题包括以下几方面。

(1) 管理制度问题：安全管理和企业正常经营管理相互独立运行，两张皮现象严重；日常经营管理没有达到制度化规范管理的境界，更谈不上系统和科学的安全管理；安全管理的主要职责仅仅是重大事故调查、法规培训、劳防用品发放、应付和接待政府检查，没有建立有效的报告制度，缺乏调查不安全行为和隐患的途径。

(2) 安全工艺问题：缺乏危险化学品专业知识和工艺安全理念，不知道如何有效管控危险化学品，更不会对高危工艺本身做深入系统研究，无法形成特有安全工艺。

(3) 人员素质问题：安全管理人员的选拔要求低、在企业中的地位低，从而导致岗位人员素质差，安全管理人员缺乏领导力和安全技术专业能力，“安全人人有责”口号很响、落地无声。

(4) 文化建设问题：普遍反映安全意识差，但又不清楚如何建立安全文化提升全员安全意识。

(5) 资金匮乏问题：企业在资本积累初始阶段，厂房、设备简陋，工艺过程跑冒滴漏严重，维修跟不上，更无保养概念。

上述五类问题中最核心的还是理念、制度与文化建设问题，在中国办企业缺乏社会责任感仍是普遍的主观问题，资金缺乏仅是客观问题。事实上，如果积极推广 EHSS 管理体系，让安全文化建设深入人心，企业就会在经济与社会两个方面取得双赢。

调研发现，国内一些积极推行 EHSS 管理的企业，安全内容清晰，激励和文化建设途径畅通，做事方法明了，工作氛围更加开放合作，职工的安全意识普遍提高，安全技能提升，使企业生产设备长周期可靠稳定运行，计划外意外停车大幅下降，事故率降低，重大灾难得到有效控制，实现生产稳定、产量增加、销售增加、产值盈利增长的良好态势，见图 7-9。EHSS 管理带给企业的不是关停并转，而是助力企业建设成为受人尊敬的负责任的企业，推动企业脚踏实地向“百年老店”不断迈进。

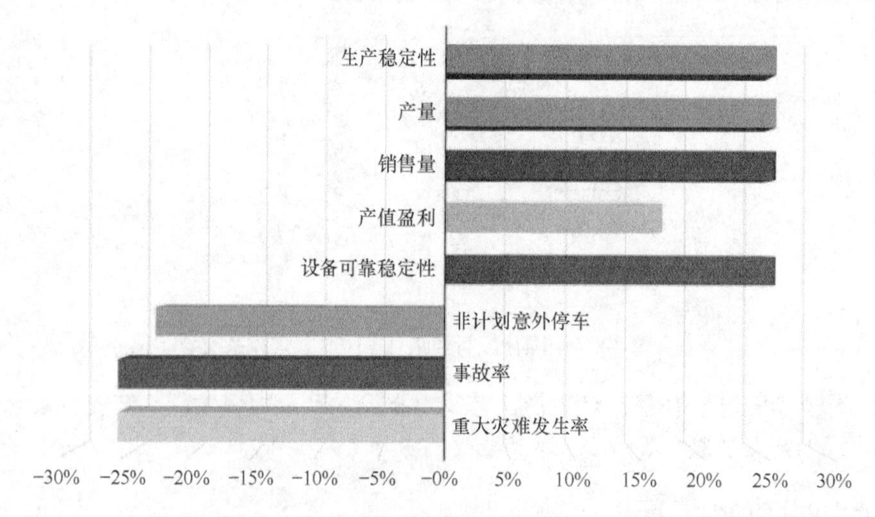

图 7-9　某企业推行 EHSS 管理体系后各项生产指标变化图

7.5　实验室安全风险及管理

自 20 世纪 70 年代起，国际社会越来越关注人与自然的协调发展，推崇可持续发展理念，不断加大污染的源头、过程和末端治理，取得了显著的治理效果，欧洲、美国、日本等国家或地区已基本接近或进入经济与环境和谐发展阶段，中国的大气质量与水污染治理也呈现不断改善的良好势头。但由于流程工业特别是化学工业的生产装置常需要在极端温度和压力下运行，如果企业管理制度与管理责任缺失，运行和维修工人操作不当，随机性的爆炸事件仍会发生，如 1984 年的印度博帕尔毒气泄漏事故。对此惨痛的化学操作事故，加拿大公司于 1985 年率先提出了责任关怀的管理理念与操作准则，得到美国、英国和日本等国家的跨国公司的积极响应，2006 年 127 家国际化工企业和 52 个国家级化工协会又签署了《责任关怀全球宪章》，“环境、健康、安全、安保”理念正在成为政府、社区与负责任企业的共同行动，EHSS 管理模式正在全球推广。

然而，由于教育与管理的严重缺失，EHSS 管理模式没有得到高等学校与科研机构管理层的重视与推广。一些实验室设备简陋、随意集中储存易燃易爆危险化学品、人身防护设施不足、学生安全意识不强，实验操作不符合规范，近年来发生多起实验室化学爆炸事件。

2015 年 12 月 18 日，某高校化学系一实验室发生爆炸火灾事故，一名正在做实验的博士后当场身亡。根据安监部门通报，爆炸是氢气钢瓶安全失效造成的。

时隔三年，2018 年 12 月 26 日，某高校市政环境工程系研究生在进行垃圾渗滤液污水处理实验期间，使用搅拌机对镁粉和磷酸搅拌过程中，料斗内产生的氢气被搅拌机转轴处金属摩擦、碰撞产生的火花点燃爆炸，继而引发镁粉粉尘云爆炸和其他可燃物燃烧，造成 3 名学生当场身亡。事故原因是有关人员违规开展实验、冒险作业、违法集中储存危险化学品，实验室安全管理制度形同虚设。

1. 实验室常见操作事故

(1) 误操作事故。李某在准备处理一瓶四氢呋喃时，没有仔细核对，误将一瓶硝基甲烷当作四氢呋喃加到氢氧化钠中。约过了 1min，试剂瓶中冒出了白烟。李某立即将通风橱玻璃门拉下，此时瓶口的烟变成黑色泡沫状液体。在李某叫来同事请教解决方法时，爆炸发生了，玻璃碎片将两人的手臂割伤。当事人粗心大意，实验台药品杂乱无序、药品过多，实验前不仔细核对所用化学试剂等，是造成事故的主要原因。

(2) 仪器安装事故。某化验室新进一台 3200 型原子吸收分光光度计，在分析人员调试过程中发生爆炸，产生的冲击波将窗户内层玻璃全部震碎，仪器上的盖子崩起 2m 多高，造成现场 2 人轻伤、1 人重伤。事故原因是仪器内部用聚乙烯管连接易燃气乙炔，接头处漏气，分析人员在仪器使用过程中安全检查不到位。

(3) 废液处置不当。某单位操作人员对废液处理处置不重视，把过氧化氢以及一些碱性溶液、有机溶液、无机溶液等混合在一个玻璃废液桶里，并拧紧了盖子，某日玻璃瓶发生爆炸。事故原因是将酸性液体和碱性液体、氧化性液体和还原性液体、有机溶液和无机溶液混装。

(4) 食物带进实验室。某高校工作人员误将冰箱中含苯胺试剂当作酸梅汤饮料，引起中毒。事故原因是冰箱中曾存放过工作人员饮用饮料，实验人员严重违反化学实验室操作规程，将食物带进实验室。

(5) 不戴防护用品。某卸货人员不戴防酸手套，有一桶氢氟酸盖子没盖紧，溅到了卸货人手上一点儿，当场用大量水冲洗，然后及时就医，但还是被腐蚀得露出了骨头。

2. 实验室发生爆炸事故的常见原因

(1) 强氧化剂和还原剂的混合物在受热、摩擦或撞击时易发生爆炸。强氧化剂与一些有机化合物接触，如乙醇和浓硝酸混合时会发生猛烈的爆炸反应。

(2) 在加压或减压实验中使用不耐压的玻璃仪器。

(3) 强放热反应或中等放热的快速化学反应的换热设备设计或操作不当，导致反应激烈而失去控制。

(4) 易燃易爆气体(如氢气、甲烷、乙炔、管道煤气、有机蒸气等)大量逸入空气，引起爆燃。

(5) 易爆炸化合物(如硝酸盐类、硝酸酯类、三碘化氮、芳香族多硝基化合物、乙炔重金属盐、重氮盐、叠氮化物、有机过氧化物等)受热或被敲击引起爆炸。

(6) 搬运钢瓶时不使用钢瓶车，而是在地上滚动气体钢瓶，或撞击钢瓶表头，随意调换表头，或气体钢瓶减压阀失灵等。

(7) 在使用和制备易燃易爆气体(如氢气、乙炔等)时，通风设施简陋或附近有明火。

(8) 煤气灯使用后未立即关闭煤气龙头。或煤气泄漏，但未停止实验即时检修。

(9) 氧气钢瓶和氢气钢瓶混合集中存放。

(10) 电器老化、电气短路及其他。

3. 实验室风险识别

人才培养过程离不开动手能力的培养和实验技能的训练，实验教学是整个教学体系的重要组成部分。学生进入实验阶段后，必须让学生有风险识别与风险评估意识，使他们可以在日后的实验中自行识别各种风险，包括教材中未提到的风险。

风险是指某种特定的危险事件(事故或意外事件)发生的可能性和其产生后果的组合。建议从“人、机、料、法、环”五个角度识别风险。“人”指实验操作者；“机”指实验设施、实验设备、管道、仪表等；“料”指一般实验物料和各种化学品；“法”主要指管理，包括新改建实验室、化学品、设备、个人防护装备、变更等管理科目及人员培训与管理、危害识别与风险评估等；“环”是指实验室选址与设计、建筑面积和通道、出入口、基础设施(水、电、气、通风、应急)等。作为“人”的主体学生，无论培养方案中是否设有学分要求，为了个人未来职业生涯，主动参加相关课程的学习应该成为一种自觉的行动，通过系统学习和实践，掌握相关知识以识别风险与控制风险。在学习过程中要注意把握“环、机、料”三个关键要素的内涵。实验室风险管理主要包括化学品安全管理、火灾预防、通风、气瓶安全管理、设备安全管理、废弃物管理、个人防护用品和应急，见图 7-10。

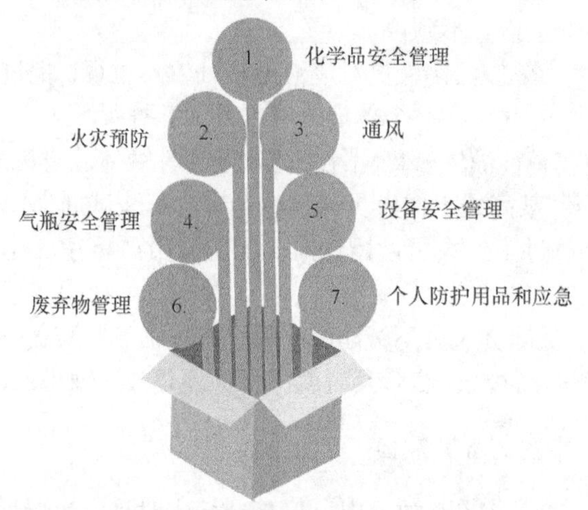

图 7-10　实验室风险管理主要内涵

7.5.1　化学品安全管理

根据化学品全生命周期管理目标，实验室化学品安全管理由库存控制、化学品安全技术说明书、运输、储存、操作与转移、废弃六个方面组成。

1. 库存控制

根据实验需求合理、适量采购化学品；记录化学品出入库详情，形成台账。

2. 化学品安全技术说明书

1992 年，联合国大会提出建立统一的化学品分类及标记的全球协调制度，即《全球化学品统一分类和标签制度》(Globally Harmonized System of Classification and Labeling of Chemicals，GHS)，对化学品的危险性进行定义和分类，并且通过《化学品安全技术说明书》(Chemical/Material Safety Data Sheet，MSDS 或 CSDS、SDS)公示，这是一项统一危险化学品分类和标签的国际制度，GHS 文件为联合国出版物，非正式名称为“紫皮书”。GHS 将化学品分成物理与化学危险、健康危害和环境危害三类。联合国鼓励所有国家尽快采用 GHS 分类标签系统，形成一个国际上易理解之危害的沟通系统，以提高人类健康及环境保护。

中国 GHS 分类相关标准包括 GB 13690—2009《化学品分类和危险性公示通则》和 GB 30000.x(GB 30000.2—2013～30000.29—2013)《中国化学品分类和标签规范》。GB 30000.x 共 28 个标准，相当于联合国 GHS 的第四版分类标签系统，包括理化危险 16 项、健康危险 10 项、环境危险 2 项。

(1) 物理化学性质：爆炸品、易燃气体、易燃气溶胶、氧化性气体、压力下气体、易燃液体、易燃固体、自反应物质、自燃液体、自燃固体、自热物质、遇水放出易燃气体的物质、氧化性液体、氧化性固体、有机过氧化物、金属腐蚀物。

(2) 健康危害性质：急性毒性、皮肤腐蚀/刺激、严重眼睛损伤/眼睛刺激性、呼吸或皮肤过敏、生殖细胞突变性、生殖毒性、致癌性、吸入毒性、特异性靶器官系统毒性(一次接触)、特异性靶器官系统毒性(反复接触)。

(3) 环境危害性质：对水环境的危害、对臭氧层的危害。

作为研究者或消费者，一定要知道如何读 SDS。SDS 包含 15 项信息，可以找出化学品的危险性描述，对应的个人防护装备要求，对应的应急措施，如何储存和使用禁忌等。在使用一种危险化学品之前一定要仔细阅读 SDS，不能在一无所知的情况下贸然使用和操作。图 7-11 为化学品安全技术说明书样张。

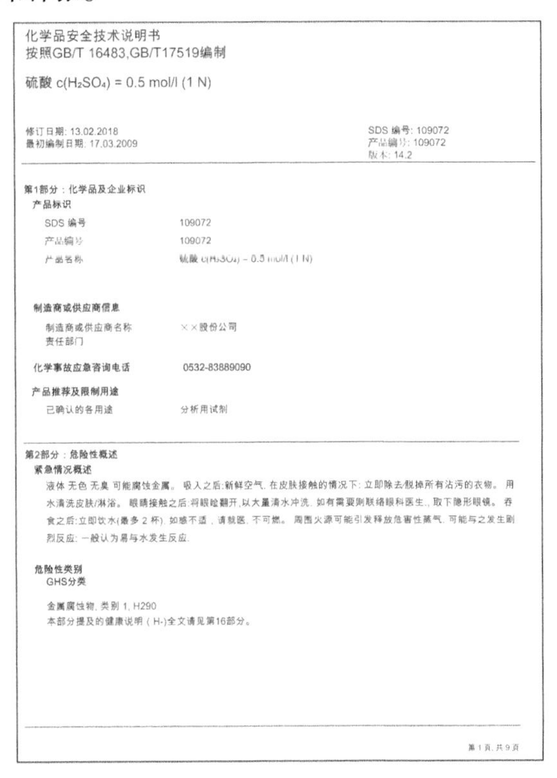
化学品安全技术说明书
按照GB/T 16483,GB/T17519编制

硫酸 $c(H_2SO_4)$ = 0.5 mol/l (1 N)

修订日期: 13.02.2018
最初编制日期: 17.03.2009

SDS 编号: 109072
产品编号: 109072
版本: 14.2

第1部分：化学品及企业标识
产品标识

SDS 编号	109072
产品编号	109072
产品名称	硫酸 $c(H_2SO_4)$ = 0.5 mol/l (1 N)

制造商或供应商信息

制造商或供应商名称	××股份公司
责任部门	
化学事故应急咨询电话	0532-83889090

产品推荐及限制用途

已确认的各用途	分析用试剂

第2部分：危险性概述
紧急情况概述
液体 无色 无臭 可能腐蚀金属。 吸入之后:新鲜空气. 在皮肤接触的情况下: 立即除去/脱掉所有沾污的衣物。 用水清洗皮肤/淋浴。 眼睛接触之后:将眼睑翻开,以大量清水冲洗. 如有需要则联络眼科医生., 取下隐形眼镜。 吞食之后:立即饮水(最多 2 杯). 如感不适，请就医. 不可燃。 周围火源可能引发释放危害性蒸气. 可能与之发生剧烈反应: 一般认为易与水发生反应.

危险性类别
GHS分类

金属腐蚀物, 类别 1, H290
本部分提及的健康说明（H-)全文请见第16部分。

第 1 页, 共 9 页

图 7-11　化学品安全技术说明书(CSDS/MSDS/SDS)

SDS 报告包括 15 项重要信息：化学品及企业标识、危险性概述、成分/组成信息、急救措施、消防措施、泄漏应急处理、操作处置与储存、接触控制和个体防护、物理和化学特性、稳定性和反应性、毒理学信息、生态学信息、废弃处置、运输信息、法规信息。其中危险化学品分类标签见图 7-12，详细分类及象形图含义见附录。

3. 运输

从校内仓库到实验室，化学品运输要注意以下五个要点：两种性能相抵触的化学品不得同时转移；转移过程应轻搬轻放，防止撞击摩擦、摔碰震动；转移过程应使用托盘，防止破损泄漏等意外事件；泄漏或散落在地上的化学品应及时清除干净；转移完毕后应及时洗手，中途不得饮食吸烟。

4. 储存

化学品的储存应遵守九项基本原则：短时间暂存最少量的化学品；化学品存放容器应有

图 7-12　危险化学品分类标签

明显、完整、清晰的标签；不相容的化学品应隔离、隔开或分离存放；易燃易爆化学品存放在防爆安全柜内；腐蚀性化学品存放在防腐蚀安全柜内；根据 SDS 要求配备二次容器；易挥发化学品应考虑储存柜内通风问题；密封、防止太阳直射；配备相应的应急设备/工具。

5. 操作与转移

开始实验工作前，熟读并掌握 SDS；穿戴好个人防护用品；易制毒、易制爆、剧毒化学品必须双人领用、双人使用、双人归还；严禁直接接触化学品，包括皮肤接触、吸入、吞入；严格按照标准程序操作，不得随意代替。

6. 废弃

遵循废弃物管理要求进行处置，详见废弃物管理章节。

7.5.2　火灾预防

1. 火灾形成的原因

可燃物、助燃物、点火源是火灾发生三个基本要素。实验室火灾常见原因为电气短路、不适当的加热/烘干、可燃气体泄漏或释放、化学品处理或废弃物处理不当等。只要去除三要素中的任何一个，就可预防火灾的发生(图 7-13)，但是在实际实验操作过程中往往很难做到，需要研究者特别考虑与防范。

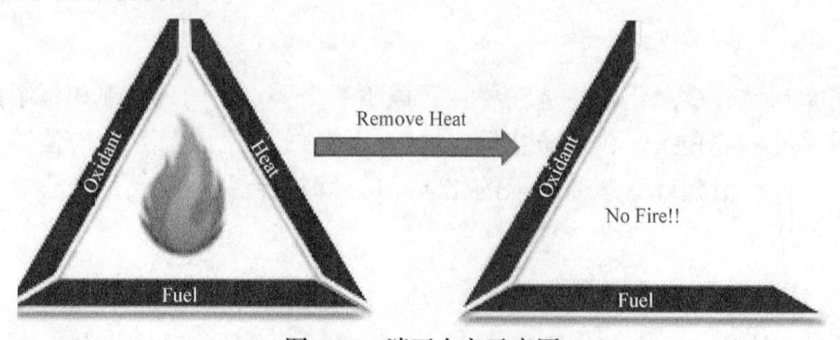

图 7-13　消灭火灾示意图

2. 火灾的影响

一旦发生火灾，如果撤离不及时，会造成人员伤亡、设备及仪器损坏、财产损失及实验数据丢失。

3. 应急响应

遇到火灾时一定要有应急响应措施。

(1) 停止加热和切断电源，避免引燃电线，把易燃、易爆的物质移至远处。

(2) 扑灭初期火灾，用湿布、石棉布、沙土、灭火器灭火。

(3) 立即拨打 119 报警，内容包括姓名、火灾地点、火灾原因、燃烧物及联络电话。

(4) 学会逃生，按照逃生指示标志方向有序撤离，不要使用电梯，开门前先尝试，烫手则不能开门，用湿衣物捂住口鼻，身体贴近地面。

(5) 主动灭火，不同的灭火器有不同的应用范围，不能随便使用。干粉灭火器内装 $NaHCO_3$ 等盐类物质和适量的润滑剂与防潮剂，可用于油类、可燃气体、电器设备、精密仪器、图书文件等不能用水扑灭的火焰；泡沫灭火器主要适用于扑救各种油类、木材、纤维、橡胶等固体可燃物火灾；二氧化碳灭火器主要适用于各种易燃、可燃液体、可燃气体火灾，还可扑救仪器仪表、图书档案、低压电器设备等的初起火灾；四氯化碳灭火器内装液态 CCl_4，用于电器设备和小范围的汽油、丙酮等物质着火。

7.5.3　通风

为防止中毒、火灾、爆炸等化学事故发生，实验室的通风设计、设备质量、合理安装与稳定运行是非常重要的。实验室通风的主要目的是提供安全、舒适的工作环境，减少人员暴露在危险空气下的可能，解决实验人员身体健康和劳动保护问题。实验室通风还可以及时排出实验室内的燃爆性气体，防止爆炸性环境的生成。

实验室中很多涉及危险化学品处理的实验应在通风橱内完成。实验室常用通风橱见图 7-14。

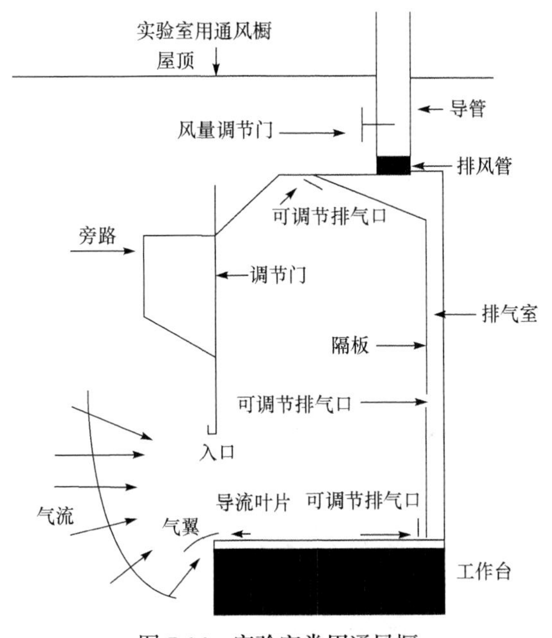

图 7-14　实验室常用通风橱

通风橱的设计、安装、使用、保养维护至关重要。

当使用通风橱时，要注意使用前确认其运行性能正常，保持在离通风橱移门约 15cm 处进行实验操作，不要把头深入通风橱内，不能挡住通风橱的导流板，不能总是将通风橱的移门移至面前。当不用通风橱时，将通风橱的移门关上。

7.5.4　气瓶安全管理

无论是作为反应原料还是仪器分析的载气，化学实验室一般离不开各种气体物质，气瓶是提供气源的主要方式。根据气瓶盛装的气体化学性质可将气瓶分为可燃性(红色标记，F)、有毒性(黄色标记，T/C)、氧化性(蓝色标记，O)、不燃性(绿色标记，A)，它们分别是燃爆性事故、中毒性事故、爆炸事故、窒息事故/低温冷脆事故的潜在因素，必须引起高度重视。

针对盛装不同化学性质的气瓶，其储存管理规范见图 7-15；使用者要注意查验气瓶的定期检验钢印标记，见图 7-16。

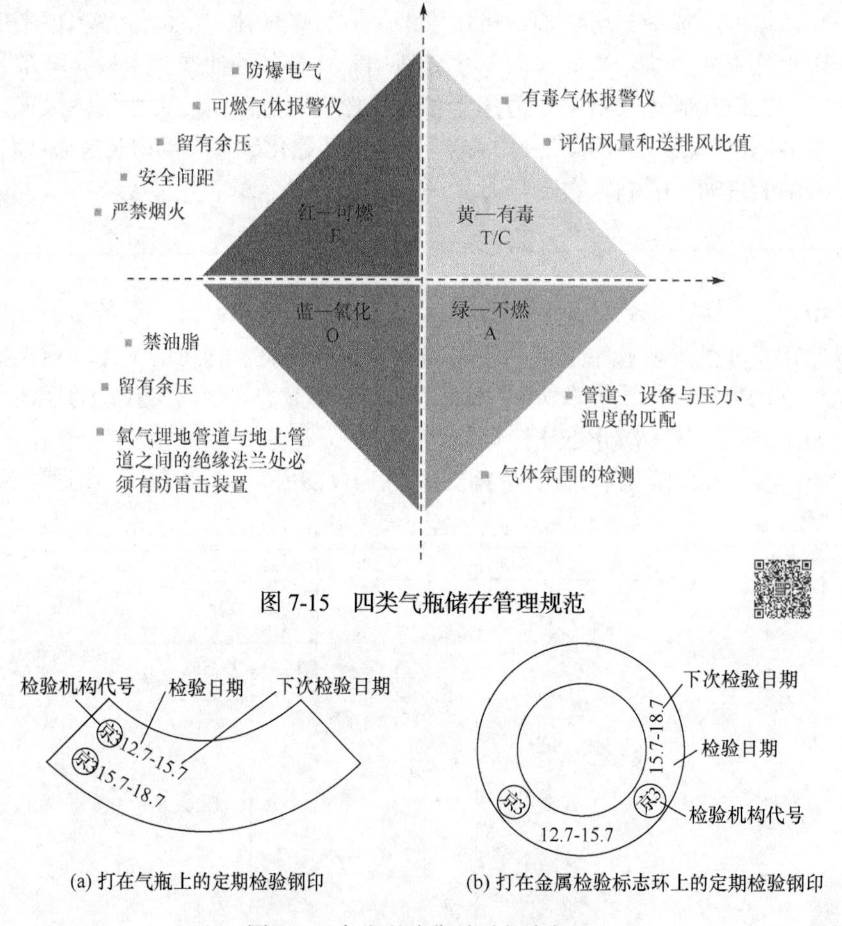

图 7-15　四类气瓶储存管理规范

(a) 打在气瓶上的定期检验钢印　　(b) 打在金属检验标志环上的定期检验钢印

图 7-16　气瓶的定期检验钢印标记

7.5.5　设备安全管理

实验室操作涉及的仪器设备种类繁多，各个实验室情况均不相同，但通用设备如烘箱、马弗炉、冰箱、玻璃器皿则是化学、冶金、材料、生物实验室的基本配置。本节主要讨论使用这些设备可能涉及的风险，对于操作者来说，重要的是举一反三，多花时间仔细阅读供应商手册，了解设备相关的危险和特别注意事项后方可动手操作。同时，建议在设备操作手册和实验程序中特别注明其危险。

1. 烘箱、马弗炉或加热炉

实验室常用加热设备如图 7-17 所示。当加热可燃性物质或挥发性可燃溶液时，必须使用防爆烘箱或防爆电炉。当干燥、加热可燃性或有毒样品时，需在通风橱内操作或配备通风设施，并确保安全排放，以防止人员暴露在不安全浓度下或产生爆炸性环境。当含有微量可燃或可燃溶剂的物品浓度预计不会达到较低的可燃极限时，必须使用实验室安全烘箱进行干燥和蒸发。当使用实验室安全烘箱加热易燃物质或干燥含有易燃成分的物质时，需控制加热温度低于物质的闪点及自燃点。

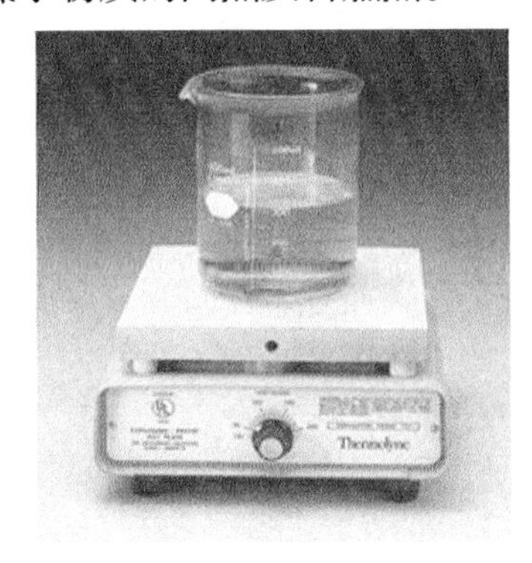

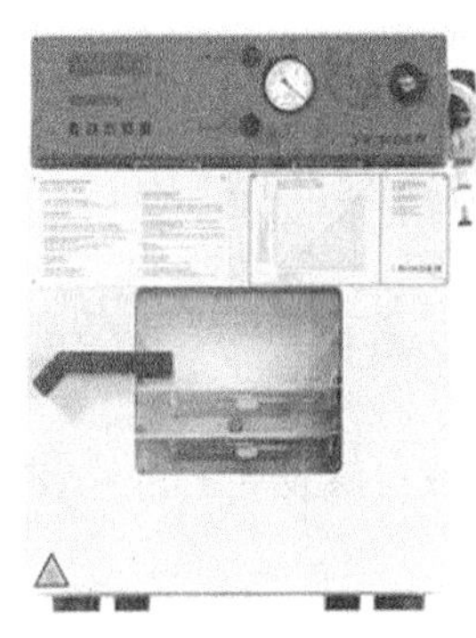
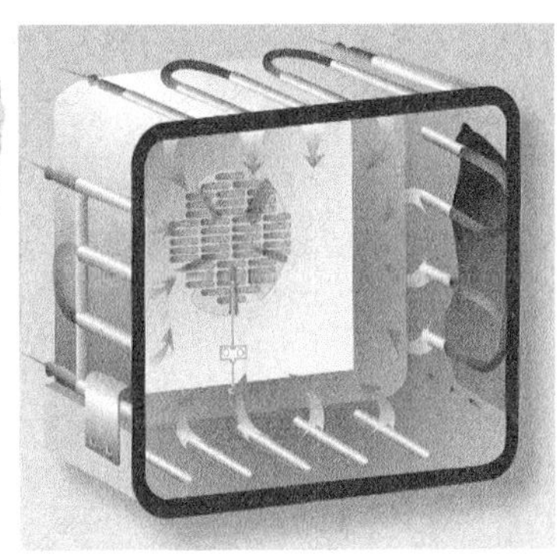

图 7-17　实验室常用加热设备

烘箱需配备独立于温控器的高温切断装置；加热板下应放置接漏盘或二次容器以在玻璃容器因过度加热破裂时盛装液体，防止泄漏。

2. 冰箱

当冰箱放置在制冷设备内外的火花可能导致火灾或爆炸危险的位置(电气分区)时，不稳定物质或易燃液体必须储存于防爆冰箱。

当冰箱没有放置在制冷设备内外的火花可能导致火灾或爆炸危险的位置(电气分区)时，不稳定物质或易燃液体必须储存于实验室安全冰箱。

普通冰箱的内部含有许多电接点，这些电接点可以产生火花，点燃可燃蒸气。这些产生火花的电接点包括电灯开关、温控器、除霜加热器(无霜型)和风扇。

无霜型冰箱的底部隔间有排水管，必须使用泄漏托盘以防止易燃液体从冰箱底部进入冰箱内部，并可能被非防爆型冰箱的压缩机点燃。

储存热不稳定物质的冰箱必须安装高温报警及不间断电源，冷却停滞可能导致容器爆炸或容器破裂。

冰箱高温报警需联动到无论是工作时间还是下班时间，警报均可被安全责任人知晓，以完成应急响应。

3. 玻璃器皿

实验室玻璃器皿绝对不可有过度的划痕、裂纹、碎屑等。

当将胶皮软管置于冷凝器进出口连接件、折断玻璃管或从小瓶上拆卸瓶盖时，应戴防割手套。

实验室玻璃器皿在真空或压力下操作时，应加保护罩，用胶带包裹，PVC 涂层或用防护网套住。

4. 其他常用设备与仪器

防火柜必须按照要求安装、储存，需要时安装合适的通风和接地。

GC 使用中必须防止载气特别是氢气在设备未使用情况下在设备内部积聚。必须检查色柱、接头、减压装置工作状况良好。重新启动 GC 前必须断开氢气供应，等待 10min 以上，确保系统内累计的氢气扩散，也必须确保房间内通风良好。

HPLC 必须适当设计和安装废液收集系统，以防止泄漏和火灾的发生。

核磁共振可能会导致惰性气体的释放，形成缺氧窒息的工作环境。

离心设备严禁在超出设计寿命情况下使用，有危害气体释放情况下必须置于良好的通风环境中。

高压灭菌设备必须确保压力释放装置正常工作、设备和安全阀完好，注意潜在可燃气体爆炸的风险等。

因此，了解每台实验设备相关的或可能发生的危险和异常状况至关重要。

7.5.6　废弃物管理

实验室废弃物管理应遵循以下几个原则：

(1) 不相容的化学品废弃物严禁统一存放、丢弃，废液、固体废弃物需分类别存放。

(2) 废液罐、空试剂瓶必须加盖密封。

(3) 每一类别废弃物应在储存包装上贴好标签。

(4) 收集、处理完的废弃物应做好相应记录。

(5) 特殊化学品(如剧毒化学品)或无清除处置方式物品，需咨询学校安全环保办公室。

(6) 严禁直接或间接将实验室废液、废水倒入下水道。

7.5.7　个人防护用品和应急

个人防护主要包括眼面部防护、手部防护、足部防护、呼吸防护、听力防护及身体防护，如图 7-18 所示。

眼面部防护：防护眼镜，用于防护物体打击，如飞射的碎屑；眼罩，用于防护液体与蒸汽，与面部全贴合；面屏，防止低冲击颗粒、液体飞溅。

手部防护：各种型号手套，防切割、防渗透。

足部防护：各种型号劳保鞋，防砸(钢板在脚趾部位)、防静电、防高压击穿。

呼吸防护：过滤面具、口罩，防粉尘、防蒸气。

听力防护：耳塞，防高分贝噪声。

身体防护：各种类型实验服装。

紧急喷淋洗眼器是在有毒有害危险作业环境下使用的应急救援设施，见图 7-19。这些设备只是对眼睛和身体进行初步处理，不能代替医学治疗，情况严重的必须尽快进行医学治疗。当发生意外伤害事故时，通过使用紧急喷淋洗眼器的快速喷淋、冲洗，把伤害程度减轻到最

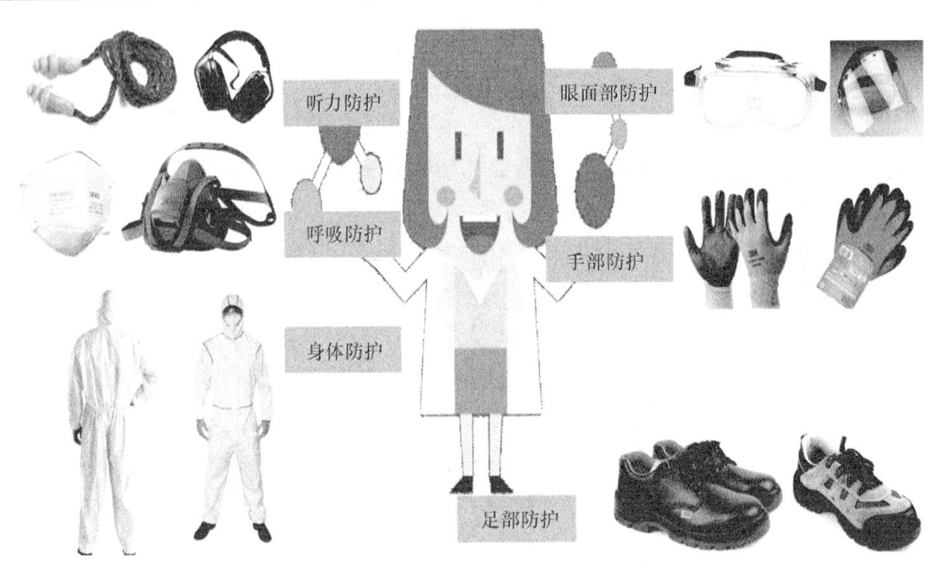

图 7-18　个人防护用品

低限度。其主要性能参数是考虑到事故时有害物质对人体皮肤、眼表层的伤害与刺激所需的医疗安全及参照美国标准的规定选择与确定的。我国目前没有相关标准，所谓的“符合要求”只能由设计人员提出。国内企业遵循美国国家标准研究所颁布的标准(ANSIZ 358.1—2014)生产应急洗眼和淋浴设备。

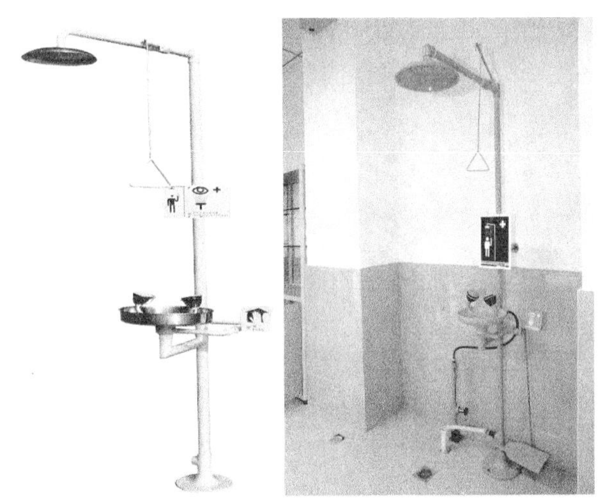

图 7-19　紧急喷淋洗眼器

实验室要注意安全文化宣传，强化师生员工的安全意识，时刻做好以下三项准备：

(1) 为火警做准备。作为学生，需要了解实验室周围的安全通道，了解灭火器的位置，学会使用灭火器；作为实验室的管理者，严禁将堆积物堵塞紧急疏散通道，保持所有防火门关闭。

(2) 为紧急事件做准备。使用化学品前，详细查阅 SDS；准备好急救物资；严格遵守 SOP；每名学生进入实验室前都应接受操作培训和安全培训。

(3) 为损伤做准备。师生特别是教师应该学习急救知识，熟知紧急喷淋洗眼器位置，确保急救药物器具充足有效。

另外，注意经常检查喷淋设施是否有水，水是否干净无污染，水的压力和流量是否达到要求，水温是否合适，洗眼器位置是否合适并无锈迹。

做好实验室安全工作总结，一般包括：

(1) 从“人”的角度，需要清楚了解实验室存在的风险，掌握化学品性质与信息，养成良好的工作习惯，具备特殊操作相应资质，才能具备防范安全事故的基本素质。

(2) 从“法”的角度，实验室需要建立化学品清单与 SDS 清单，并定期更新；建立各种风险管理程序；建立真正的培训制度，而不是走过场；建立台账制度。

了解了“环、机、料”的识别与控制，“人”和“法”的控制就由总结来体现。学生或实验操作者在经过培训之后，可以运用知识进行恰当改善，以消除“人”的风险；同时根据危害信息制定相应的管理制度，消除“法”的风险；只有这样，才能从“要我安全”到“我要安全”，实现师生“互助安全与共同安全”。

思 考 题

7-1　RCMS 与 EHSS 管理体系的关系是什么？责任关怀与 ISO 管理体系有什么差别？

7-2　叙述工艺安全生命周期管理的内涵与意义。

7-3　简述实验室风险管理的主要组成部分与内涵。

7-4　GHS、SDS、LBAEL 的内涵分别是什么？制定该体系的作用与意义是什么？

7-5　学校如何做好实验室的化学品安全管理？教师与学生应该如何做？

参考文献

曹贵平, 朱中南, 戴迎春. 2009. 化工实验设计与数据处理[M]. 上海: 华东理工大学出版社.

常建华, 董绮功. 2012. 波谱原理及解析[M]. 3 版. 北京: 科学出版社.

陈敏恒, 丛德滋, 方图南, 等. 2006. 化工原理[M]. 3 版. 北京: 化学工业出版社.

陈敏恒, 翁元垣. 1982. 化学反应工程基本原理[M]. 北京: 化学工业出版社.

陈敏恒, 袁渭康. 1985. 工业反应过程的开发方法[M]. 北京: 化学工业出版社.

戴干策. 1996. 传递现象导论[M]. 北京: 化学工业出版社.

邓天龙, 周桓, 陈侠. 2013. 水盐体系相图及应用[M]. 北京: 化学工业出版社.

杜一平. 2015. 现代仪器分析方法[M]. 2 版. 上海: 华东理工大学出版社.

管学茂. 2018. 现代材料分析测试技术[M]. 2 版. 徐州: 中国矿业大学出版社.

金涌, 骆广生. 2011. 循环经济(资源循环科学与工程)教育研讨会报告: 资源循环科学与工程专业本科生培养方案的思考[Z].

乐清华. 2017. 化学工程与工艺专业实验[M]. 3 版. 北京: 化学工业出版社.

李绍芬. 2013. 反应工程[M]. 3 版. 北京: 化学工业出版社.

李延锋. 2010. 矿物加工实验技术[M]. 徐州: 中国矿业大学出版社.

联合国教科文组织水科学处全球水评估项目办公室. 2020. 2020 年联合国世界水发展报告[R] 北京: 中国水利水电出版社.

梁保民. 1986. 水盐体系相图原理及运用[M]. 北京: 轻工业出版社.

史铁钧, 吴德峰. 2017. 高分子流变学基础[M]. 北京: 化学工业出版社.

唐正霞. 2018. 材料研究方法[M]. 西安: 西安电子科技大学出版社.

王保国. 2009. 化工过程综合实验[M]. 2 版. 北京: 清华大学出版社.

王常珍. 2013. 冶金物理化学研究方法[M]. 4 版. 北京: 冶金工业出版社.

吴爱祥. 2019. 金属矿膏体流变学[M]. 北京: 冶金工业出版社.

解振华, 冯之浚. 2013. 生态文明与生态自觉[M]. 杭州: 浙江教育出版社.

中华人民共和国国家统计局. 2019. 中国统计年鉴-2019[R].

中华人民共和国国土资源部. 2016. 全国土地利用总体规划纲要(2006—2020 年)调整方案[Z]. 国土资发〔2016〕67 号.

中华人民共和国国务院新闻办公室. 2019. 《中国的粮食安全》白皮书[Z].

中华人民共和国生态环境部. 2019. 2019 中国生态环境状况公报[R].

周乐光. 2002. 工艺矿物学[M]. 3 版. 北京: 冶金工业出版社.

朱炳辰. 2012. 化学反应工程[M]. 5 版. 北京: 化学工业出版社.

Alicia G A, Diego G D, LosadaMar Í, et al. 2012. Bubble column gas-liquid interfacial area in a polymer+surfactant+water system[J]. Chemical Engineering Science, 75(18):334-341.

Berty J M. 1999. Experiments in Catalytic Reaction Engineering[M]. Amsterdam: Elsevier.

Bhargava A, van Hees P, Andersson B. 2016. Pyrolysis modeling of PVC and PMMA using a distributed reactivity model[J]. Polymer Degradation and Stability, 129:199-211.

Box G E P, Hunter J S, Hunter W G. 2005. Statistics for Experimenters: Design, Innovation, and Discovery[M]. 2nd ed. Hoboken: Wiley.

Cybulski A, van Dalen M J, Verkerk J W, et al. 1975. Gas-particle heat transfer coefficients in packed beds at low Reynolds numbers[J]. Chemical Engineering Science, 30(9):1015-1018.

Gestrich W, Esenwein H, Krauss W. 1976. Der flüssigkeitsseitige Stoffübergangskoeffizient in Blasenschichten[J]. Chemical Ingenieur Technik, 48(5): 399-407.

Maceiras R, Álvarez E, Cancela M A. 2010. Experimental interfacial area measurements in a bubble column[J]. Chemical Engineering Journal, 163(3):331-336.

Marchese M M, Uribe-Salas A, Finch J A. 1992. Measurement of gas holdup in a three-phase concurrent downflow column[J]. Chemical Engineering Science, 47(13-14):3475-3482.

Mauri R. 2015. Transport Phenomena in Multiphase Flows[M]. Basel: Springer.

Myers R H, Khuri A, Cater W H. 1989. Response surface methodology: 1966-1986 Technical report[J]. Technometrics, 31(2):137-157.

Octave L. 1998. Chemical Reaction Engineering[M]. 3rd ed. New York: Wiley.

Patel S A, Daly J G, Bukur D B. 1989. Holdup and interfacial area measurements using dynamic gas disengagement [J]. AIChE Journal, 35(6):931-942.

Santacesaria E, Tesser R. 2018. The Chemical Reactor from Laboratory to Industrial Plant[M]. Basel: Springer.

Satterfield C N. 1970. Mass Transfer in Heterogeneous Catalysis[M]. Cambridge:The MIT Press.

Sergio G S, Rosales Peña Alfaro M E, Michael Porter R, et al. 2008. Measurement of local specific interfacial area in bubble columns via a non-isokinetic withdrawal method coupled to electro-optical detector[J]. Chemical Engineering Science, 63(4):1029-1038.

United Nations. 2019. UN Recommendations on the transport of dangerous goods - model regulations[M]. 21 revised ed. New York ,Geneva: United Nations Publication.

Wang S, Luo K, Hu C, et al. 2019. CFD-DEM simulation of heat transfer in fluidized beds: Model verification, validation, and application[J]. Chemical Engineering Science, 197(6):280-295.

Wilkinson P M. 1994. Mass transfer and bubble size in a bubble column under pressure[J]. Chemical Engineering Science, 49(9):1417-1427.

附录　联合国危险货物运输标签

1. 爆炸性物质(explosives)

爆炸性物质(附图 1)是固体或液体物质(或物质混合物)，自身能够通过化学反应产生气体，其温度、压力和速度高到能对周围造成破坏。

附图 1

1.1 具有整体爆炸危险的物质和物品；1.2 有迸射危险但无整体爆炸危险的物质或物品；1.3 有燃烧危险并兼有局部爆炸危险或局部迸射危险之一或兼有这两种危险，但无整体爆炸危险的物质和物品；1.4 不造成重大危险的物质和物品；1.5 有整体爆炸危险的非常不敏感物质；1.6 没有整体爆炸危险的极端不敏感物品

2. 气体(gases)

气体(附图 2)在 50℃时蒸气压大于 300kPa 的物质，或 20℃时在 101.3kPa 标准压力下完全是气态的物质。

3. 易燃液体(flammable liquids)

易燃液体(附图 3)是在通常称为闪点的温度(闭杯实验不高于 60℃，或开杯实验不高于 65.6℃)

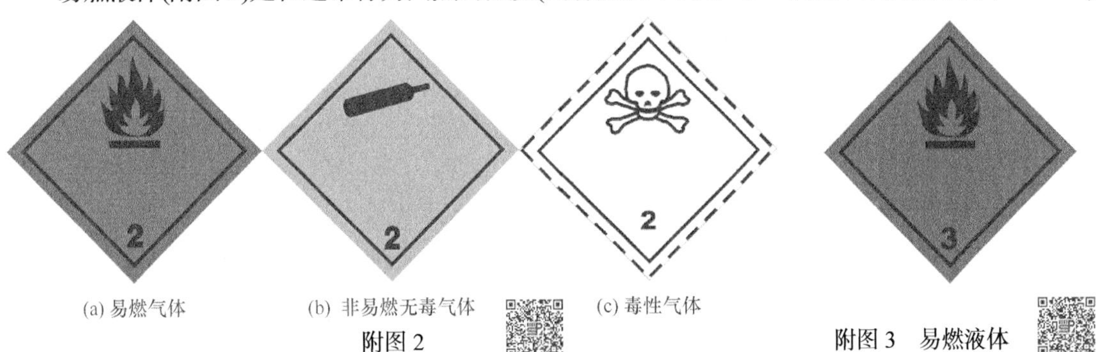

(a) 易燃气体　(b) 非易燃无毒气体　(c) 毒性气体

附图 2

附图 3　易燃液体

时放出易燃蒸气的液体或液体混合物，或者在溶液或悬浮液中含有固体的液体(如油漆、清漆、喷漆等，但不包括由于它们的危险特性而划入其他类别的物质)。

4. 易燃固体、易于自燃的物质、遇水放出易燃气体的物质(flammable solids; substances liable to spontaneous combustion; substances which, in contact with water, emit flammable)

易燃固体[附图 4(a)]是在运输中遭遇的条件下容易燃烧或摩擦可能引燃或助燃的固体，可能发生强烈放热反应的自反应物质，不充分稀释可能发生爆炸的固态退敏爆炸品。

易于自燃的物质[附图 4(b)]是在正常运输条件下易于自发加热或与空气接触即升温，从而易于着火的物质。

遇水放出易燃气体的物质[附图 4(c)]是与水相互作用易于变成自燃物质或放出危险数量的易燃气体的物质。

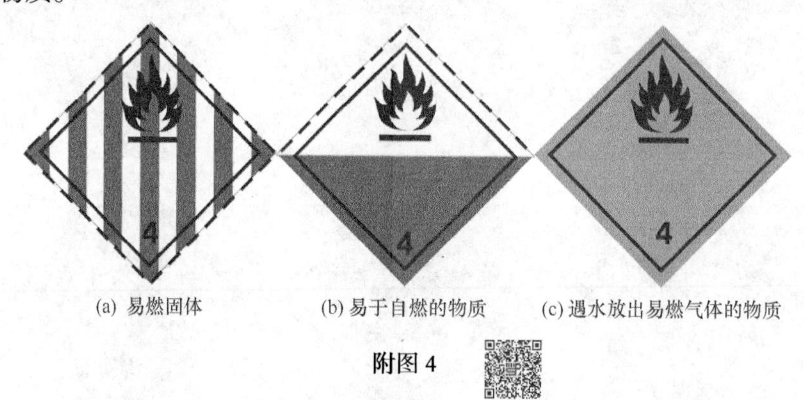

(a) 易燃固体　(b) 易于自燃的物质　(c) 遇水放出易燃气体的物质

附图 4

5. 氧化性物质和有机过氧化物(oxidizing substances and organic peroxides)

氧化性物质[附图 5(a)]是本身未必燃烧，但通常因放出氧可能引起或促使其他物质燃烧的物质。这类物质可能装在物品内。

有机过氧化物[附图 5(b)]是一种有机物质，它含有两价的—O—O—结构，可看作过氧化氢的衍生物，即其中一个或两个氢原子被有机原子团取代。有机过氧化物是热不稳定物质，可能发生放热的自加速分解。

6. 毒性物质和感染性物质(toxic substances and infectious substances)

毒性物质[附图 6(a)]在吞食、吸入或与皮肤接触后可能造成死亡或严重受伤或损害人类健康。

5.1氧化性物质　5.2有机过氧化物

附图 5

(a) 毒性物质　(b) 感染性物质

附图 6

感染性物质[附图 6(b)]是已知或合理预期包含病原体的物质。病原体指可造成人或动物感染疾病的微生物(包括细菌、病毒、立克次氏剂、寄生虫、真菌)和其他媒介，如病毒蛋白。

7. 放射性物质(radioactive material)

放射性物质(附图 7)是指含有放射性核素并且托运货物的放射性浓度和总放射性强度都超过《联合国关于危险货物运输的建议书》中规定数值的任何物质。

(a) 放射性物品(第Ⅰ级)　(b) 放射性物品(第Ⅱ级)　(c) 放射性物品(第Ⅲ级)　(d) 裂变性物质

附图 7

8. 腐蚀性物质(corrosive substances)

腐蚀性物质(附图 8)是通过化学作用在接触生物组织时会造成严重损伤或在渗漏时会严重损害甚至毁坏其他货物或运输工具的物质。

9. 杂项危险物质和物品包括危害环境物质(miscellaneous dangerous substances and articles, including environmentally hazardous substances)

杂项危险物质和物品(附图 9)是在运输过程中具有其他类别未包括的危险的物质和物品。

附图 8　腐蚀性物质

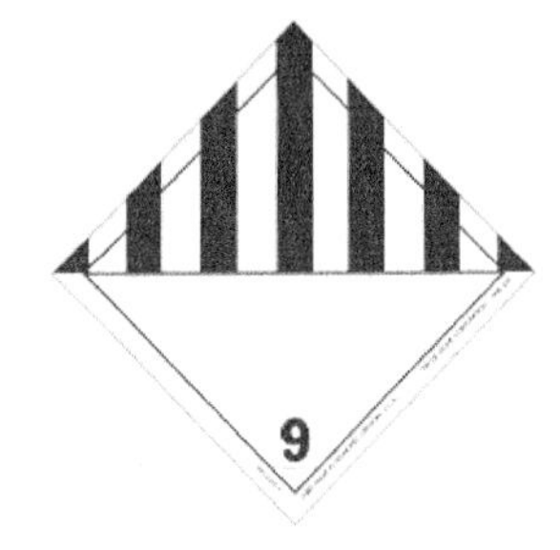

附图 9　杂项危险物质和物品